四川省2014年度重点出版项目

高等学校教材

电子设计自动化技术

DIANZI SHEJI ZIDONGHUA JISHU

（第二版）

李平 李辉 杜涛 谢小东 编著
王忆文 主审

电子科技大学出版社
UESTCP

图书在版编目（CIP）数据

电子设计自动化技术 / 李平等编著. —成都：电子科技大学出版社, 2014. 5（2023.2 重印）
ISBN 978-7-5647-2341-5

Ⅰ. ①电… Ⅱ. ①李… Ⅲ. ①电子电路－电路设计－计算机辅助设计－高等学校－教材 Ⅳ. ①TN702

中国版本图书馆 CIP 数据核字（2014）第 152349 号

内 容 简 介

本书是编著者结合多年的电子设计自动化（EDA）教学实践和二十多年电子设计与芯片设计经验编著而成。该教材具有线条清晰、深入浅出、易学易懂的特点，使读者能够较快地理解并掌握基于硬件描述语言的 EDA 设计方法。

本书的主要内容包括：EDA 设计方法与技能、VHDL 程序的结构及其描述方式、VHDL 语言规则、VHDL 的主要描述语句、VHDL 的设计共享、VHDL 设计录入与仿真调试方法、组合逻辑电路设计、时序逻辑电路设计、逻辑系统的状态机设计、VHDL 的 FPGA 实现方法、VHDL 的 ASIC 实现方法、快速掌握 Verilog HDL、高层次综合等。

本书适用于高等院校电子信息类专业的高年级本科生和研究生，也可供工程技术人员参考。

电子设计自动化技术

李 平 李 辉 杜 涛 谢小东 编著

出　　版：电子科技大学出版社（成都市一环路东一段 159 号电子信息产业大厦　邮编：610051）
策划编辑：李燕芩
责任编辑：杨仪玮　李燕芩
主　　页：www.uestcp.com.cn
电子邮箱：uestcp@uestcp.com.cn
发　　行：新华书店经销
印　　刷：四川煤田地质制图印务有限责任公司
成品尺寸：185mm×260mm　印张 18.75　字数 457 千字
版　　次：2014 年 5 月第一版
印　　次：2023 年 2 月第五次印刷
书　　号：ISBN 978-7-5647-2341-5
定　　价：58.00 元

前　言

本书自2008第一版问世以来，得到广大读者和同行专家的广泛关注和一致好评，同时他们对本书的内容及编排也提出了诸多宝贵的建议。如今，EDA技术发展更新迅速，新的功能强大的开发工具不断推出，为了适应EDA技术发展的变化，作者根据6年来收集的多所高校本科生、研究生使用本教材的教学实践反馈意见，对本书的部分内容进行了删节和增订，期望能够为EDA设计领域的读者提供更多的帮助。

修订版的编排，既延续了第一版先见森林后见树木、深入浅出的特点，又紧跟新技术的发展，在EDA内容的完备性方面做了进一步完善，与第一版相比主要进行了如下修改：

第一，将原来的第3章和第10章合并为第6章，以增强本书的系统性。

第二，鉴于VHDL与Verilog HDL都是符合IEEE标准的主流硬件描述语言，在IC设计领域各自都有着广泛的使用群体和丰富的IP资源，修订版在详细介绍VHDL的基础上，增加了Verilog HDL内容，供读者快速掌握之用。

第三，把原来的第11章中的早期综合工具FPGA Express和物理实现工具Design Manger更换为现在的FPGA集成开发平台：Xilinx的ISE10.1。在此平台上详细介绍了VHDL的FPGA实现，重新编排进第10章。

第四，高层次综合（HLS）代表了EDA的发展趋势，是设计方法的新突破，正逐渐发展成熟，在商业方面的应用也越来越多。因此，修订版在第13章增加了以Xilinx Vivado® High-Level Synthesis (HLS) compiler为平台的高层次综合实践内容，使读者能够对高层次综合有比较深入的了解。

本书既可以作为高等学校高年级本科生和研究生电子设计自动化（EDA）技术的专业教材，同时也可以作为电路与系统工程师和集成电路设计工程师的专业参考书，还可以作为研究生和数字电路设计工程师的专业参考书。

本教材由电子科技大学李平、李辉、杜涛、谢小东编著，第二版主要由李辉负责修编，由李平统稿。

王忆文教授任本教材主审，对本教材提出了许多宝贵的修改意见和评论，在此表示衷心的感谢。电子科技大学出版社郭蜀燕给予了大力的支持和帮助，在此表示诚挚的谢意。

尽管作者对全书进行了认真的修订，由于水平有限，书中仍有疏漏和不当之处，敬请读者提出宝贵意见。

作　者

2014年5月

第一版前言

电子设计自动化（EDA）方法的诞生和推广应用是 20 世纪 90 年代在数字电路设计方法上的一次革命性变革。随着步入 21 世纪，我们已经进入了单片集成系统（SoC，System on a Chip ）时代。

如果说电子管把人类带入了数字时代，那么晶体管就是固体化的电子管。集成电路的思路是用 10 只晶体管卖 1 只晶体管的价格。那么 SoC 的思路是什么？SoC 的思路就是把 10 颗大规模集成电路芯片（VLSI）当做一颗 VLSI 芯片销售。其本质与集成电路的思想相同，即：通过扩大应用取得经济效益，伴随而来的是技术进步的巨大社会效益。

从某种意义上来说，SoC 的出现，在学术和学科的影响已经大大超过了晶体管和集成电路。在晶体管和集成电路时代，电子系统技术和晶体管/集成电路技术基本上是割裂的、不相关的。而在 SoC 时代，人们不禁要问：SoC 到底是 S 还是 C？是学 S 还是学 C？SoC 模糊了电子系统与基础元器件的界线，S 的进步意味着优秀的芯片设计的出现，而一颗新型芯片的诞生则宣告又一次电子系统的升级。

EDA 技术是进入 SoC 殿堂的钥匙，不管是学 S 还是学 C，只有拥有这把钥匙，才能进入 SoC 的殿堂。

什么是 EDA 技术？简而言之，EDA 技术就是利用 EDA 软件把描述电路与系统的语言自动地转换成电路，然后再把电路自动转换成芯片。电路与系统的 EDA 设计方法是自顶向下的设计方法。它从协议、标准等高层次和抽象的概念开始电路与系统的设计，并按层次从高到低的方法进行验证和管理，能够设计共享和重复使用。这样大大提高了处理复杂电路与系统设计的能力，设计所需的周期也大幅度缩短。

描述电路与系统的语言称为硬件描述语言（HDL）。HDL 的使用使得电路与系统的设计内容和方式发生了巨大的改变。传统的、繁琐的布尔代数化简和卡洛图分析等设计方法逐渐被淘汰。电路与系统设计不再是从画电路图开始，而是从编写 HDL 代码开始。

HDL 的设计方式使数字电路的设计变得更加快捷和容易。掌握 HDL 是现代电路与系统设计工程师、集成电路（IC）设计工程师必备的专业技能，是掌握 EDA 设计方法的基础。

目前成为工业标准的硬件描述语言主要有两种，即 VHDL 和 Verilog HDL。20 世纪 80 年代末，它们在国外诞生并成为 IEEE 标准。它们在国内推广应用的时间比国外晚，但近些年来，硬件描述语言在国内的推广应用已经非常广泛。

以上两种硬件描述语言具有以下共同特点：能抽象表示电路的结构和行为，支持逻辑设计中层次描述；用简单的语句来描述复杂的电路；具有电路仿真与验证机制；支持电路描述由高层到低层的综合转换。

鉴于 EDA 技术的重要性，“电子设计自动化技术”课程所教授的知识和技能已成为很多用人单位录用的必要条件，该课程已成为很多学生的“饭碗课程”，故本教材更加强调知识的完备性，安排了“VHDL 的 FPGA 实现”和“VHDL 的 ASIC 实现”等与实验相关的内容。相信通过上述实验，学生可以更牢固地掌握课程的相关知识和技能。

EDA 的基础是 VHDL，作者希望读者在 VHDL 学习的过程中，既见树木又见森林，避免拘泥于具体 VHDL 语法规定的细枝末节。本书首先通过对 VHDL 程序架构的清晰表述和对 VHDL 语句的合理归类，使得读者对 VHDL 的学习变得较为容易；其次本书抓住能力培养这个关键，通过 EDA 工具使用和面向物理实现的 VHDL 实践来锻炼学生的 EDA 设计能力。

本书每章之后配有一定的习题，主要是为了启发学生对该章内容的思考，帮助掌握所学内容，其难度较低。本书末还配有一定的课程测试题和历年的试题，目的是便于学生自我检验。书末所配 EDA 竞赛题具有一定难度，希望给学有余力的学生提供深入探究的思路和方向。

编写本书的宗旨是为高等学校高年级本科生和研究生提供一本电子设计自动化（EDA）技术的专门教材，同时也为电路与系统工程师和集成电路设计工程师提供一本专业参考书。

本书编写过程中引用了许多学者的著作，在此向他们表示衷心的感谢。特别感谢电子科技大学出版社郭蜀燕为本书出版所做的工作。在本书的统编工作中杜涛、王靖、谢小东、阮爱武、胡滨、罗和平、廖永波、李夏、王劲等做了大量艰苦工作，在此深表谢意！

书中若有不妥之处，恳请广大读者提出宝贵意见和建议。

作　者

2008 年 5 月

目 录

第 1 章　电子设计自动化（EDA）与硬件描述语言（HDL）

本章导读　通过本章学习，理解什么是正向设计方法，HDL 在 EDA 设计中的作用，HDL 的应用。应当形成这样的概念：HDL 是 EDA 设计的基础，学习 HDL 的目的是掌握一种电路与系统设计的先进设计方法。

1.1　TOP-DOWN 设计方法

电子设计自动化（Electronic Design Automation，EDA）一般采用自顶向下（TOP-DOWN）的设计方法，通常也称为正向设计，它是针对传统的自底向上（BOTTOM-UP）的设计方法而提出来的。

自底向上的设计方法是从已存在的单元出发进行电路或系统设计。例如，对已有的芯片进行解剖、照相、逻辑提取、仿真验证并最后照原样绘制版图。这种方法对模拟集成电路和较小规模数字电路设计，不失为一种可行的办法，而且这种方法对于学习别人的成功经验，特别是在集成电路布局布线方面的经验有一定的好处。但是，随着集成电路规模的扩大，特别是对于深亚微米 5 层以上金属布线的超大规模集成电路，这种方法正在失去其效能。一方面，由于对集成电路芯片进行解剖、分析的难度和成本越来越高，另一方面，解剖、分析失败的风险也愈来愈大。随着我国《集成电路布局布线保护条例》的实施，这种方法还会在形成产品时遇到知识产权方面的问题。

所谓自顶向下的设计过程是指从系统硬件的高层次抽象描述向底层物理描述的一系列转换过程。自顶向下的设计由算法级、行为级描述开始；寄存器传输级（RTL）描述为第一个中间结果；再将 RTL 描述由逻辑综合得到网表（Netlist）或电路图；利用 EDA 工具将网表自动转换成目标文件下载到现场可编程门阵列（FPGA，Field Programmable Gate Array）/复杂可编程逻辑器件（CPLD，Complex Programmable Logic Device）或通过自动布局布线设计成专用集成电路（ASIC，Application Specification Integrated Circuit），从而得到电路与系统的物理实现。相对自底向上的设计而言，自顶向下的设计对底层单元的选取更加灵活，因此有利于更好地发挥设计人员的创造性，从而形成具有自主知识产权的芯片产品。

1.1.1　TOP-DOWN 设计的主要阶段

TOP-DOWN 设计分为行为级描述、RTL 描述、逻辑综合和物理实现四个阶段，如图 1-1 所示。

第一阶段是行为级描述。行为级描述实质上是对整个系统的数学模型的描述。在行为级描述阶段，并不考虑实际的操作和算法用什么方法实现，考虑更多的是采用什么样的系统框架使设计达到系统设计规划书（设计目的）的要求。在这一阶段，典型描述方法是有限状态机、控制流图、数据流图和控制数据流图。

第二阶段是 RTL 描述。RTL 描述也被称为数据流级描述，顾名思义，在这一阶段要考虑具体的功能模块中从输入端到输出端的数据运算通路，数据的运算通路的最基本的设计单元是寄存器、计数器、多路选择器、算术逻辑单元（ALU）等。要想通过综合工具得到硬件的具体实现，必须将抽象程度很高的行为级描述的 HDL 程序改写为 RTL 描述的 HDL 程序。

在完成编写 RTL 方式描述的 HDL 源程序以后，再用仿真工具软件对程序进行仿真。如果这一步的仿真通过了，那么就可以利用逻辑综合工具软件进行综合了。

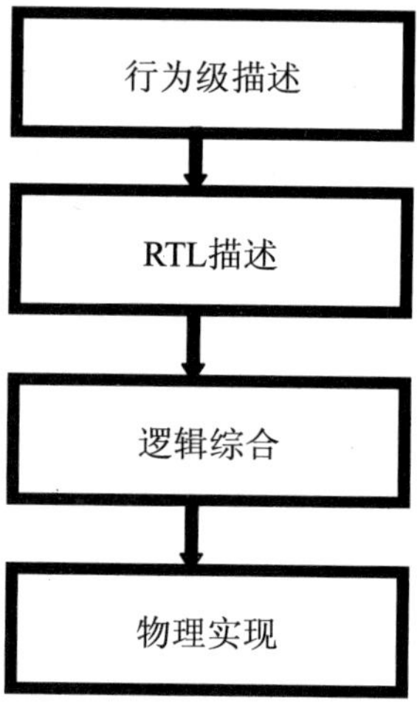

图 1-1　TOP-DOWN 设计层次

第三阶段是逻辑综合。逻辑综合这一阶段是利用逻辑综合工具软件，将高层次的与工艺无关的 RTL 描述的 HDL 源程序转换成低层次的与特定工艺相关的用基本逻辑元件表示的文件（门级网表）。在逻辑门设计时，电路的基本单元通常是与门、或门、异或门、反相器、D 触发器、锁存器等逻辑单元。如果需要，可以将逻辑综合的结果以原理图方式输出。为了分析整个设计的性能，需要使用仿真工具软件、时序分析工具完成门级仿真和时序验证。

第四阶段为物理实现。物理实现分为 FPGA/CPLD 和 ASIC 两种。FPGA/CPLD 物理实现在元件库文件支持下，ASIC 物理实现在工艺库文件支持下，利用 EDA 工具，将门级网表作为输入，进行自动布局布线最终生成 FPGA/CPLD 的目标文件或 ASIC 的版图文件。接下来，针对 ASIC 设计流程，还需对布局布线后的结果进行寄生参数提取和后仿真，以便验证布局布线后，寄生参数（寄生电阻、电容等）的存在对所设计电路功能的影响。如果前仿真和后仿真结果一致，则将 FPGA/CPLD 目标文件下载到 FPGA/CPLD 得到设计结果；或将 ASIC 的版图数据（GDSII）文件送交制版，由代工工厂（Foundry）利用光刻掩膜版对硅片进行一系列加工得到设计结果。如果由于寄生效应使后仿真与前仿真不一致，则必须对前端设计进行必要的修改，而后重新进行后仿真，直到前仿真和后仿真结果一致。

1.1.2　TOP-DOWN 设计方法的特点

完整的 TOP-DOWN 设计流程如图 1-2 所示，TOP-DOWN 设计从总体行为设计、RTL 描述，经过逻辑综合得到网表，最终得到物理实现为止。四个阶段都要分别进行仿真，即行为级仿真，RTL 仿真、门级仿真和后仿真。四级仿真贯穿系统硬件设计全过程，上一阶段的仿真结果为下一阶段的仿真提供有用信息。因此，在系统设计早期就能发现设计中存在的问题，并尽可能在早期设计阶段就解决这些问题。这是 TOP-DOWN 设计方法的突出特点之一。

进行一项新的电路与系统设计，设计伊始，极有可能在行为级仿真时就不能通过，这说明设计者对所要设计的电路与系统的功能理解有误，必须重新认识该电路与系统。经反复修改、调试，直到行为级仿真通过，验证了设计者对电路与系统的认识的正确性。此后，RTL 仿真可能通不过，此时，问题只可能出现在对信号流向、时序的认识方面，而不用再怀疑对系统的认识是否正确。同理，此后若门级仿真不通过，则只需查看与门级延时等相关的问题。最后，后仿真不通过时，只排查寄生参数带来的延时问题即可。

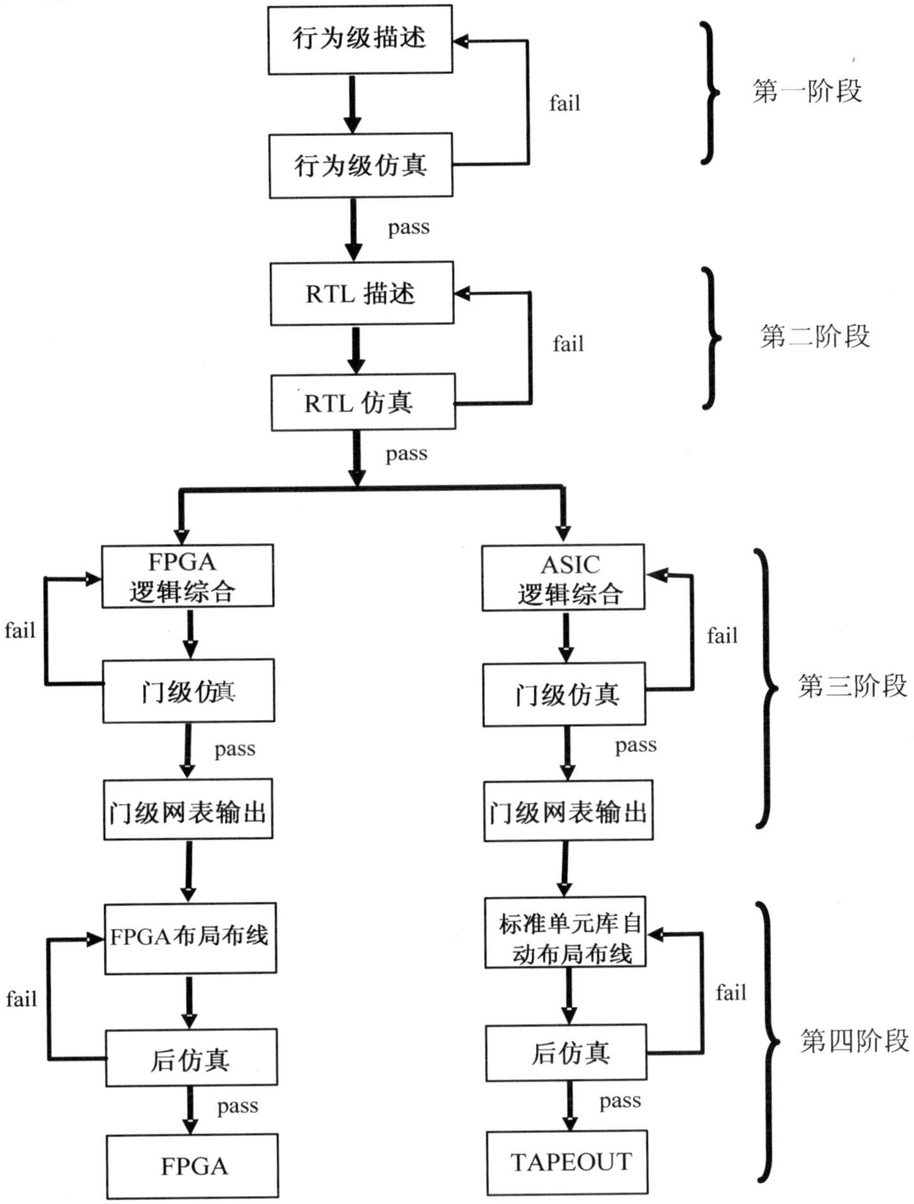

图 1-2 TOP - DOWN 设计流程

图 1-2　TOP-DOWN 设计流程

这正是自顶向下设计与自底向上设计的不同之处。可以想象，当采用自底向上设计时，所面临的问题将包括：对系统的认识、信号流走向、时序问题、门级延迟、寄生参数等等所有问题。当电路与系统变得越来越复杂时，这些问题的解决会变得越来越困难，甚至无法解决。这正是自顶向下设计方法日益成为主流设计方法的重要原因。

TOP-DOWN 设计的特点之二是自动化。如在上述 TOP-DOWN 设计的第三阶段，由 EDA

工具自动完成综合。又如在上述 TOP-DOWN 设计的第四阶段，由 EDA 工具自动烧录 FPGA/CPLD 或进行自动布局布线产生集成电路版图。现代的 EDA 设计一般均采用了如上所述的 TOP-DOWN 设计方法。TOP-DOWN 设计方法的特点和优势其实直接体现于其设计步骤中。

1.1.3 TOP-DOWN 设计方法的优势

TOP-DOWN 设计方法的上述特点形成了 TOP-DOWN 设计的以下显著优势：

1．在系统设计早期发现设计中存在的问题，提高了设计的一次成功率。

2．大大缩短系统设计的周期，减少系统开发所耗用的时间。

3．易于系统划分和项目管理，使几十万门乃至几百万门的大规模复杂数字电路的设计成为可能。

4．设计效率提高，可减少设计人员。

5．通过设计共享，避免重复设计。

1.1.4 FPGA/CPLD 与 ASIC 两种物理实现

EDA 设计的内容最终需要由 FPGA/CPLD 或 ASIC 来实现。下面分别介绍 FPGA/CPLD 与 ASIC 两种物理实现的特点。

FPGA 和 CPLD 是由加工厂完成了集成电路工艺制造和封装测试的可编程集成电路成品。可编程（Programmable）的含义是设计工程师自己就可以通过 EDA 软件将门级网表转为目标文件，再将目标文件通过烧录器烧录至 FPGA/CPLD 上，改变其内部配置从而实现自己所需要的功能。

1．FPGA/CPLD 的优点

①资金投入小、风险小

FPGA 芯片在出厂之前都做过百分之百的测试，不需要设计人员承担投片风险和费用，设计人员只需在自己的实验室里就可以通过相关的软硬件环境来完成芯片的最终功能设计。所以，开发 FPGA/CPLD 的资金投入小，节省了许多潜在的花费。

②开发周期与面市时间（Time to Market）短

系统工程师可以反复地编程、擦除、使用或者在外围电路不动的情况下用不同的配置文件就可实现不同的功能。所以，用 FPGA/CPLD 试制样片，能以最快的速度改进系统设计，验证系统功能，从而达到缩短开发周期的目的。

③改动灵活

FPGA/CPLD 软件包中有各种输入工具、仿真工具、编程器及烧录器等全线产品，电路设计人员在很短的时间内就可完成电路的输入、编译、优化、仿真，乃至最后芯片的制作。当电路有少量改动时，更能显示出 FPGA/CPLD 的优势。

④易学易用

电路设计人员使用 FPGA/CPLD 进行电路设计时，不需要具备专门的集成电路深层次的知识。FPGA/CPLD 软件易学易用，可以使设计人员更能集中精力进行系统设计、电路设计。

2．FPGA/CPLD 的缺点

①芯片成本高、价格贵

FPGA/CPLD 器件可写可擦可编程的特点也使其付出了代价，即它们的芯片成本高、价格贵，一般不适合在整机产品中大规模使用。

但是，在通讯产品中有例外。有两方面原因使然，其一，由于通讯产品的利润率较高，可以接受 FPGA/CPLD 的较高成本；其二，由于通讯产品的协议经常升级换代，FPGA/CPLD 可以方便地重新写入。

②嵌入电路困难

不能由电路与系统工程师嵌入传感电路、模拟电路或功率输出电路。

3．ASIC 的优缺点

专用集成电路 ASIC 是针对特定用户的集成电路。在 EDA 设计中不能像 FPGA/CPLD 那样由设计者通过硬件编程加以实现，必须由加工厂根据版图制作掩膜版（Mask，又称光刻版），并进行一系列集成电路工艺加工（简称流片或工艺流片）得到芯片（Chip），Chip 经封装测试后成为最终的 ASIC 产品。设计者的 HDL 程序经综合后生成网表，通过 EDA 工具产生 ASIC 的版图，按照版图加工出的芯片具有设计者所要求的功能。对 ASIC 设计而言，EDA 过程从 HDL 描述开始，到产生版图数据为止。

（1）ASIC 的优点

ASIC 的优点正好是 FPGA/CPLD 的缺点。

① 价格优势

由于采用半导体平面工艺，几十支与几万支 ASIC 芯片的研制、生产成本几乎是一样的，因此它特别适合大规模使用。用量愈大，价格愈低，在大规模使用时 ASIC 具有价格优势。

② 频率优势（性能优势）

ASIC 具有频率优势。在半导体工艺条件相同前提下，ASIC 芯片的工作频率高于 FPGA 芯片。

③ 嵌入优势

ASIC 可以由电路与系统工程师嵌入传感电路、模拟电路或功率输出等外围电路。这些电路加上核心的数字电路，如微控制器（MCU）核，则可构成片上系统（SoC，System on a Chip）。

值得指出的是：在 ASIC 的研发阶段，为了降低 Mask 的制造费用，通常采用 MPW（MPW，Multi Project Wafer）的方式来进行流片。MPW 的方式是把多个项目的设计放在同一晶圆上面，通过多个用户分摊 Mask 和工艺流片的费用，大大降低研制成本。一般在 2 个月后即可获得加工好的几十只 ASIC 样品。但是 MPW 的方式只适合研制阶段，不能进行大批量生产。

（2）ASIC 的缺点

ASIC 的缺点正好对应 FPGA / CPLD 的优点。

① 资金投入大。如果不采用 MPW 加工方式，Mask 和工艺流片费用都是昂贵的。

② 研发、流片都具有较高的失败风险，而 FPGA / CPLD 完全没有这种风险。

③ 面市时间较长。ASIC 设计完成后，一般还需要两个月左右的加工时间，而 FPGA/CPLD 设计完成后只需现场烧录就可以得到设计结果。

④ 改动困难。一旦改动，意味着新的 Mask 制版费、工艺流片费用和失败风险。

需要提到的是：随着ASIC芯片加工工艺最小线宽的不断缩小，光刻版费用迅速增加。

从以上分析可以看出，FPGA/CPLD和ASIC各有优势和不足。目前，两者均在努力扩大自己的优势，FPGA厂商正努力在FPGA中嵌入ASIC形式的IP核；另一方面，ASIC厂商也正在采用各种可重构技术，包括嵌入FPGA技术，以期增加产品的灵活性和适应性。

1.2 硬件描述语言（HDL）

TOP-DOWN设计方法的发展主要归功于硬件描述语言（HDL，Hardware Description Language）的成熟和电子设计自动化（EDA）工具的进步。

硬件指所要设计的电路与系统。这种称谓本身揭示了HDL所描述的内容最终是要通过硬件来实现。

硬件的描述方式是多种多样的。例如集成电路的版图是对集成电路的一种描述，它真实、物理地给出了芯片内的结构详情；又如大家所熟悉的电路图也是一种对电路或系统的描述，它确切地描绘出了一个硬件的电路结构。

目前人们所说的HDL，通常特指电子技术高层设计阶段中所采用的硬件描述语言。这样的HDL有如下特点：

① HDL以行为级描述见长，它能从比较抽象的角度描述电子实体的行为，能够进行系统早期仿真。

② HDL能够进行结构化描述，它能从具体的角度描述电子实体的结构，便于存档，便于共享。

③ HDL具备从比较抽象到比较具体的多个层面上对电子实体进行混合描述的能力，可降低硬件电路设计难度。

④ HDL的生命力在于用它描述的实体的程序，既能被仿真，又能被综合。通过仿真（simulation），可验证设计的正确性；通过综合（synthesis），抽象的设计描述将自动地自上而下转化为实在的物理设计——逻辑图、电路图，直至FPGA或ASIC版图。

硬件描述语言是高层次、自动化设计的起点和基础。

1.2.1 VHDL的特点

目前世界上存在多种HDL，其中最流行的为VHDL和Verilog HDL两种。

VHDL的头一个字母V代表Very High Speed Integrated Circuit，即VHSIC，所以VHDL最初是超高速集成电路硬件描述语言。其诞生的背景是美国的VHSIC计划，即1980～1986年，美国国防部组织的以满足国防电子系统的要求为目标的集成电路研究计划。

人们发现VHDL能够满足各种数字电路设计要求，可以作为一种通用的硬件描述语言工业标准。国际电气与电子工程协会IEEE参与了对它的标准化。经广泛征求意见，融合其它HDL的优点，1987年12月由IEEE正式推出了版号为IEEE—1076的第一个VHDL工业标准版本，1993年推出更新版VHDL工业标准版本。

VHDL具有以下显著优点：

① 通用性好，支持面广。因为它是工业标准，故受到普遍支持，凡大型EDA软件都推出支持VHDL的设计环境。因此用VHDL描述的设计文件，可采用不同的设计工具。

② 重用性好。VHDL 的描述与具体工艺无关，因而适用面宽。VHDL 的设计模块便于在不同设计场合重复使用。

③ 可靠性好。VHDL 文件兼技术文档与实体设计于一身，可读性好，既是技术说明，又是设计实现，这就保证了二者的一致性。

④ 与 Verilog HDL 相比较，VHDL 以行为级描述见长，即从抽象的角度描述电子实体的行为的能力更强。

客观地讲，上述 4 条 VHDL 优点中的前 3 点基本上是 HDL 的共同优点。而第 4 条是 VHDL 的特殊的优点。需要指出的是：在学习和使用 VHDL 时应当特别关注并利用其抽象描述电子实体行为能力强的特点。VHDL 抽象描述电子实体行为能力强意味着人们可以利用它来较迅速地获得对电路与系统的正确描述。

1.2.2　HDL 的应用及 IP 核

HDL 所描述的内容最终是要通过硬件实现的。传统的 HDL 的应用方式是获得两种物理实现之一，即 FPGA/CPLD 或 ASIC。但是，目前，HDL 的应用具有了一种新的形式，即由 HDL 形成知识产权核或称 IP 核（Intellectual Property Core）。IP 核逐渐以商品的形式出现在市场上，而且正以每年 30%以上的速度增长，HDL 在这方面的应用愈来愈多。

比如，FPGA/CPLD 厂商在 FPGA/CPLD 中预先嵌入 IP 核，如微控制器（MCU），数字信号处理器（DSP），典型模拟电路，模/数（A/D）转换器、数/模（D/A）转换器等等，为 FPGA/CPLD 增加了功能。FPGA/CPLD 正在向可编程片上系统（SoPC）方向发展。

ASIC 则强调采用 IP 复用（IP Reuse）设计方法来缩短其面市时间，降低其投片试制风险。

上述两个方向的技术发展都与新兴的 IP 核技术有关。IP 核可分为软核、固核、硬核三种。

软核（Soft IP Core）是指前面所说的 EDA 芯片设计的第二阶段，即 RTL 的设计结果，且经过了 RTL 仿真验证。

固核（Firm IP Core）是指我们前面所说的 EDA 芯片设计的第四阶段的结果，即经过了 FPGA 实物验证的 netlist。

硬核（Hard IP Core）同样是所说的 EDA 芯片设计的第四阶段的结果，但特别针对经过了 ASIC 工艺验证的版图数据。

很显然，从 FPGA 的角度看固核最有价值。而从 ASIC 角度则硬核最有价值，因为要将固核转化成硬核具有我们已提到过的投片风险。软核则由于它与工艺和器件均无关，具有高度的灵活性，从而具有其独特的价值。作为电路与系统或 IC 设计工程师和研究人员，必须具备读懂和研发软核、固核的能力。

软核通过仿真加以验证，固核则通过 FPGA/CPLD 加以硬件验证。在大规模集成电路（VLSI）设计过程中，常常在完成软件仿真以后，用 FPGA/CPLD 硬件测试作为 ASIC 硬件仿真手段或功能验证手段。这是因为 FPGA/CPLD 内部已经考虑了与 ASIC 内部相似的门级延时和连线延时。

在工程实践中，往往存在这样的情况，即在电子产品数较小的初期阶段（一般是在产品数量小于 1 万只时），采用 FPGA/CPLD，而当电子产品数超过 10 万只以后，则考虑将所使用的 FPGA/CPLD 转化成 ASIC。从 IP 的角度看，就是将固核转化成硬核，简称为“固核硬化”。固核硬化仍然是存在一定的投片失败的风险的，这是因为 FPGA/CPLD 与 ASIC 内部的门级延时和连线延时只是相似，不是相等。固核硬化的设计，需要使用本书第 11 章介绍的自动布局布线 APR 设计流程。

与上述“固核硬化”对应，在集成电路行业，还存在“硬核软化”的需要。这是因为硬核必须通过“交换”或出售才能实现价值最大化，而在硬核“交换”过程中，为了保护硬核的知识产权，IP 提供者往往将硬核以黑匣子形式提供给用户。同时将硬核软化，即采用硬件描述语言对硬核的功能进行行为级描述。通过使用该行为级描述，在保护黑匣子具体内容的同时，用户仍可进行 IP 的仿真。

从本节的介绍，不难看出 FPGA/CPLD 在 EDA 设计中具有重要作用。概括起来有以下几点：

（1）HDL 程序通过 FPGA/CPLD 可以得到 EDA 设计的最终产品，在产品数量较小时快速占领市场。

（2）HDL 程序通过 FPGA/CPLD 验证可以形成固核，具有一定的商品价值。

（3）HDL 程序的 FPGA/CPLD 验证实验是一种 ASIC 设计的硬件仿真手段。

习　题

1．TOP-DOWN 设计方法主要包括哪几个阶段？分别包含什么内容？
2．什么是 IP 核？学习 HDL 与掌握 IP 核技术的关系是什么？
3．软核有什么价值？
4．固核有什么价值？为什么要进行固核硬化？
5．为什么说硬核的价值最高？为什么要进行硬核软化？
6．HDL 指的是什么？它有什么特点？常见的 HDL 有哪些？
7．VHDL 指的是什么？它有什么优点？它最突出的优点是什么？
8．学习 HDL 的目的是什么？HDL 有哪些主要应用？
9．FPGA/CPLD 的主要优缺点是什么？ASIC 的主要优缺点是什么？
10．FPGA/CPLD 在 EDA 设计中有何特殊作用？

第 2 章　VHDL 程序的结构及其描述方式

本章导读

通过本章的学习，应当对 VHDL 程序的宏观结构有一个明确的概念性认识，理解实体、构造体、配置、程序包、库的基本功能，并能够尝试编写简单的 VHDL 程序。同时，理解 VHDL 的三种描述方式：行为级描述、RTL 描述、结构级描述。

2.1　VHDL 程序的结构

如前所述，硬件描述语言是高层次、自动化设计的起点和基础。要掌握 EDA 技术必须从学习一种硬件描述语言开始。从整体上理解 VHDL 程序架构，对于迅速掌握 VHDL 是十分有利的。

为了使读者对 VHDL 程序有全面的了解，我们对 VHDL 程序进行了解剖，将一个完整的 VHDL 程序分为实体（Entity）、构造体（Architecture）、配置（Configuration）、程序包（Package）、库（Library）五个组成部分，如图 2-1 所示。其中实体、构造体和配置是需要设计工程师编写的程序段；而程序包和库则是在编程中要调用的程序段。从设计共享的角度来看，包集合、库以及配置均是设计共享的手段。我们可以将所编写的程序单元用包集合、库或配置的形式存起来，成为共享或复用的部分。

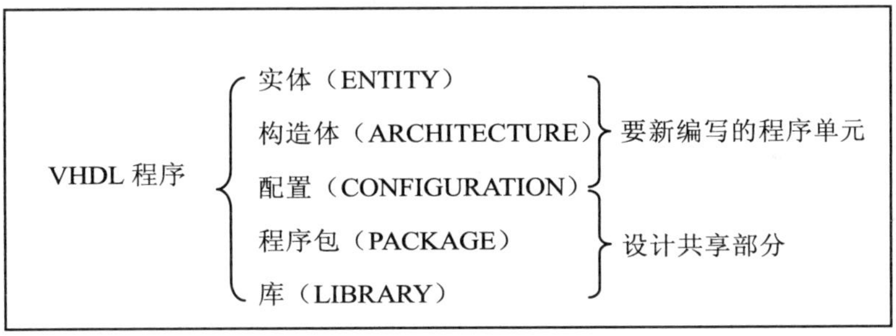

图 2-1　VHDL 程序组成部分

若我们把当前正在设计的电路模型称之为设计单元，已有的可调用基本逻辑门和电路模型称之为元件，那么这五个组成部分的主要作用如下：

1．实体：描述设计单元的外围接口信号和内部参数。

2．构造体：描述设计单元的内部结构和逻辑行为。

3．配置：为设计单元从多个构造体中选择合适的构造体或从库中选取合适的元件，以便于进行设计单元的仿真或综合。

4．程序包：存放各设计模块都能共享的数据类型、常数和子程序等。

5．库：存放已经编译了的元件和程序包，以便在设计单元中使用。库可由系统工程师自行设计或由 ASIC 芯片制造商提供。

实体和构造体两部分是组成 VHDL 设计单元的基础，如图 2-2 所示。其中实体部分规定设计单元的输入/输出接口信号和参数；构造体部分定义设计单元的具体构造或功能（行为）。每一个设计单元小到逻辑门大到数字处理系统都必须具有这两个部分。

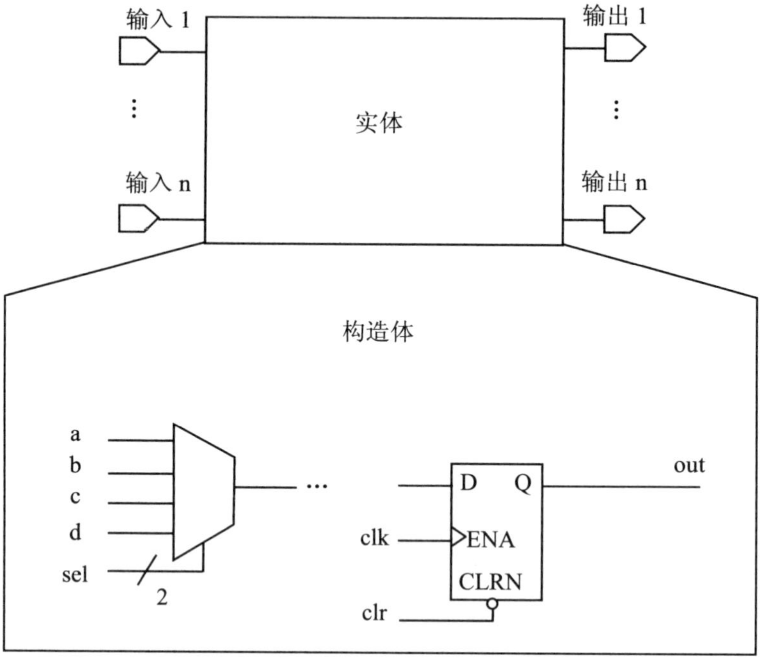

图 2-2　实体和构造体在设计单元中的作用

需要注意的是 VHDL 中的关键字（具有特殊含义的系统保留字）是不区分大小写的，但为了阅读方便在本书的介绍中关键字以大写表示，而以小写字母来表示设计者自己定义的部分。

2.1.1　实体（ENTITY）

实体描述的是设计单元的外围，主要包括类属参数说明（Generic Declarations）和外围输入输出端口说明（Port Declarations），这两部分都是可选部分。为了方便阅读，本书中以“[ ]”表示可选部分。实体说明的语法结构如下所示：

```
ENTITY <实体名> IS
  [类属参数说明]
  [端口说明]
END <实体名>;               --（1987 版本）
END ENTITY <实体名>;  --（1993 版本）
```

实体说明必须按照上述格式来编写，即实体说明应以“ENTITY <实体名> IS”开始，以“END <实体名>;”或“END ENTITY <实体名>;”结束。“ENTITY”、“IS”、“END”为关键字，而“实体名”是由设计者依据设计单元的功能或特定项目的命名规则起的名字，只要满足标识符（后续章节有详尽说明）的命名规则即可。

1. 类属参数说明（Generic Declarations）

类属参数说明主要用来为用户设计指定待定参数，如用来定义端口宽度、器件延时时间等参数，该参数在整个设计单元内有效。书写格式如下：

```
GENERIC (参数名,…,参数名:数据类型:=初值;
                    ⋮
            参数名,…,参数名:数据类型:=初值);
```

类属参数说明必须放在端口说明之前。需要注意的是类属参数可在编译时被赋予新的值，但类属参数在仿真和综合过程中是只读的。数据类型及初值相同的类属参数可以用“,”分隔写在同一行，否则要分行写。例 2-1 给出了类属参数说明的实例。

【例 2-1】 类属参数的说明。

```
ENTITY <entity_name> IS
Generic (width: INTEGER:= 4 ;
tphz, tplz: TIME:= 3ns ) ;
-- Port Declarations
END [ENTITY] <entity_name> ;
```

该例中，定义了 INTEGER 类型的类属参数 width，定义了 TIME 类型的类属参数 tphz 和 tplz，其中 tphz 和 tplz 具有相同的数据类型，且初值均为 3ns。

2．端口说明（Port Declarations）

实体说明中的每一个输入输出信号称为端口，端口对应于电路图上的引脚。端口说明描述的是设计单元与外部的接口，具体来说就是对端口名称、端口方向和数据类型进行描述。书写格式如下：

```
PORT (端口名,…,端口名:方向  数据类型;
                ⋮
        端口名,…,端口名:方向  数据类型);
```

端口名是输入输出端口的名字，可由字母和数字等符号构成，只要满足标识符定义的规则即可。

端口方向用来说明端口信号的流动方向，有 IN、OUT、INOUT、BUFFER 和 LINKAGE 五种。如表 2-1 所示。

表 2-1　端口方向使用说明

端口方向	含义及注意事项
IN	输入端口，在设计单元内部只可读，在设计单元内不可对其赋值
OUT	输出端口，在设计单元内部只可写，不可反馈至设计单元内部作为逻辑电路的输入信号
INOUT	输入通道和输出通道共享引脚的双向端口，在设计单元内部分时可读可写，需要控制信号控制何时读、何时写，输入和输出通道不能同时有效
BUFFER	缓冲输出端口，可反馈至设计单元内部作为逻辑电路的输入信号，故在设计单元内部可读可写
LINKAGE	链接端口，无指定方向，可以与任意方向的信号相连

数据类型说明经过该端口信号的数据类型。由于 VHDL 是强数据类型的语言，不同数

据类型的信号、变量等不可以相互赋值，所以要给端口指定数据类型。端口可以使用的数据类型可以是 VHDL 的标准数据类型，也可以是用户自己定义的包集合中的数据类型。关于数据类型会在后续章节详细介绍。

下面以例子说明实体部分在 VHDL 中的作用。

【例 2-2】 二选一选择器的实体说明。

```
ENTITY mux IS                          -- 实体说明开始
    PORT (d0, d1, sel: IN BIT ;
                    q: OUT BIT) ;      -- 端口说明
END mux ;                              -- 实体结束
```

附带说明：在 VHDL 中，通常在一段程序中可以加入注释，其格式是“-- 注释语句”，一行中从“--”开始直到此行末尾都被认为是注释语句，编译（Compile）时注释行不被编译。

例 2-2 定义了一个名为 mux 的实体，其中用 PORT 语句说明了实体 mux 的端口信息，即输入端口 d0，d1，sel；输出端口 q；输入和输出端口的数据类型均为一位二进制（BIT）类型。BIT 数据类型有“0”或“1”两种可能值。

上述实体说明部分定义了如图 2-3 所示的二选一选择器的外貌，但并没有定义输入信号和输出信号之间的关系。而定义输入信号和输出信号之间的关系的任务则由下面介绍的构造体来完成。

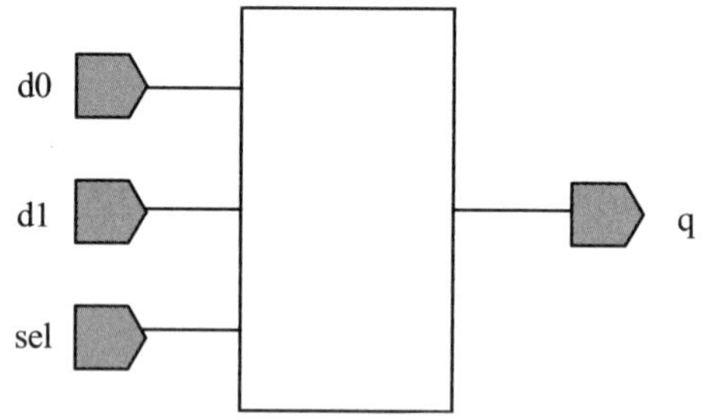

图 2-3 二选一选择器

2.1.2 构造体（ARCHITECTURE）

构造体描述的是设计的行为和结构，即描述一个设计实体的功能。在设计过程中，设计人员常常将一个设计比喻成一个盒子，实体说明可以被看成是一个“黑盒子”，通过它我们只能了解其输入和输出端口，无法知道盒子内部的内容，而构造体就是描述盒子内部的详细内容。

由于构造体是对实体功能的具体描述，因此应跟在实体说明的后面。在 VHDL 语法中，构造体的结构如下所示：

```
ARCHITECTURE <构造体名> OF <实体名> IS
    [构造体说明部分]          -- 内部信号，常数，数据类型，函数等的定义
BEGIN
```

```
  <并行处理语句>;
END <构造体名>;
```

从构造体的结构可以看出，构造体从“ARCHITECTURE <构造体名> OF <实体名> IS”开始至“END <构造体名>;”结束。一个完整的构造体由两个基本层次组成：

① 构造体的说明部分。该部分对数据类型、常数、信号、子程序和元件等定义说明。

② 并行处理语句部分。可以使用并行语句或并发子结构，描述设计单元的逻辑功能或结构，可以采用行为级、RTL 和结构级描述。

下面以例子说明构造体部分在 VHDL 中的作用。

【例 2-3】 二选一选择器的构造体说明。

本例针对图 2-3 的二选一选择器给出了构造体的具体设计，其实体 mux 已经在例 2-2 中定义。其逻辑结构如图 2-4 所示。

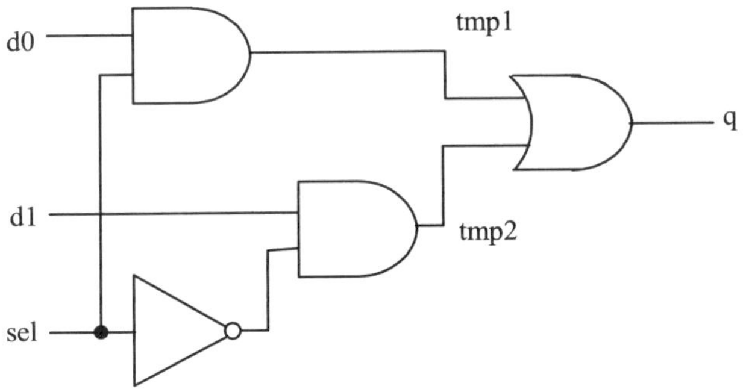

图 2-4 二选一选择器的逻辑结构

```
ARCHITECTURE connect OF mux IS              -- 构造体定义
SIGNAL tmp1, tmp2: BIT ;                    -- 信号的申明
BEGIN                                       -- 构造体开始
    PROCESS (d0, d1, sel)                   -- 进程
    BEGIN                                   -- 进程开始标记
        tmp1 <= d0 AND sel ;                -- 信号赋值语句
        tmp2 <= d1 AND (NOT sel) ;          -- 信号赋值语句
        q<= tmp1 OR tmp2 ;                  -- 信号赋值语句
    END PROCESS ;                           -- 进程结束
END connect ;                               -- 构造体结束
```

在此，构造体 connect 的说明描述了 mux 的逻辑功能。在语句中，符号“<=”是信号赋值符，表示将“<=”右边的表达式的值赋给左边的信号。

利用实体和构造体便得到二选一选择器 mux 基本设计单元的 VHDL 模型，如图 2-5 所示。

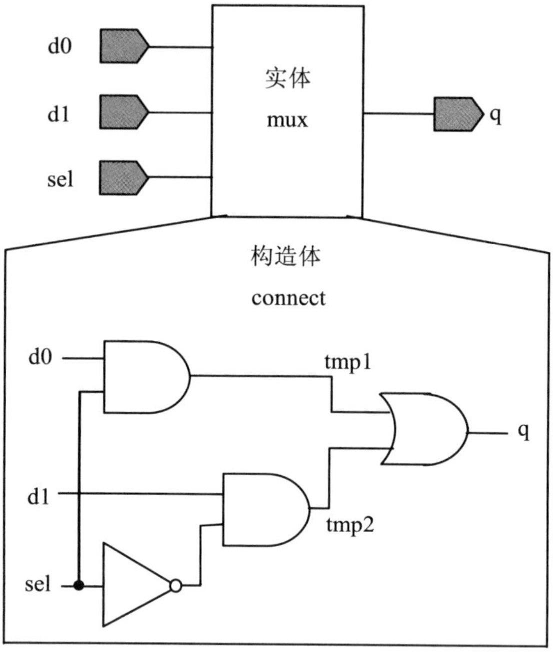


```
ENTITY mux IS
    PORT (d0, d1, sel: IN BIT ;
                    q: OUT BIT) ;
END mux ;
ARCHITECTURE connect OF mux IS
    SIGNAL tmp1, tmp2: BIT ;
BEGIN
    PROCESS (d0, d1, sel)
    BEGIN
        tmp1 <= d0 AND sel ;
        tmp2 <= d1 AND (NOT sel) ;
        q<= tmp1 OR tmp2 ;
END PROCESS ;
END connect ;
```

图 2-5　mux 设计单元

2.1.3　VHDL 程序的基本构成格式

实体和构造体一起构成是 VHDL 的基本设计单元。而基本设计单元配上参考库申明即构成 VHDL 基本格式。

VHDL 程序通常一开始就必然先申明共享的来源；接下来要进行实体申明，也就是对电路功能块的引脚进行描述；最后编写构造体部分，详细说明电路的构造或功能。

图 2-6 中首先申明参考库 LIBRARY IEEE，并用“USE”语句申明引用 IEEE 库中的包名为 STD_LOGIC_1164 的程序包，以及用“ALL”表明 IEEE.STD_LOGIC_1164 程序包中的所有内容均可使用。

```
LIBRARY IEEE ;（库名）                  }  申明参考库
USE IEEE.STD_LOGIC_1164.ALL ;           }  并说明引用程序包
    \_____________________/ \_/
           包集合名          全部

ENTITY   实体名   IS   \
          ⋮             }  实体说明
END    实体名 ;        /            -- 实体申明完毕
ARCHITECTURE  构造体名  OF  实体名  IS  \
          ⋮                             }  构造体说明
END    构造体名 ;                      /   -- 构造体申明完毕
```

图 2-6　VHDL 程序基本构成格式

从原则上讲，VHDL 程序设计者应当了解一定数量的库以及各个库中的各个程序包的内容，以便在设计程序时调用。但是，库通常是十分庞大的，程序包中的内容也可能包罗万象。对于初学者要做到了解一定数量的库以及各个库中的各个程序包的内容是比较困难的。因此，我们的建议是：初学者编写 VHDL 程序时，在程序开头始终首先申明参考库 LIBRARY IEEE，并用“USE”语句申明引用 IEEE 库中的 STD_LOGIC_1164 程序包。由于初学者所调用的资源一般不会超出 IEEE.STD_LOGIC_1164 程序包的范围，而且所有的 VHDL 编译工具都带有 IEEE 库，建议初学者在学习初期“放心”地使用 IEEE.STD_LOGIC_1164 程序包，而将主要精力集中在 VHDL 基本程序设计上面。大量教学实践证明这样做是行之有效的，可以加快“入门”的速度。对于库和程序包的较详细介绍，请参阅后续章节。

图 2-6 中省略掉的部分，即“⋮”符号所代表的部分，可以参见图 2-7 VHDL 程序基本构成格式的完整示例，从而得出更具体的印象。

参考库申明 + 实体说明 + 构造体说明 ⇒

```
LIBRARY IEEE ;（库名）                 --申明参考库
USE IEEE.STD_LOGIC_1164.ALL ;          --说明引用程序包
    (IEEE.STD_LOGIC_1164: 包集合; ALL: 全部)
-----------------------------------------------------------------------
ENTITY mux IS
    GENERIC (m: TIME: = 1ns) ;
    PORT (d0, d1, sel: IN BIT ;
                q: OUT BIT) ;
END mux ;
-----------------------------------------------------------------------
ARCHITECTURE connect OF mux IS
    BEGIN
        PROCESS (d0, d1, sel)
        VARIABLE tmp1, tmp2, tmp3: BIT ;
        BEGIN
            tmp1:= d0 AND sel ;
            tmp2:= d1 AND (NOT sel) ;
            tmp3:= tmp1 OR tmp2 ;
            q <= tmp3   AFTER m ;
        END   PROCESS ;
    END connect ;
```

图 2-7　VHDL 程序基本构成格式的分解

构造体中的实体名一般与构造体前面“实体说明”中所定义的实体同名，以此来说明，此构造体描述的就是相对应的那个实体。

在图 2-7 中，虚线把完整的二选一选择器的源程序分解成了三部分，每部分分别对应：

参考库申明、实体说明、构造体说明。我们已经知道：实体说明和构造体说明构成的是 VHDL 的基本设计单元。可以这样理解：由基本设计单元配上库说明即构成 VHDL 基本程序。

通过上面的介绍，可看出：进行 VHDL 程序设计，首先定义所使用的库和包，再进行实体和构造体描述。其中，实体描述的是设计单元的端口，类似于对一颗芯片的管脚进行定义；构造体描述类似于对一颗芯片的内部构造进行定义。显然，VHDL 设计的主要工作量在构造体描述。

2.2 VHDL 描述方式

在 VHDL 中，允许设计者采用不同的描述方式来进行 VHDL 源程序的编写。三种常用的描述方式为：行为级描述方式、寄存器传输级（RTL）描述方式和结构级描述方式，如图 2-8 所示。这三种描述方式从不同角度对设计的行为和功能进行描述，在设计中有时候采用多种描述方式对设计进行描述。

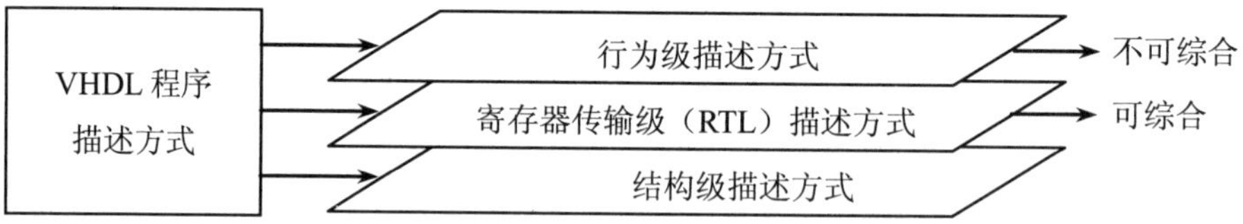

图 2-8 VHDL 的三种建模方式

要理解这三种描述方式，必须先理解一个重要的概念——逻辑综合。

在 TOP-DOWN 设计流程中，EDA 软件可以将源程序自动转换为描述底层逻辑门互连关系的门级网表，从而与最终的可编程器件或 ASIC 硬件实现相对应。这个过程称为逻辑综合，是电子设计自动化的重要内容，也是衡量建模方式的主要标准。

行为级（Behavior Level）描述方式是抽象程度最高的电路建模方式，源程序主要描述电路输出端口随输入变化而变化的规律，程序描述贴近人类的高级语言，该描述方式不可综合。

寄存器传输级（Register Transfer Level，RTL）描述方式通过描述数据从输入到输出的运算处理暗示了电路的结构，该描述方式可综合。

结构级（Structural Level）描述方式是层次化设计思想的体现，是描述电路硬件连接结构的建模方式，源程序可否综合，依赖于被调用元件的可综合性。

2.2.1 行为级（Behavior Level）描述

行为级描述（如图 2-9 所示），对电路的功能或数学模型进行描述，建立电路或系统的输入与输出的关系，其抽象程度高，与硬件实现毫无关联。在行为级描述中，源程序中可以大量采用算术运算、关系运算、惯性延时、传输延时等难于进行逻辑综合或不能进行逻辑综合的 VHDL 描述语句。设计行为级源程序的目的不是为了综合，而是为了仿真，验证电路或系统的设计思想是否正确。

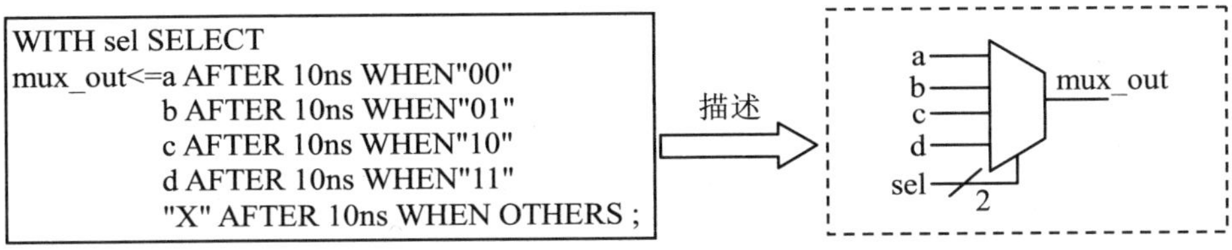

图 2-9　行为级描述示意

设计复杂的或新的电子系统时，往往首先进行行为级描述，通过行为级描述的仿真可验证设计者对系统的认识是否正确。如果行为级仿真不能通过，或仿真波形与设计意图有出入，说明设计者对该系统的认识有缺陷或不全面，需更改设计。如果仿真能够通过，并获得与设计意图一致的仿真波形，则说明设计者对系统的认识基本是正确的，可以进入对系统的 RTL 描述阶段。

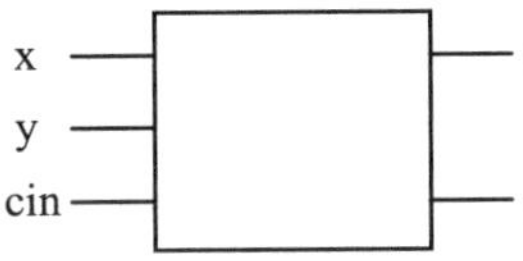

图 2-10　五端口电路

【例 2-4】 一个五端口电路的行为级描述。

对一个五端口电路而言，假定设计时并不知道其逻辑电路类型，而只知道它是一个具有三个输入端口和两个输出端口的五端口电路（如图 2-10 所示），且已知它具有如表 2-2 所示的功能，即可通过行为级描述方式来实现它的功能。

表 2-2　五端口电路的功能表

n	x	y	cin	sum	cout
0	0	0	0	0	0
1	0	0	1	1	0
	0	1	0		
	1	0	0		
2	0	1	1	0	1
	1	1	0		
	1	0	1		
3	1	1	1	1	1

由表 2-2 可以看出以下规律，即两个输出信号 sum 和 cout 的值，只取决于 n 的数值，而 n 又等于输入信号为 1 的数目。于是可以通过统计输入信号为 1 的数目决定输出信号。从而该电路行为级建模的描述如下：

```
ENTITY adder IS                                   -- 实体说明
    PORT (x, y, cin: IN BIT ;
          sum, cout: OUT BIT) ;                   -- 端口说明
END adder ;
----------------------------------------------------------------------
ARCHITECTURE behav OF adder IS                    -- 构造体描述
```

```
BEGIN
    PROCESS(x, y, cin)                                          -- 进程
        VARIABLE n: INTEGER ;                                   -- 变量申明
        CONSTANT sum_vector: BIT_VECTOR(0 TO 3):= "0101" ;      -- 常量申明
        CONSTANT cout_vector: BIT_VECTOR(0 TO 3):= "0011" ;     -- 常量申明
    BEGIN                                                       -- 进程开始标记
        n:= 0 ;                                                 -- n 赋初值为 0
        IF x = '1'    THEN n:= n+1 ;   END IF ;                 -- IF 语句
        IF y = '1'    THEN n:= n+1 ;   END IF ;                 -- IF 语句
        IF cin = '1'  THEN n:= n+1 ;   END IF ;                 -- IF 语句
        sum <= sum_vector(n) ;                                  -- 信号赋值语句
        cout <= cout_vector(n) ;                                -- 信号赋值语句
    END PROCESS ;                                               -- 进程结束
END behav ;                                                     -- 构造体结束
```

上述程序中“:=”为变量赋值符，“<=”为信号赋值符。程序所描述的构造体名称为 behav。程序中申明了一个变量 n 用以统计输入信号为 1 的数目。程序中还申明了两个位矢量型常量（相当于一维数组）sum_vector 和 cout_vector，两个位矢量常量都为 4 位常量，它们的值分别为 0101 和 0011，正好等于表 2-2 中 sum 和 cout 列从上向下 4 个数的组合。从 PROCESS 开始到 END PROCESS 为一个进程，进程中的所有语句顺序执行，首先进程等待输入信号 x 或 y 或 cin 发生变化，接着统计 3 个输入信号同时为 1 的数目 n，最后根据 n 值从两个位矢量常量的第 n 位分别得到输出信号 sum 和 cout 的新值。

上述 VHDL 程序引入变量 n 进行统计的处理方式完全是对一个五端口电路数学模型的描述，没有涉及任何有关电路的结构，属于行为级建模方式。

用 Active-HDL 工具仿真得到的波形如图 2-11 所示。

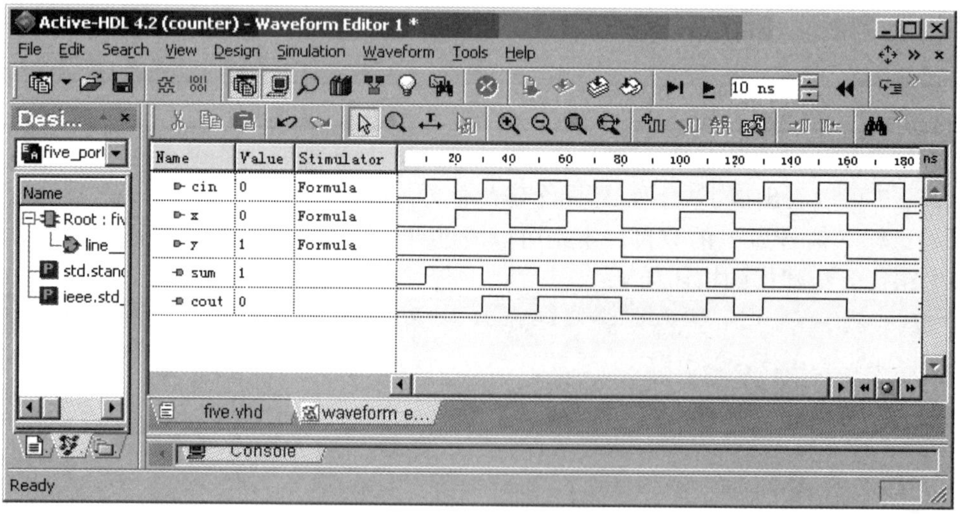

图 2-11　例 2-4 的仿真结果

将图 2-11 的仿真结果和表 2-2 功能表进行比较，可以看出它们是吻合的。

2.2.2　寄存器传输级（RTL）描述

寄存器传输级描述（如图 2-12 所示）即 RTL 描述，就是在描述电路的时候，只需要关注寄存器本身，以及寄存器到寄存器之间的逻辑功能，而不用关心寄存器和组合逻辑的实现细节（具体用了多少逻辑门等）。EDA 软件可以将 RTL 描述逻辑运算映射为具体的电路结构和逻辑器件。RTL 描述既隐含了电路的大致结构，又与硬件实现无关。其最重要的特性是它是可综合可移植的一种描述方式。

在不同的约束条件（延时、面积、功耗等条件）下，RTL 描述的 VHDL 程序极有可能得到不同的综合结果。因为，对于不同的约束条件，EDA 工具会自动在元件库中寻找既满足逻辑要求又满足约束条件要求的元件组合。例如，若设计者选择芯片面积最小为约束条件，则 EDA 工具会自动给出既满足逻辑要求又满足面积最小约束条件的电路结构。所以，在不同的综合约束下，同一个源程序可能会得到结构大致相同、细节略有差异的硬件实现。

RTL 描述的上述特点使它具有以下两种特别的用途：

① 用于形成 IP 软核。其特点是与工艺完全无关，可以选择不同的物理实现方式。

② RTL 描述允许选择不同的 ASIC 加工工艺线，即在不同的代工厂（Foundry）均可以加工实现同一功能的 IC 芯片。例如：原来在甲 Foundry 加工的某 IC 芯片，因故（如倒闭）甲 Foundry 不再能继续加工，必须换到乙 Foundry 加工。这时，可以用该 IC 芯片的 RTL 描述在乙 Foundry 的工艺库支持下重新进行综合并进行自动布局布线（APR），并重新制版、投片，从而在乙 Foundry 生产出相同功能的芯片。

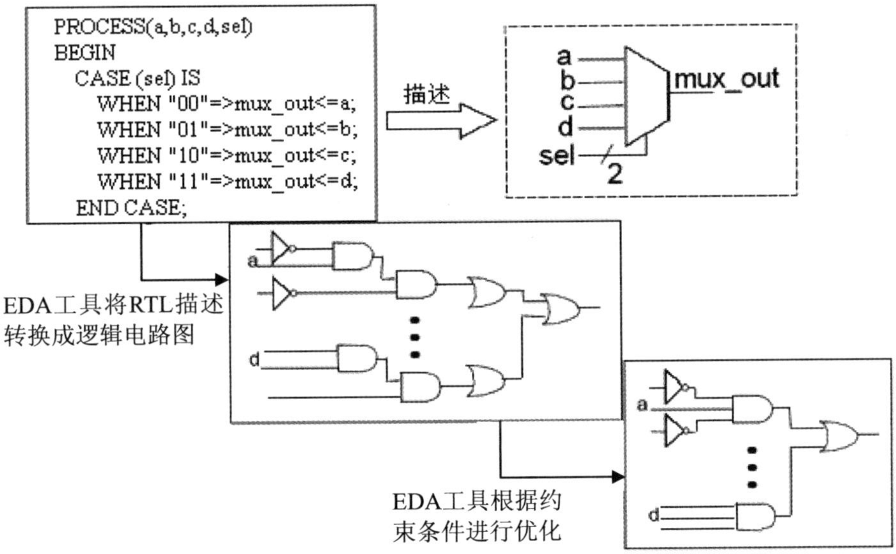

图 2-12　RTL 描述示意

【例 2-5】 一个五端口电路的 RTL 描述。

根据例 2-4 的电路功能表和仿真波形图可以得到该五端口电路的真值表，如表 2-3 所示。

表 2-3　一个五端口电路真值表

cin	0	1	0	1	0	1	0	1
x	0	0	1	1	0	0	1	1
y	0	0	0	1	1	1	1	1
cout	0	0	0	1	0	1	1	1
sum	0	1	1	0	1	0	0	1

从上述真值表，可以归纳出该电路输入和输出之间的逻辑关系表达式为

$$sum = x \oplus y \oplus cin$$

$$cout = (x \oplus y) \cdot cin + x \cdot y$$

若令 $s = x \oplus y$，则

$$sum = s \oplus cin$$

$$cout = s \cdot cin + x \cdot y$$

从以上表达式可以看出：前述的“一个五端口电路”是一个全加器。

以上表达式给出了全加器中数据从输入端到输出端的运算过程。根据这些表达式可编写出全加器 RTL 描述的 VHDL 程序如下：

```
ENTITY adder IS                                    -- 实体说明
    PORT (x, y, cin: IN BIT ;
          sum, cout: OUT BIT) ;                    -- 端口说明
END adder ;
----------------------------------------------------------------------------
ARCHITECTURE rtl OF adder IS                       -- 构造体
    SIGNAL s: BIT ;                                -- 信号的申明
BEGIN
    s <= x XOR y ;                                 -- 中间信号 s 赋值
    sum <= s XOR cin ;                             -- 全加器之和的赋值表达式
    cout <= (s AND cin) OR (x AND y) ;             -- 全加器之进位的赋值表达式
END rtl ;                                          -- 构造体结束
```

此程序中共有三个信号赋值语句，其中“<=”为信号赋值符，关键字 AND、OR、XOR 分别表示逻辑运算“与”、“或”、“异或”。

例 2-5 的程序描述反映出了一位全加器内部的数据流，属于 RTL 建模。另外，全加器还可以由基本门电路的多种其他组合来实现，读者不妨试着自行练习。

一般情况下，EDA 设计的第一步为行为级描述，其后才是 RTL 描述。我们刻意安排的例 2-4 一个五端口电路的行为级描述和例 2-5 一个五端口电路的 RTL 描述即是有意向读者揭示由行为级描述到 RTL 描述是有一定工作量的，并且是需要相关知识的。根据例 2-4 行为仿真结果得出真值表，再根据对真值表的分析，得出信号间的逻辑关系，再根据逻辑表达式写出 RTL 程序，同时，分析出了该五端口电路是一个全加器。

2.2.3 结构级（Structural Level）描述

结构级描述（如图 2-13 所示）描述电路或系统的功能和结构。将其应用在层次化设计中，可方便地实现高层次设计模块调用低层次设计模块，或者直接调用基本逻辑单元来构成一个复杂逻辑电路。从设计共享和复用的角度讲，结构级描述的程序最能提高设计效率，它可以将已有的设计成果，方便地用到新的设计中去。

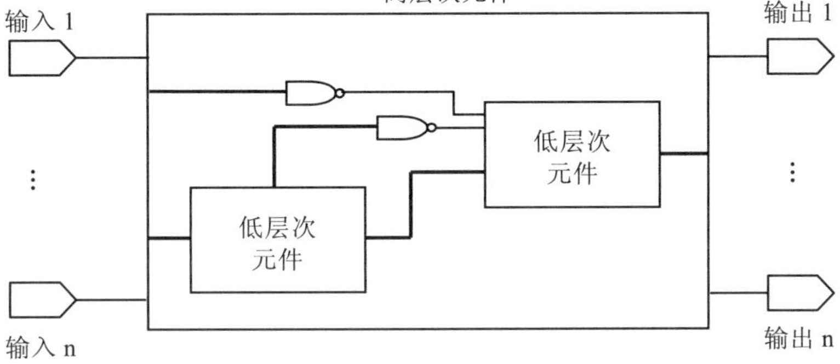

图 2-13 结构级描述示意

【例 2-6】 全加器 adder 的结构级描述。

在认识到所讨论的“一个五端口电路”其实就是一个全加器以后，可以进一步增进我们对全加器的认识：如图 2-14 所示，全加器可以由两个半加器（half_adder）和一个“或”门（or_gate）组成。假定这些元件已设计完成，那么，调用这些现成的元件，经过适当连接组合就可以构成一位全加器 adder 的结构级描述了。

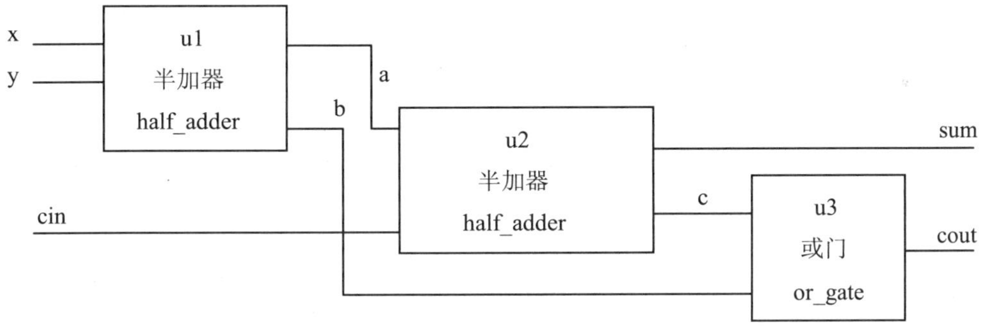

图 2-14 全加器的一种逻辑结构

用半加器和“或”门构建全加器的结构级描述如下：

```
ENTITY adder IS                                         -- 实体说明
    PORT (x, y, cin: IN BIT ;
          sum, cout: OUT BIT) ;                         -- 端口说明
END adder ;
--------------------------------------------------------------------------------
ARCHITECTURE structure OF adder IS              -- 构造体
    COMPONENT half_adder                        -- 半加器元件（half_adder）引用说明
```

```
        PORT (a, b: IN BIT ; s, c: OUT BIT) ;          -- 引用元件的端口说明
      END COMPONENT ;                                  -- 元件引用说明语句结尾标志
      COMPONENT or_gate                                -- 或门元件（or_gate）引用说明
        PORT (in1, in2: IN BIT ; out1: OUT BIT) ; --  引用元件的端口说明
      END COMPONENT ;                                  -- 元件引用说明语句结尾标志
      SIGNAL a, b, c: BIT ;                            -- 信号申明
   BEGIN
      u1: half_adder   PORT MAP (x, y, a, b) ;         -- 元件例示语句
      u2: half_adder   PORT MAP (a, cin, sum, c) ; --  元件例示语句
      u3: or_gate    PORT MAP (b, c, cout) ;           -- 元件例示语句
   END structure ;                                     -- 构造体结束
```

例 2-6 的 VHDL 源程序的构造体中先说明了本构造体所引用的两类元件（COMPONENT）的名称及各自的端口情况，继而申明了构造体中所需用到的内部信号（SIGNAL）线 a，b 和 c。在关键字 BEGIN 后为三个元件引用例示语句。u1，u2，u3 是三个引用元件的标号，标号后紧跟的是所引用的元件名及各端口与内部信号的连接关系（即端口映射 PORT MAP）。上述结构级建模的程序描述经逻辑综合后，即可得到与图 2-14 相同结构的电路原理图。

如果结构级描述中使用的元件，全都是 ASIC 代工厂或可编程器件提供的基本元件，那么其 VHDL 源程序描述的结构与该程序综合后的门级网表结构将一一对应。

在本章的例子中，涉及了 VHDL 程序中一些常见的基本语句，其基本格式及基本用法的详细内容将在后续章节中逐一介绍。

习　　题

1．VHDL 程序的组成部分包括哪些？
2．实体说明中往往会涉及端口描述，其中端口方向指什么？端口方向有哪几种？
3．实体和构造体在 VHDL 程序中的作用和意义是什么？
4．VHDL 程序的基本构成格式是什么？
5．什么是库？参考库有何用处？VHDL 主要有哪五类库？
6．VHDL 有哪几种描述方式？分别用于什么场合？
7．VHDL 的结构级描述和 RTL 描述有何异同？
8．试用 VHDL 程序设计一个三输入与门。
9．试用 VHDL 程序设计一个三输入或门。
10．试用 VHDL 程序设计一个半加器。

第 3 章　VHDL 语言规则

本章导读

通过本章的学习，读者将认识到：VHDL 作为一种语言，与其他软件编程语言一样，对标识符和数据格式等具有详细的规定。在编写 VHDL 程序时必须完全遵守这些规定。对于初学者不可能在短时间内完全记住每一条规定，可以在编译时，由 EDA 工具指出错误后，加以更改。本章的学习应特别注重“理解”，而不要死记硬背。

3.1　标识符

当设计者需要为实体、构造体、变量、信号等命名时，应注意命名应满足标识符的书写规则，否则会导致 EDA 软件的识别错误。在 VHDL 中有两类标识符，即基本标识符和扩展标识符。

1．基本标识符

（1）有效的字符是小写字母（a～z），大写字母（A～Z），数字（0～9）以及下画线“_”。

（2）标识符必须以英文字母开头，最后一个字符不能是下画线。

（3）不区分大小写。

（4）两个下画线不能连续出现。若出现则成了注释语句。

举例：

drive_bus　　const32_59　　r2d2　　ram_address

2．扩展标识符

（1）以反斜杠界定，所有字符都可以使用，包括如!、@以及回车符等图形符号。如\IRDY#\,\C/BE\等都是合法的。

（2）扩展标识符要区分大小写。

（3）两个连续的反斜杠表示一个反斜杠。如\…\\…\

VHDL 定义了一些保留字（见附录 E），它们都有特别的意义，不能被用作标识符。

3.2　数据对象

在 VHDL 程序中凡是可以被赋值的对象都称为数据对象（object）。常用的数据对象有信号（SIGNAL）、变量（VARIABLE）、常量（CONSTANT），其中变量和信号是极其重要的两类数据对象，是我们学习的重点。

3.2.1　信号

信号表征的是硬件电路中确实存在的互连线，是一个全局量，可以在实体、构造体、程序包中进行申明，作为进程（PROCESS）、函数（FUNCTION）等子结构之间的信息通道。

1．信号的申明

信号申明的语法格式如下：

```
SIGNAL <信号名> : 数据类型 [约束条件] [:=表达式] ;
```

在这个语法结构中，“SIGNAL”是信号申明的关键字；“信号名”是由设计者自行定义的标识符；“数据类型”表明是信号可承载的数据类型；“约束条件”是一个可选项，通常用来表征信号的取值范围，一般用关键字“RANGE”标识，如果信号的取值范围与所选数据类型的取值范围相同，则不需要加约束条件；“:= 表达式”也是一个可选项，用于在申明信号的同时给它赋初值，值得注意的是这个初值仅在仿真时有效，综合时会被忽略，不会生成相应的电路，所以在电路需要严格的定值初始态时，应设计初始化电路。

例如，申明一个 1 位 BIT 数据类型的信号 count 可以如下表示：

```
SIGNAL count : BIT ;
```

例如，要申明一个 INTEGER 类型、取值范围约束在 0～9、初值为“2”的信号 sys_clk，可以如下表示：

```
SIGNAL sys_clk: INTEGER RANGE 0 TO 9 := 2 ;
```

2．信号的赋值

已申明的信号可以用“<=”延时赋值符号为其代入新的值，从而完成该信号与其他信号、变量、常量等数据之间的传递。由于信号代表的是电路中真实存在的互连线，而互连线上的信号传递是存在一定的延时的，所以在信号的赋值中允许附加延时，以便于更加真实地表现电路的运行情况。

在程序中，信号可以被多次赋值。

信号赋值的基本格式为：

```
<信号名> <= 表达式 [附加延时] ;
```

例如：

```
m <= in1 OR in2 ;                    -- 将 in1 和 in2 相或的结果赋给信号 m
out1 <= m AFTER 3ns ;                -- 延时 3ns 后，将 m 赋给信号 out1
```

3．信号的延时

信号的赋值操作是有延时的，VHDL 支持两类性质的延时：惯性延时与传播延时。

传播延时（TRANSPORT DELAY）直接模拟导线上信号的延时，任何信号传入导线的一端，经过一段延时时间必能从导线另一端传出。即所有的输入都对输出有影响，它们按顺序一个一个依次传输到输出端。

惯性延时（INERTIAL DELAY）则模拟某类元件的延时特性，信号传入元件后，在指定延时时间内输入信号必须保持不变，元件的输出端才会有响应。换句话说，对于惯性延时信号，如果在指定延时时间内输入信号又被撤销了，那么输出端就不会有响应。

例如，z<=i AFTER 10ns, i 的值能传播给 z 的充要条件是 i 的电压必须保持 10ns 不变，若 i 的值是个尖峰脉冲，不能稳定地持续 10ns，则 z 的值不随 i 而变。这就是说，惯性延时机制过滤掉那些变化很快的输入，它模拟信号变化时电容的作用。在电路级，节点电压代表逻辑信号值。由于电容的存在，节点电压不可能瞬时变化。当电流增加或减小时，节点电压才缓慢变化。如该节点电压作为一个晶体管的驱动电压，则只有到达一个阈值电压后该晶体管才发生变化。换句话说，电路有惯性效应。节点电压的变化与晶体管状态的变化

在时间上的滞后属于惯性延时。

为了区别两类不同延时，规定在赋值语句中增加一个<选项>，如：

```
<信号名> <= <选项> <值表达式> <延时表达式> ;
```

<选项>取关键字 TRANSPORT 表示传播延时，取 INERTIAL 则表示惯性延时。若不加<选项>，默认为惯性延时。

两种不同延时性质的信号，在它们的信号驱动器上体现出差别。惯性延时信号的驱动器最多只能保持一个处理事项。当该信号的驱动器中已有一个尚未处理的事项时，如果与该信号有关的赋值语句又一次被执行，就会产生一个新的待处理事项；一般情况下，尚未处理的老事项将被新事项替换。仅当老事项中信号值与新事项中信号值相同，而且老事项的更新时间在前的情况下，驱动器中仍旧保持老的处理事项，新的处理事项则不被接受。而传播延时信号的驱动器则可以按更新时间先后保持多个待处理事项。如果该信号赋值语句又一次被执行，相应产生的新事项将按更新时间顺序插入驱动器中的处理事项序列，或替换更新时间相同的老事项，同时还要删除序列中新事项以后的所有老事项。凡是在驱动中被删除或被替换掉的处理事项，就不再会在相关信号上有所反映。

尽管惯性延时机制对一般的逻辑建模非常有效，但它有时会产生副作用。

例如，在仿真初始使用例 3-1 的进程来调度信号的变化。

【例 3-1】　惯性延时。

```
PROCESS
  BEGIN
    z<='1'   AFTER 50ns ;          -- 惯性延时
    z<='0'   AFTER 100ns ;         -- 惯性延时
   WAIT ;
END PROCESS ;
```

这一进程只在仿真最开始时执行一次，并且是顺序执行。假设 z 的初始值是“0”，则惯性延时规则覆盖了由第一个信号赋值语句所带来的变化。执行结果是 z 始终为“0”，如图 3-1 所示。

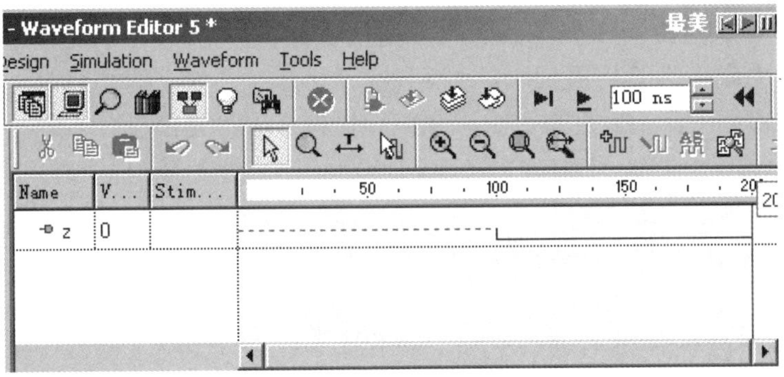

图 3-1　例 3-1 的仿真波形

为了解决这个问题，必须在语句中加入关键字 TRANSPORT，源代码如例 3-2 所示，仿真结果如图 3-2 所示：

【例 3-2】 传播延时。

```
PROCESS
  BEGIN
     z<= TRANSPORT   '1'     AFTER 50ns ;          -- 传播延时
     z<= TRANSPORT   '0'     AFTER 100ns ;         -- 传播延时
    WAIT ;
END PROCESS ;
```

或者将两个 AFTER 延时并到同一条语句中，如下所示：

```
PROCESS
  BEGIN
     z<='1'     AFTER 50ns ,
         '0'    AFTER 100ns ;  -- 两个 AFTER 延时被合并到了一条语句中
    WAIT ;
END PROCESS ;
```

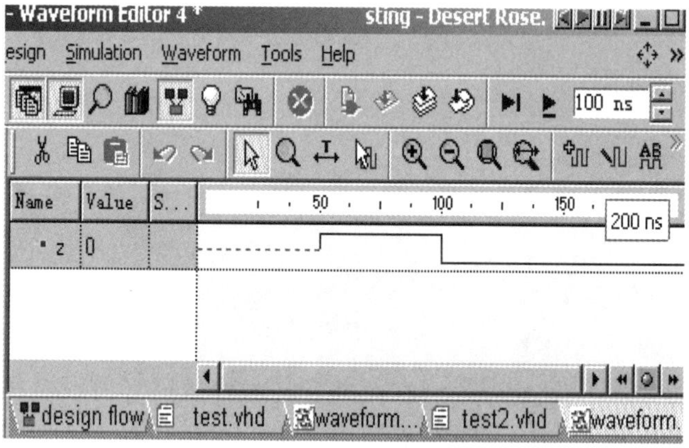

图 3-2　例 3-2 的仿真波形

其实，在信号赋值语句中，若没有写入延时表达式，则称为零延时，零延时信号赋值依然存在一个“无限小”的传播延时，通常称之为Δ延时。这个传播延时会造成意想不到的后果。为了说明Δ延时信号赋值的影响，我们通过例 3-3 对其作进一步的分析。

【例 3-3】 Δ延时。

```
LIBRARY IEEE ;
USE IEEE.STD_LOGIC_1164.ALL ;
ENTITY simp IS
       PORT(x, y, z: IN INTEGER ;
              b_signal: OUT INTEGER) ;
END simp ;

ARCHITECTURE logic OF simp IS
```

```
        SIGNAL a_signal: INTEGER ;
    BEGIN
        example: PROCESS(x, y, z)
          BEGIN
            a_signal <= x * y ;              -- 语句 a
            b_signal <= a_signal + z ;       -- 语句 b
        END PROCESS example ;
    END logic ;
```

语句 a 和语句 b 是在顺序进程块 example 中的信号赋值语句，这两条语句中没有标明信号赋值的延时，但实际上每个信号的赋值都有Δ延时。PROCESS 子结构 example 执行的条件是 x，y，z 任意一个发生变化，也就是说当 x，y，z 任意一个发生变化时将语句 a 和 b 顺序执行一遍。

假设 x，y，z，a_signal，b_signal 的初始值分别是 3，2，3，6，7。在 t1 时刻，x 的值变为 4，经计算“x * y”为 8，但由于信号赋值有Δ延时，a_signal 的值要到 t1+Δ时刻才变为 8，在此之前它仍然保持旧值 6，故在 t1 时刻，b_signal 的值应被赋为 6+3，而不是 8+3，即 b_signal 最终为 9。所以当 x 从 3 变为 4 触发的 example 进程执行完毕的 t1+Δ时刻，a_signal 和 b_signal 的新值分别是 8，9。

3.2.2 变量

变量是一个临时的数据载体，在电路中没有具体的硬件与之对应。变量是一个局部量，只能在 VHDL 程序中的进程、函数、过程中使用。

（1）变量的申明

变量的申明格式为：

```
VARIABLE <变量名> : 数据类型 [约束条件] [:=初值] ;
```

变量的申明与信号的申明十分相似，“VARIABLE”是变量申明的关键字；“变量名”是由设计者自行定义的标识符；“数据类型”表明是变量可承载的数据类型；可选项“约束条件”用来表征变量的取值范围，一般用关键字“RANGE”标识；可选项“:=表达式”用于在申明变量的同时给它赋初值。

例如：

```
VARIABLE ctrl_status: STD_LOGIC ;
VARIABLE sum: BIT_VECTOR(3 DOWNTO 0):= "1010" ;
```

第一行申明对象 ctrl_status 为 STD_LOGIC 类型的变量，第二行申明的 sum 是 BIT_VECTOR(3 DOWNTO 0)类型，即 sum 是 4 位的 BIT 数据组成的数列。

（2）变量的赋值

已申明的变量可以用“:=”（立即赋值符号）为其代入新的值，从而完成该变量与其他信号、变量、常量等数据之间的传递。变量的赋值没有延时，立即生效。

在程序中，可以给变量多次赋值。

【例 3-4】 变量赋值。

```
LIBRARY IEEE;
```

```
USE IEEE.STD_LOGIC_1164.ALL ;
ENTITY simp IS
    PORT (x, y, z: IN INTEGER ;
        b_signal: OUT INTEGER) ;
END simp ;
ARCHITECTURE logic OF simp IS
  BEGIN
   example: PROCESS( x, y, z)
     VARIABLE    a_variable : INTEGER ;
     BEGIN
        a_variable:= x * y ;                   -- 语句 a
        b_signal<= a_variable + z ;            -- 语句 b
   END PROCESS example ;
END logic ;
```

假设 x，y，z，a_variable，b_signal 的初始值分别是 3，2，3，6，7。在 t1 时刻，x 的值变为 4，经计算“x * y” 为 8，并立即赋给变量 a_variable，故在 t1 时刻，“a_ variable + z”的值应被赋为 8+3，所以当 x 从 3 变为 4 触发的 example 进程执行完毕的 t1+Δ时刻，a_variable 和 b_signal 的新值分别是 8，11。

3.2.3 常量申明

常量一般可用来表示固定的数据位宽、固定电平及固定延时等，是个全局量，可以在实体、构造体、程序包以及进程、函数、子程序中进行申明。

（1）常量的申明

常量申明一般格式为：

```
CONSTANT <常量名>: 数据类型 [约束条件]:=初值;
```

常量的申明和信号、变量的申明十分相似，但需要注意的是“:=初值”用于给常量赋值，对于常量来说这一部分必须有。

例如：

```
CONSTANT rise_time: TIME:= 10ns ;
CONSTANT bus_width: INTEGER:= 8 ;
```

第一行申明了对象 rise_time，它的数值的类型是 TIME 型的（TIME 是语言中预先定义的），它在仿真开始时的值设定为“10ns”。第二行申明了常量 bus_width，它能够承载整数类型的数据，它的值为“8”。

（2）常量的赋值

常量的赋值即赋初值。初值赋值符号为“:=”。值得一提的是，信号和变量在申明时赋初值也同样采用初值赋值符号“:=”来实现。

在程序中，常量一旦被赋值后就不能被再次赋值。如例 3-5 所示。

【例 3-5】

```
LIBRARY IEEE ;
```

```
USE IEEE.STD_LOGIC_1164.ALL ;
ENTITY simp IS
PORT (a, b: IN STD_LOGIC ;
      q1, q2: OUT STD_LOGIC) ;
END simp ;
ARCHITECTURE logic OF simp IS
CONSTANT t_delay: TIME:= 10ns ;
CONSTANT t_transport: TIME:= 5ns ;
   BEGIN
      q1<= a AND b after t_delay ;
      q2<= a OR b after t_transport ;
END logic ;
```

若要改变常量值，必须要改变构造体中的常量申明，然后重新编译。

3.3　数据类型

VHDL 是强数据类型的语言，数据对象可以承载的数据只能是该数据对象在申明的时候所指定的数据类型，在赋值语句中的数据类型必须一致。数据类型表征的是数据的特点及取值范围。限定了某个数据对象的数据类型，也就限定了该数据对象的取值范围。

在 VHDL 中数据类型可以分为三种：标准数据类型、用户自定义数据类型、用户自定义的子类型。

3.3.1　标准数据类型

标准数据类型是在 VHDL 预定义库中定义的数据类型，在使用时不需要作参考库和程序包的申明。标准数据类型主要有 10 种，如表 3-1 所示。

表 3-1　标准数据类型

数据类型	关键字	含义及取值范围
位	BIT	逻辑“0”或“1”
位矢量	BIT_VECTOR	一串逻辑“0”或“1”的数列
整数	INTEGER	32 位整数，–2 147 483 647 ～ 2 147 483 647
自然数	NATURAL	0 ～ 2 147 483 647 的整数
正整数	POSITIVE	1 ～ 2 147 483 647 的整数
实数	REAL	浮点数，–1.0E+38 ～ 1.0E+38
布尔量	BOOLEAN	逻辑“真”或“假”
字符	CHARACTER	ASCII 字符
字符串	STRING	一串 ASCII 字符
时间	TIME	时间，时间单位 fs，ps，ns，us，ms，sec，min，hr
错误等级	SEVERITY LEVEL	NOTE，WARNING，ERROR，FAILURE

（1）位（BIT）

在电子电路系统中，数字信号的值可以简单地用高、低电平表征，在 VHDL 中，数据信号的值可以用一个位来表示。BIT 有“1”和“0”两种取值。如：

```
CONSTANT vdd: BIT:= '1' ;
```

（2）位矢量（BIT_VECTOR）

位矢量也被称为数据字符串，是预定义的数据类型 BIT 的一维数组，位矢量可用于表示数字系统中的数据总线。他们所代表的位矢量的长度即为等值的二进制数的位数。

位矢量的位长可用两种方法表示，如 8 位的总线信号 bus 可以如下定义：

```
SIGNAL bus: BIT_VECTOR( 7 DOWNTO 0 ) ;
```

或：

```
SIGNAL bus: BIT_VECTOR( 0 TO 7 ) ;
```

位矢量数据的赋值十分灵活，在基数表示法中，首先要有计算基数符，然后将该计算基数表示的值放在双引号内，基数符以“B”“O”“X”表示，并放在位矢量的前面，他们的含义是：

- B：二进制基数符号，在字符串中每位表示一个 bit。
- O：八进制基数符号，在字符串中每位表示一个 3bit 的二进制数。
- X：十六进制基数符号，在字符串中每位表示一个 4bit 的二进制数。

如：

```
Data1<=B"1101" ;          -- 位矢量长度为 4
Data2<=O"12" ;            -- 位矢量长度为 6
Data3<=X"1F" ;            -- 位矢量长度为 8
```

通常对于二进制基数，基数符“B”可以省略。

在数值的二进制位长小于等于矢量位长的情况下，不仅可以将二进制的数值赋给位矢量，还可以把十六进制或八进制的数值赋给位矢量。如对 8 位信号“bus”的赋值可有以下两种等价形式：

```
bus<= B"10001001" ;
bus<= X"89" ;
```

注意“bus”是 8 位二进制矢量，等同于 2 位十六进制矢量，而八进制每一位等同于 3 位二进制位，所以对“bus”不能使用八进制赋值。对于下面的 12 位总线“inst”，就可以使用二进制、十六进制和八进制赋值。

```
SIGNAL inst: BIT_VECTOR( 0 TO 11 ) ;
inst<= B "011010101110" ;
inst<= X "6AE" ;
inst<= O "3256" ;
```

对于位矢量数据，可以通过脚标的方式，对其中的部分位进行赋值，如将“011010101110”赋值给 inst 的操作，还可表示为：

```
inst（4）<= '0' ;
inst ( 3 DOWNTO 0 ) <= "1110" ;
inst ( 5 TO 11 ) <= "0110101" ;
```

数字间可增加下划线，用于提高可读性，相当于一个空的间隔符。如：

```
inst ( 4 TO 11 ) <= B"0110_0101" ;
```

（3）整数（INTEGER）、自然数（NATURAL）、正整数（POSITIVE）

整数表征从–（2^{31}–1）～（2^{31}–1），即–2 147 483 647～2 147 483 647 之间的整数，自然数和正整数是整数的子类型，仅取值范围有所不同，如：4，68，4578。

虽然在电子电路系统中整数也是用二进制数来表示的，但在 VHDL 中不能将整数看成位矢量，不能对整数进行位操作和逻辑操作。

（4）实数（REAL）

取值范围在–1.0E+38～1.0E+38 之间，带有小数部分的浮点数，如：1.0，3.24。

（5）布尔量（BOOLEAN）

布尔量和 BIT 类型一样只有两个取值，但与 BIT 类型不同的是：布尔量表示的逻辑“真”或逻辑“假”没有数值的含义，不能用作算术运算，只能进行关系运算。

（6）字符

字符是用单引号括起的 ASCII 字符，可以是 A～Z 的任意一个字母和 0～9 任意一个数字，也可以是符号。需要注意的是虽然 VHDL 对关键字和标识符不区分大小写，但对于字符量是要去分大小写的，也就是说大写“A”和小写“a”是完全不同的两个字符。

（7）字符串

字符串是用双引号括起来的一串字符，如：“Start”。

（8）时间

TIME 表征物理的时间，多用于系统仿真。时间量数据由整数和单位组成，整数和单位间应有空格隔开，如：35sec，2min。

（9）错误等级

用于表明系统的工作状态，分四种错误等级：NOTE 注意、WARNING 警告、ERROR 错误、FAILURE 失败。主要用于系统调试。

3.3.2 用户自定义数据类型

在 VHDL 中用户还可以自己定义所需的数据类型，自定义数据类型的语法格式为：

```
TYPE <数据类型名> IS 数据类型定义;
```

可由用户自定义的数据类型有：枚举类型、数组类型、存取类型、文件类型、记录类型、时间类型等。下面我们对常用的自定义数据类型举例作简单介绍。

（1）枚举类型

在数字电路中，所有的数据都是以“1”、“0”或它们的组合矢量来表示的，但数字有时候用起来并不是很方便，例如，在交通信号灯状态监测电路中，若用“00”表示绿灯亮，“01”表示红灯亮，“10”表示黄灯亮，“00”、“01”、“10”这种书写方法阅读起来比较麻烦，为了阅读起来简单明了，可以定义一个名为“light”的枚举型数据类型。

例如：

```
TYPE light IS (green, red, yellow) ;
```

定义枚举型的数据类型，就是通过枚举某个数据类型的所有可能值来定义这个数据类型，其定义的基本格式为：

```
TYPE <类型名称> IS (元素 1, 元素 2, …) ;
```

枚举型数据类型的应用很广泛，例如，IEEE 库内有四个包：STD_LOGIC_1164、STD_LOGIC_ARITH 、 STD_LOGIC_SIGNED 、 STD_LOGIC_UNSIGNED ， 其 中 STD_LOGIC_1164 中对 STD_LOGIC 数据类型的定义如下：

```
TYPE STD_LOGIC IS ('U', 'X', '0', '1', 'Z', 'W', 'L', 'H', '-') ;
```

STD_LOGIC 对 BIT 的二值系统作了扩展，扩展成 9 值系统。这 9 种取值的含义如下：

'U' —— 初始状态；

'X' —— 不定态；

'0' —— 强‘0’态；

'1' —— 强‘1’态；

'Z' —— 高阻态；

'W' —— 弱不定态；

'L' —— 弱‘0’态；

'H' —— 弱‘1’态；

'-' —— 无关态，表示系统不会出现的状态。

这 9 种取值与真实的数字电路状态十分接近，比用 BIT 类型更加结合实际，所以 STD_LOGIC 类型是非常重要的常用数据类型。与 BIT 类型可以扩展成多位的矢量 BIT_VECTOR 一样，STD_LOGIC 类型也可以扩展成矢量 STD_LOGIC_VECTOR，如：

```
SIGNAL tt: STD_LOGIC ;
VARIABLE f: STD_LOGIC:= 'W' ;
CONSTANT green: STD_LOGIC_VECTOR:= "00" ;
```

（2）数组类型

数组是将相同类型的数据集合在一起所形成的新的数据类型。数组类型可以是一维或多维的。

数组型数据类型定义的语法格式如下：

```
TYPE <数组类型名> IS ARRAY 范围 OF 原数据类型名;
```

关键字 ARRAY 说明要定义的数据类型是数组类型，范围和数组元素的原数据类型决定了数组的维数。如：

```
TYPE word IS ARRAY (15 downto 0) OF BIT ;
```

此例表示，数据 word 被定义为数组类型的数据，该数组包含 16 个 BIT 类型的元素，即下标范围从 15 往下数到 0，该数组元素的类型被定义为了 BIT 数据类型，BIT 类型只能取二进制的“0”或“1”，故可以为该数组类型的 byte 进行如下赋值：

```
SIGNAL byte: word:= "0010100011010011" ;
```

数组定义中的“范围”也可以定义为不定，即数组中元素的个数可以不定，如预定义包 STANDARD 中，标准数据类型 BIT_VECTOR 的定义如下：

```
TYPE BIT_VECTOR IS ARRAY (Natural range < >) OF BIT ;
```

BIT_VECTOR 是以数据类型 BIT 为元素组成的数组类型。其数组范围以“NATURAL RANGE < >”表示，也就是说该数组类型的元素个数不定，但只要是自然数个元素就可以。

数组定义中的范围和原数据类型除了可以用标准数据类型外，也可以使用用户自定义的数据类型。如例3-6所示。

【例3-6】 数组型数据类型的定义。

```
TYPE word IS ARRAY (INTEGER RANGE 0 TO 1) OF BIT ;        -- 语句1
TYPE mem IS ARRAY ( 0 TO 3) OF word ;                     -- 语句2
```

mem数据类型的元素是自定义数据类型——word类型，若使用INTEGER类型限定范围，可以忽略关键字 INTEGER，如语句 2 所示，若要标明 INTEGER 则必须使用关键字 RANGE 限定范围，如语句1所示。

对于mem还可以采用以下方法定义为二维数组：

```
TYPE mem IS ARRAY ( 0 TO 3, 0 TO 1) OF BIT ;
```

若要定义三维数组，可以如下定义：

```
TYPE mem IS ARRAY ( 0 TO 7, 0 TO 3, 0 TO 1) OF BIT ;
```

由上可以看出，数组的维数主要和“范围”约束相关。

对数组数据的访问，可以对整个数组进行访问，也可以只对数组中的某个元素进行访问、操作，如例3-7所示。

【例3-7】 数组型数据类型的应用。

```
ENTITY load IS
PORT ( addr: IN INTEGER ;
     bit_addr: IN INTEGER ;
      r_byte: OUT BIT_VECTOR(0 TO 1) ;
       r_bit: OUT BIT) ;
END load ;
ARCHITECTURE example OF load IS
   TYPE mem1 IS ARRAY ( 0 TO 3) OF BIT_VECTOR(0 TO 1) ;
   TYPE mem2 IS ARRAY ( 0 TO 3, 0 TO 1) OF BIT ;
   CONSTANT byte_rom: mem1:= ("10","11","01","00") ;
   CONSTANT bit_rom: mem2:= ("10","11","01","00") ;
   SIGNAL rom: mem2 ;
     BEGIN
       rom <= bit_rom ;
       r_byte <= byte_rom (addr) ;
       r_bit <= rom(addr, bit_addr) ;
END example ;
```

“rom<=bit_rom”是对数组整体的访问，“r_byte <= byte_rom (addr)”和 “r_bit<= rom(addr, bit_addr)”是对数组元素的访问。无论是运算还是赋值，数据的类型必须完全匹配。r_byte的数据类型必须和mem1的元素类型一样，即必须是BIT_VECTOR(0 TO 1)类型，不能是BIT类型，不能读取元素中的某一位；同理，r_bit必须是BIT类型，与mem2元素的数据类型一致。

（3）记录类型

记录是一种复合型的数据类型。上面讲到的数组类型是由同一类的数据组织在一起而形成的，而记录类型是由不同类型的数据组织在一起而形成的数据类型。

记录型数据类型定义的语法格式为：

```
TYPE <记录类型名> IS RECORD
  <元素名>：数据类型名;
  <元素名>：数据类型名;
     ⋮
END RECORD ;
```

对记录类型数据的访问，可以访问记录的整体，也可以访问记录的某个元素，从记录中提取元素需要使用“.”作分隔符。如例 3-8 所示。

【例 3-8】 记录型数据类型的应用。

```
LIBRARY IEEE ;
USE IEEE.STD_LOGIC_1164.ALL ;
ENTITY example IS
PORT ( num: OUT INTEGER ) ;
END example ;
ARCHITECTURE beh OF example IS
TYPE ex_rt IS RECORD
        test: STRING ( 1 TO 4 ) ;
        data: STD_LOGIC_VECTOR (7 DOWNTO 0) ;
        cnt: INTEGER ;
END RECORD ;
SIGNAL rt: ex_rt ;
BEGIN
rt<= ("TEXT", "01101000", 5) ;
num<= rt.cnt ;
END beh ;
```

3.3.3 用户自定义子类型

用户自定义的子类型，是对已定义数据类型的取值范围加以限制而得到的子集。

数据子类型定义的语法格式为：

```
SUBTYPE <子类型名> IS 原数据类型名 [范围] ;
```

子类型的定义主要是为了方便程序的阅读、编写和调试。例如，在标准数据类型中已经定义了整数类型，但该类型的取值范围很大，若设计者要设计一个从 0～9 循环计数的计数器，那么整数$-(2^{31}-1)$～$(2^{31}-1)$的取值范围就太大了，此时，设计者可以自己定义一个取值范围在 0～9 之间的整数类型，其定义方法如下：

```
SUBTYPE cnt IS INTEGER RANGE 0 TO 9 ;
```

子类型的定义非常灵活，凡是已经定义的数据类型，都可以定义其子类型。

```
SUBTYPE disp IS STRING (1 TO 10 ) ;
SUBTYPE byte IS BIT_VECTOR(7 DOWNTO 0) ;
```

```
SUBTYPE num IS INTEGER RANGE 0 TO 255 ;
SUBTYPE tt IS num ( 1 TO 32 ) ;
```

3.3.4 数据类型转换

在数字系统设计的过程中，有时候需要让不同类型的数据能够正确地运算、赋值，但在 VHDL 中，不同类型的数据是不可以进行运算或相互赋值的，要实现正确的运算和赋值，必须先将操作数进行数据类型转换。

在 IEEE 库中的 STD_LOGIC_1164、STD_LOGIC_ARITH、STD_LOGIC_UNSIGNED 中定义了一系列的数据类型转换函数，如表 3-2 所示。

表 3-2 数据类型转换函数

程序包	函数名	功 能
STD_LOGIC_1164	TO_STDLOGICVECTOR(d)	将 d 由 BIT_VECTOR 型转换为 STD_LOGIC_VECTOR 型
	TO_BITVECTOR(d)	将 d 由 STD_LOGIC_VECTOR 型转换为 BIT_VECTOR 型
	TO_STDLOGIC(d)	将 d 由 BIT 型转换为 STD_LOGIC 型
	TO_BIT(d)	将 d 由 STD_LOGIC 型转换为 BIT 型
STD_LOGIC_ARITH	CONV_STD_LOGIC_VECTOR(d, 位长)	将 d 由 INTEGER、UNSIGNED、SIGNED 类型转换为 STD_LOGIC_VECTOR 型
	CONV_INTEGER(d)	将 d 由 UNSIGNED、SIGNED 转换为 INTEGER 型
STD_LOGIC_UNSIGNED	CONV_INTEGER(d)	将 d 由 STD_LOGIC_VECTOR 转换为 INTEGER 型

有了这些转换函数就可以轻松地实现不同类型数据之间的运算和赋值，如例 3-9 所示。

【例 3-9】 数据类型转换函数的应用。

```
LIBRARY IEEE ;
USE IEEE.STD_LOGIC_1164.ALL ;
USE IEEE.STD_LOGIC_UNSIGNED.ALL ;
ENTITY conv IS
    PORT( yt: OUT INTEGER) ;
END conv ;
ARCHITECTURE simple OF conv IS
SIGNAL mt: BIT_VECTOR(3 DOWNTO 0) ;
SIGNAL qt: STD_LOGIC_VECTOR(3 DOWNTO 0) ;
BEGIN
    mt<= B"0110" ,
```

```
            X"9" after 30ns ;
        qt<= TO_STDLOGICVECTOR(mt) ;
        yt<= CONV_INTEGER(qt) ;
    END simple ;
```

在例 3-9 中 mt 是 BIT_VECTOR 类型，qt 是 STD_LOGIC_VECTOR 类型，在将 mt 赋值给 qt 的过程中调用了包 STD_LOGIC_1164 中的“TO_STDLOGICVECTOR”函数；在将 qt 赋值给整数型端口 yt 时，调用了包 STD_LOGIC_UNSIGNED 中的“CONV_INTEGER”函数，从而实现了不同类型数据 mt、qt、yt 之间的数据交互。

3.4 操作符

在 VHDL 中共有 4 类操作符，可以分别进行逻辑运算（LOGICAL）、关系运算（RELATIONAL）、算术运算（ARITHMETIC）和并置运算（CONCATENATION）。操作符是有优先级的，例如，逻辑运算符“NOT”在所有操作符中其优先级最高。如表 3-3 所示列出了所有操作符的优先次序。

表 3-3 操作符的优先级

优先级顺序	运算操作符类型	操 作 符	功 能
低	逻辑运算符	AND	逻辑与
↓		O R	逻辑或
		NAND	逻辑与非
		XOR	逻辑异或
	关系运算符	=	等号
		/=	不等号
		<	小于
		>	大于
		<=	小于等于
		>=	大于等于
	加、减、并置运算符	+	加
		-	减
		&	并置
	正、负运算符	+	正
		-	负
	乘除法运算符	*	乘
		/	除
		MOD	求模
		REM	取余
	混合运算符	**	指数
高		ABS	取绝对值
		NOT	取反

1．逻辑运算符

在 VHDL 中逻辑运算符共有 6 种，它们分别是：

NOT——取反；

AND——与；

OR——或；

NAND——与非；

NOR——或非；

XOR——异或。

运算符的左边和右边，以及代入的信号的数据类型必须相同。在预定义包 STANDARD 中，这 6 种逻辑运算符只可以对“BIT”型的逻辑数据进行逻辑运算。

当一个语句中存在两个以上的逻辑表达式时，在 C 语言中运算有自左至右的优先级顺序的规定，而在 VHDL 中，左右没有优先级差别。例如，在下例中，如去掉式中的括号，那么从语法上来说是错误的：

```
x<=(a AND b) OR (NOT c AND d) ;
```

当然也有例外，如果一个逻辑表达式中只有“AND”，“OR”，“XOR”运算符，那么改变运算顺序将不会导致逻辑的变化。此时，括号是可以省略的。例如：

```
a<=b AND c AND d AND e ;
a<=b OR c OR d OR e ;
a<=b XOR c XOR d XOR e ;
a<=((b NAND c) NAND d) NAND e ; (必须要括号)
a<=(b AND c) OR (d AND e) ;          （必须要括号）
```

在所有逻辑运算符中 NOT 的优先级最高。

2．算术运算符

VHDL 有 10 种算术运算符，它们分别是：

+ ——加；

- ——减；

*——乘；

/ ——除；

MOD——求模；

REM——取余；

+ ——正；

- ——负；

* *——指数；

ABS——取绝对值。

被操作符所操作的对象是操作数，需要注意的是，操作数的类型应该和操作符所要求的类型相一致。在 STANDARD 中，算术运算符只对整数有效，但一些厂家设计的程序包的扩展，算术运算符可操作的操作数类型也增加了。例如，“+”和“–”在 STANDARD 中仅可对整数进行操作，但经过 IEEE 库中的程序包 STD_LOGIC_UNSIGNED 对“+”、“–”的再次定义，使得“+”、“–”运算对 STD_LOGIC 及 STD_LOGIC_VECTOR 类型也可以操作。

程序包 STD_LOGIC_UNSIGNED 对“+”、“–”运算的定义，以下截取了一部分：

```
PACKAGE   STD_LOGIC_UNSIGNED IS
function "+"(L: STD_LOGIC_VECTOR; R: STD_LOGIC_VECTOR)
return STD_LOGIC_VECTOR ;
function "+"(L: STD_LOGIC_VECTOR; R: INTEGER) return STD_LOGIC_VECTOR ;
function "+"(L: INTEGER; R: STD_LOGIC_VECTOR) return STD_LOGIC_VECTOR ;
function "+"(L: STD_LOGIC_VECTOR; R: STD_LOGIC) return STD_LOGIC_VECTOR ;
function "+"(L: STD_LOGIC; R: STD_LOGIC_VECTOR) return STD_LOGIC_VECTOR ;
function "-"(L: STD_LOGIC_VECTOR; R: STD_LOGIC_VECTOR)
return STD_LOGIC_VECTOR ;
function "-"(L: STD_LOGIC_VECTOR; R: INTEGER) return STD_LOGIC_VECTOR ;
function "-"(L: INTEGER; R: STD_LOGIC_VECTOR) return STD_LOGIC_VECTOR ;
function "-"(L: STD_LOGIC_VECTOR; R: STD_LOGIC) return STD_LOGIC_VECTOR ;
function "-"(L: STD_LOGIC; R: STD_LOGIC_VECTOR) return STD_LOGIC_VECTOR ;
 ⋮
END STD_LOGIC_UNSIGNED ;
```

在程序包的支持下，设计者可以方便地对 STD_LOGIC 类型的数据进行运算，如例 3-10 所示。

【例 3-10】 STD_LOGIC 数据类型的使用。

```
LIBRARY IEEE ;
USE IEEE.STD_LOGIC_1164.ALL ;
USE IEEE.STD_LOGIC_UNSIGNED.ALL ;
ENTITY overload IS
PORT ( a: IN STD_LOGIC_VECTOR (3 downto 0) ;
          b: IN STD_LOGIC_VECTOR (3 downto 0);
          sum: OUT STD_LOGIC_VECTOR (4 downto 0)) ;
END overload ;
ARCHITECTURE example OF overload IS
  BEGIN
    sum <= a + b ;
END example ;
```

在例 3-10 中，只有将 STD_LOGIC_UNSIGNED 设为参考程序包，才可以实现“a + b”的运算，否则程序在编译过程中，编译器会提示错误：“Operator "+" is not defined for such operands”。

若对“STD_LOGIC_VECTOR”进行“+”（加）、“–”（减）运算时，两边的操作数和所代入变量的位长如不同，则会产生语法错误。另外，“*”运算符两边的位长相加后的值和要代入的数据对象的位长不相同时，同样也会出现语法错误。

实际上，能够真正综合逻辑电路的算术运算符只有“+”、“–”、“*”。在数据位较长的情况下，若要使用算术运算符进行电路设计，特别是使用乘法运算符“*”，应特别慎重。

因为对于 16 位的乘法运算，综合时逻辑门电路会超过 2000 个门。对于算术运算符“/”、“MOD”、“REM”，分母的操作数为 2 乘方的常数时，逻辑电路综合是可能的。

3．关系运算符

VHDL 中有 6 种关系运算符，它们分别是：

= ——等于；

/= ——不等于；

< ——小于；

<= ——小于等于；

> ——大于；

>= ——大于等于。

在关系运算符的左右两边是运算操作数，不同的关系运算符对两边的操作数的数据类型有不同的要求。在进行关系运算时，左右两边的操作数的数据类型必须相同，但是位长却不一定相同。

在利用关系运算符对位矢量数据进行比较时，比较过程是从最左边的位开始，自左至右按位进行比较的。在数据位长不同的情况下，只能按自左至右的比较结果作为关系的结果。例如，对 3 位和 4 位的位矢量进行比较：

```
SIGNAL a: STD_LOGIC_VECTOR (3 DOWNTO 0) ;
SIGNAL b: STD_LOGIC_VECTOR (2 DOWNTO 0) ;
  a<= "1010" ;  -- 10
  b<= "111" ;   -- 7
IF（a>b）THEN
 ⋮
ELSE
 ⋮
END IF ;
```

上例 a 的值为 10，而 b 的值为 7，a 应该比 b 大。但是，由于位矢量是从左至右按位比较的，当比较到次高位时，a 的次高位为“0”而 b 的次高位为“1”，故比较结果 b 比 a 大。这样的比较结果显然是不符合实际情况的。

为了能使位矢量进行关系运算，在程序包“STD_LOGIC_UNSIGNED”中对“STD_LOGIC_VECTOR”关系运算重新作了定义，使其可以正确地进行关系运算。注意在使用时必须首先说明调用该程序包。位矢量还可以和整数进行关系运算。

4．并置运算符

并置运算符“&”或“,”用于位的连接。例如，将 4 个位用并置运算符“&”连接起来就可以构成一个具有 4 位长度的位矢量。两个 4 位的位矢量用并置运算符“&”连接起来就可以构成 8 位长度的位矢量。

有三个信号 a、b、c 定义如下：

```
SIGNAL a: BIT ;
SIGNAL b: BIT_VECTOR(1 DOWNTO 0) ;
SIGNAL c: BIT_VECTOR(5 DOWNTO 0) ;
```

若 c(5)='0'，c(4)='0'，c(3)=b(1)，c(2)=b(0)，c(1)='1'，c(0)=a，则有

```
-- 使用并置符“&”完成位、位矢量的连接
c <= '0'&'0'&b&'1'&a ;
-- 使用并值符“，”完成连接，需注意“,”只有在“( )”中使用才有效
c <= ('0', '0', b, '1', a ) ;
-- 在连接位矢量的同时，用指定脚标的方式，给 c 的指定位赋值
c <= ( 5=>'0', 4=>'0', 3=>b(1), 2=>b(0), 1=>'1', 0=>a ) ;
-- 使用“OTHERS”给未赋值的所有位赋值，注意“OTHERS”只能放在最后
c <= (5 DOWNTO 4 =>'0', 3=>b(1), 2=>b(0), 1=>'1', 0=>a ) ;
c <= (5 DOWNTO 4 =>'0', 3=>b(1), 2=>b(0), 0=>a, OTHERS=>'0') ;
```

若 c(5)～c(0)均为“0”，还可写为：

```
c <= (OTHERS=>'0') ;
```

习　　题

1. 标识符和扩展标识符有什么差别？
2. 扩展标识符的基本规则是什么？
3. 什么是数据对象？常用的数据对象有哪几种？
4. 信号延时有哪几种？它们有何异同？
5. 请将信号和变量进行比较，指出两者的差异。
6. 什么是数据类型？它可以分为哪几大类型？每一大类型中包括哪些具体类型？
7. 常用的数据类型转换函数有哪些？它们的功能分别是什么？
8. VHDL 中操作符主要有哪几类？它们都分别有哪些主要元素？
9. 算术运算符中哪些操作符是可综合的？“*”的使用需要注意什么？为什么？
10. 什么是并置运算符？

第 4 章　VHDL 的主要描述语句

本章导读

通过本章的学习，读者将对 VHDL 描述语句集合的全貌建立一个清晰的概念，对“描述行为语句”和“描述结构语句”的基本理论和作用将会有深刻认识；并将学会正确运用 VHDL 主要描述语句进行程序设计。

4.1　概述

VHDL 的主要描述语句种类繁多，为了便于学习和理解，我们将 VHDL 的主要描述语句划分为“描述行为语句”和“描述结构语句”，如图 4-1 所示。

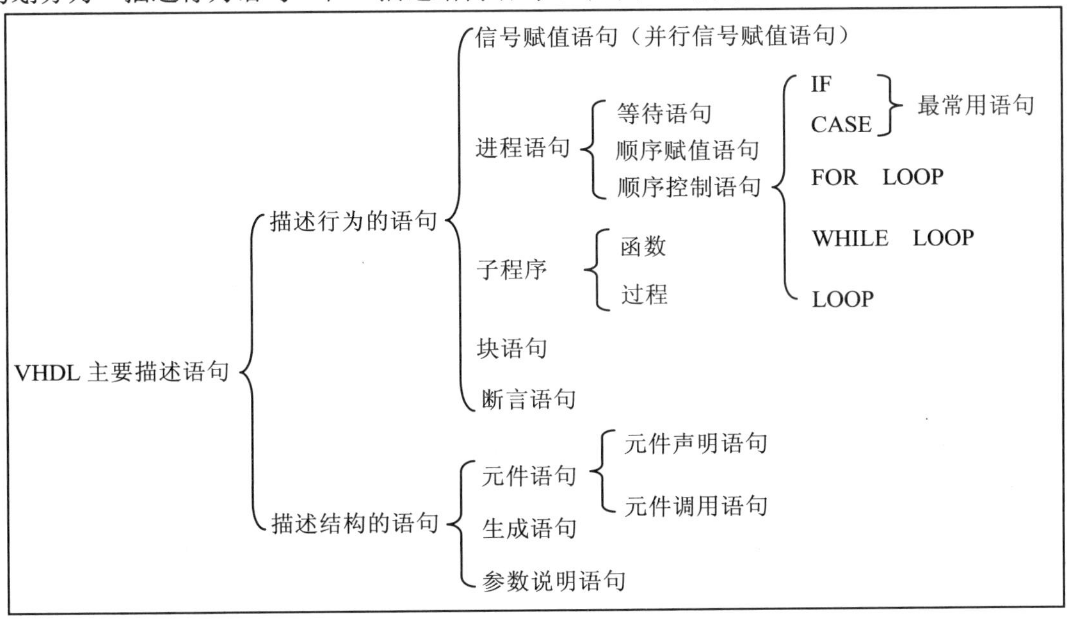

图 4-1　VHDL 主要描述语句分类

本章将对图 4-1 中所列出的所有语句逐一进行具体介绍。如果把每一种描述语句比喻成一棵树，则图 4-1 给出了由这些树所构成的森林的概貌。由图 4-1 可以获得以下信息：

1. VHDL 的主要描述语句由“描述行为的语句”和“描述结构的语句”两部分组成。
2. 描述行为的语句主要有：信号赋值语句、进程语句、子程序、块语句、断言语句等。
3. 描述结构的语句主要有：元件语句（COMPONENT）、生成语句（GENERATE）、参数说明语句（GENERIC）等。
4. 在所有 VHDL 语句中，描述行为的进程语句最为复杂。它可以包含等待语句、顺序赋值语句和顺序控制语句三部分，其中，顺序控制语句又可以包含条件语句和循环语句等多种语句。
5. 信号的赋值可分为进程中赋值和进程外赋值两种。进程中赋值使用顺序赋值语句，进程外赋值使用并行赋值语句。

6．IF 和 CASE 语句是进程语句中实现顺序控制的最常用的语句。

在此特别指出：通常情况下，每一个 VHDL 程序都要用到描述行为的语句。这是由于电子系统的行为主要体现在信号的变化、组合和传输。EDA 设计相当多的内容就是设计、调试和优化 VHDL 的描述行为的语句。

在介绍了 VHDL 语句的概貌后，下面将具体地介绍 VHDL 中的主要语句。建议读者在学习 VHDL 的每一条具体语句时，均回到图 4-1 中，明确该语句在 VHDL 整个语句体系中所处的位置。这样做可加快全面掌握 VHDL 语句的进程。

4.2　并行信号赋值语句

信号赋值语句有并行信号赋值语句和顺序信号赋值语句之分。信号的赋值有三种形式：一般信号赋值、条件信号赋值、选择信号赋值。三种信号赋值语句均可用作并行信号赋值语句，而其中只有一般信号赋值语句才可用作顺序信号赋值语句。

- 一般信号赋值（Simple Signal Assignment）

一般信号赋值语句的基本格式已经在第 3 章介绍过。其基本例句如下：

```
m <= in1 OR in2 ;                -- 将 in1 和 in2 相或的结果赋给信号 m
out1 <= m AFTER 3ns ;            -- 延时 3ns 后，将 m 赋给信号 out1
```

当一般信号赋值语句用于进程内或子程序内时为顺序信号赋值语句；当一般信号赋值语句用于构造体中的进程外或块语句内时为并行信号赋值语句。

- 条件信号赋值（Conditional Signal Assignment）

条件信号赋值语句基本语法形式为：

```
<目标信号名> <= 赋值表达式_1   [附加延时]   WHEN  条件表达式_1   ELSE
                赋值表达式_2   [附加延时]   WHEN  条件表达式_2   ELSE
                      ⋮
                赋值表达式_N   [附加延时]   WHEN  条件表达式_N   ELSE
                赋值表达式_N+1   [附加延时] ;
```

条件信号赋值语句是并发语句，该语句在仿真开始时被激活执行一次，随后，只要赋值表达式或条件表达式中的任意信号或变量发生变化，则语句被再次激活执行。如果条件表达式_1 为真，则赋值表达式_1 就被赋给目标信号，如果条件表达式_2 为真，则赋值表达式_2 被赋值给目标信号，以此类推。只有当从条件表达式_1 到条件表达式_N 都是假时，将最后一个赋值表达式的值赋给目标信号。

例如：

```
c<= e   WHEN a='0' ELSE                  -- 当 a='0'时，将 e 赋给 c
    f   WHEN a='1' AND b='1' ELSE        -- 当 a='1'并且 b='1'时，将 f 赋给 c
    g   WHEN a='1' AND b='0' ELSE        -- 当 a='1'并且 b='0'时，将 g 赋给 c
    i ;                                  -- 条件 1～3 均不满足的其他情况下，将 i 赋给 c
```

- 选择信号赋值（Selected Signal Assignment）

选择信号赋值语句基本语法形式为：

```
WITH <表达式> SELECT
```

```
<目标信号> <= 赋值表达式_1  [附加延时]  WHEN 条件_1，
赋值表达式_2  [附加延时]  WHEN 条件_2，
                      ⋮
赋值表达式_N  [附加延时]  WHEN 条件_N，
赋值表达式_N+1  [附加延时]  WHEN  OTHERS；
```

选择信号赋值语句和条件信号赋值语句一样，也是并发语句，在仿真开始时被激活执行一次，随后，在赋值表达式或条件表达式中的任意信号或变量发生变化时被再次激活执行。当表达式满足条件_1 时，则赋值表达式_1 就被赋给目标信号，如果表达式满足条件_2，那么赋值表达式_2 被赋值给目标信号，以此类推。只有当表达式从条件_1 到条件_N 都无法满足时，将最后一个赋值表达式的值赋给目标信号。

例如：

```
WITH sel SELECT                              -- 选择信号赋值语句
    p<='0'  AFTER 5ns  WHEN "00",            -- 当 sel ='00'时，延时 5ns 后将'0'赋给 p
       '1'  WHEN "01" OR "10",               -- 当 sel ='01'或 sel ='10'时，将'1'赋给 p
       'X'  WHEN  OTHERS;                    -- 其他情况下，将'X' 赋给 p
```

注意，条件信号赋值语句和选择信号赋值语句在被激活后，所有的条件都是同时判断的，设计者应保证同时只有一个条件满足或没有条件满足，否则容易导致程序仿真结果和实际电路结果不一致的情况。

例 4-1 给出了三种信号赋值语句混合运用的例子。

【例 4-1】

```
LIBRARY IEEE;
USE IEEE.STD_LOGIC_1164.ALL;
ENTITY cmpl_sig IS
PORT (a, b, sel: IN STD_LOGIC;
  r, s, t, u, v, w: OUT STD_LOGIC);
END cmpl_sig;
ARCHITECTURE logic OF cmpl_sig IS
  BEGIN
-------------- simple signal assignment---------------------------------------------
r <= (a AND NOT sel) OR (b AND sel);     -- 一般信号赋值语句在 PROCESS 外
-----------------------------------------------------------------------------------------
PROCESS(a, b, sel)
  BEGIN                                  -- 一般信号赋值语句在 PROCESS 内
     s<= (a AND NOT sel) OR (b AND sel);
END PROCESS;
-------------- conditional signal assignment----------------------------------------
t <= a WHEN sel='0' ELSE                 -- 条件信号赋值语句在 PROCESS 外
     b;
-----------------------------------------------------------------------------------------
ublock: BLOCK
```

```
    BEGIN                                        -- 条件信号赋值语句在 BLOCK 内
    u<= a WHEN sel='0' ELSE
        b ;
    END BLOCK ublock ;
---------------- selected signal assignment-----------------------------------------------
    WITH sel SELECT
      v <= a WHEN '0' ,                          -- 选择信号赋值语句在 PROCESS 外
           b WHEN '1' ,
           'X' WHEN OTHERS ;
------------------------------------------------------------------------------------------
wblock: BLOCK
    BEGIN
    WITH sel SELCET
      w<= a WHEN '0' ,                           -- 选择信号赋值语句在 BLOCK 内
           b WHEN '1' ,
           'X' WHEN OTHERS ;
    END BLOCK wblock ;
END logic ;
```

4.3 进程（PROCESS）

进程是 VHDL 中最常用的一种子结构，通常用于描述设计单元中某个功能独立的逻辑部分。进程可分为显式进程和隐式进程。

4.3.1 显式进程

显式进程是以“PROCESS”为关键字的进程。在显式进程的“BEGIN”和“END”之间，有一个由一条或多条执行语句组成的顺序语句块，需要注意的是，只有简单信号赋值语句和顺序描述语句可以出现在显式进程中。

进程的执行需要满足一定的条件，通常称之为激活条件，只有满足了进程的激活条件，进程才会进入被启动、执行，依照显式进程被激活的方式，可分为：敏感信号列表控制的显式进程和 WAIT 语句控制的显式进程。

（1）敏感信号列表控制的显式进程

敏感信号列表控制的显式进程的语法格式为：

```
[进程标号:]
PROCESS (敏感信号表)
[说明]
BEGIN
顺序语句块;
END   PROCESS [进程标号] ;
```

PROCESS 是进程语句的关键字，PROCESS 前可以加进程标号，也可以没有标号，但

如果加了进程标号，则在进程结束处以“END PROCESS 进程标号;”结尾。

进程内部“说明”部分是可选部分，用于定义本进程内所需要的局部量，如数据类型、子程序和变量等，在此说明区说明的局部量，仅在当前进程内有效。“BEGIN”和“END PROCESS”之间，是进程的执行语句组成的顺序语句块。

“敏感信号列表”也称敏感表，可由一个或多个信号组成，各信号间以“,”号分隔。

在仿真中，这种进程在初始化阶段会自动执行一遍，即顺序语句块内的语句先按照从上至下顺序执行一遍，然后，进入挂起等待状态，直至列表中的任意一个信号有事件发生，即发生任意变化，此时，进程被再次激活，进程中的语句将从上到下逐句执行一遍，当最后一条语句执行完毕后，再次进入等待挂起状态，直到下一次敏感表中的信号有事件发生，如此循环往复。如例 4-2 所示。

【例 4-2】　带敏感信号表的显式进程。

```
LIBRARY IEEE ;
USE IEEE.STD_LOGIC_1164.ALL ;
ENTITY simp_prc IS
PORT(a, b: IN STD_LOGIC ;
        y, z: OUT STD_LOGIC) ;
END simp_prc ;
ARCHITECTURE logic OF simp_prc IS
BEGIN
process1: PROCESS(a, b)
            BEGIN
               y <= a AND b ;
               z <= a XOR b ;
            END PROCESS process1 ;
END logic ;
```

例 4-2 中，进程的敏感信号为 a 和 b，初始化阶段，会无条件顺序执行一次“y <= a AND b”和“z <= a XOR b”，随后，当且仅当“a”、“b”中任意一个发生变化时，才会激活进程，顺序执行“y <= a AND b”和“z <= a XOR b” 的操作。

（2）WAIT 语句控制的显式进程

除了使用敏感信号列表建立显式进程的激活条件外，还可以采用 WAIT 语句来建立激活条件。

WAIT 语句是一种特殊的顺序执行语句，位于进程的顺序语句块内。在仿真中，这种进程在初始化阶段也会自动执行一次，其顺序语句块内的语句顺序执行，一旦遇到 WAIT 语句，进程就挂起等待，直到满足该 WAIT 语句的激活条件时，进程才被激活并从该 WAIT 语句后的下一句开始顺序执行下去，如执行到过程语句中的最后一个语句，则返回到顺序语句块的第一句重复顺序执行，直到再次遇到 WAIT 语句。所以在初始化以后，进程语句始终处在“等待——激活——等待”的循环中。

WAIT 语句有 4 种应用形式：信号等待 WAIT ON、条件等待 WAIT UNTIL、时间等待 WAIT FOR 和无限等待 WAIT。

- 信号等待 WAIT ON

信号等待 WAIT ON 语句的语法格式如下：

```
WAIT   ON <信号列表> ;
```

在这种方式中，“WAIT ON”是关键字，其后的<信号列表>与敏感信号列表的作用一样。信号列表中列出的是能激活进程的敏感信号，有多个敏感信号时用“，”分隔，当任意一个敏感信号发生变化时，将激活该 WAIT 语句所在的进程。

通常，由敏感信号列表控制的显式进程，可以等价转换为由 WAIT ON 语句控制的显式进程。如例 4-3 所示，两个程序完全等价。

注意，在例 4-3 中的 WAIT ON 语句在 PROCESS 顺序语句块的最后，这是因为，在初始化阶段，进程顺序语句块内的语句要先执行一遍，若将 WAIT ON 语句放在语句块的开头，则执行到“WAIT ON a, b, c;”语句时，进程就被挂起了，其后的语句未被执行；若将 WAIT ON 语句放在顺序语句块的最后，则进程在执行了一遍“tmp := a AND b;”和“y <= tmp OR c;”后，才执行“WAIT ON a, b, c;”语句，进程被挂起。显然，由 WAIT ON 语句控制的显式进程，只有当 WAIT ON 语句出现在顺序语句块最后时，才能等价转换为由敏感信号列表控制的显式进程。

【例 4-3】 由 WAIT ON 语句控制的显式进程。

```
LIBRARY IEEE ;
USE IEEE.STD_LOGIC_1164.ALL;
ENTITY simp_prc IS
    PORT(a, b, c : IN STD_LOGIC ;
                y : OUT STD_LOGIC) ;
END simp_prc ;
ARCHITECTURE logic OF simp_prc IS
BEGIN
  p1: PROCESS
        VARIABLE tmp: STD_LOGIC;
     BEGIN
            tmp:= a AND b ;
            y <= tmp OR c ;
            WAIT ON a, b, c ;
     END PROCESS p1 ;
END logic ;
```

```
LIBRARY IEEE ;
USE IEEE.STD_LOGIC_1164.ALL ;
ENTITY simp_prc IS
    PORT(a, b, c : IN STD_LOGIC ;
                y : OUT STD_LOGIC) ;
END simp_prc ;
ARCHITECTURE logic OF simp_prc IS
BEGIN
  p1: PROCESS(a, b, c)
        VARIABLE tmp: STD_LOGIC ;
     BEGIN
            tmp:= a AND b ;
            y <= tmp OR c ;
     END PROCESS p1 ;
END logic ;
```

● 条件等待 WAIT UNTIL

条件等待 WAIT UNTIL 语句的语法格式如下：

```
WATI UNTIL 条件表达式;
```

这种方式中，“WAIT UNTIL”是关键字，其后的“条件表达式”表示进程激活的条件，一旦条件表达式值为“真”时，则激活进程。如：

```
WAIT UNTIL clk='1' ;
WAIT UNTIL intdata <= 10 ;
WAIT UNTIL a AND (NOT b) ;
```

● 时间等待 WAIT FOR

时间等待 WAIT FOR 语句的语法格式如下：

```
WAIT FOR 时间表达式 ;
```

这种方式中，“WAIT FOR”是关键字，其后的“时间表达式”限定激活进程的时间间隔，一旦到达限定的间隔时间，便激活进程。如：

```
WAIT FOR 5ns ;              -- 从仿真 0 时刻开始，每隔 5ns 激活进程一次
WAIT FOR clock_cycle/2 ;    -- 从仿真 0 时刻开始，每 1/2 时钟周期激活进程一次
```

● 无限等待 WAIT

无限等待 WAIT 语句的语法格式如下：

```
WAIT ;
```

“WAIT”是关键字，这种方式中，没有给出激活条件，意味着无限期等待，执行此语句后，进程将被无限期挂起，不再被激活。

“WAIT ON”、“WAIT UNTIL”、“WAIT FOR”和“WAIT”这几种 WAIT 语句使用非常灵活，而且可以组合在一起使用，如：

```
WAIT ON   a   FOR 50ns ;          -- 等待到信号 a 的值改变或已过 50ns 的时间
WAIT UNTIL   a ='0' ;             -- 等待到信号 a 的值为'0'
WAIT ON   a   UNTIL a ='0' ;      -- 等待到信号 a 的值为'0'
WAIT ;                            -- 永远等待，通常不用
WAIT FOR 0ns ;                    -- 当系统工程师想在零延时赋值更新目标信号当前值
```

在 WAIT 语句控制的显式进程可以有多个 WAIT 语句。如例 4-4 所示。

【例 4-4】 有多个 WAIT 语句的显式进程。

```
ENTITY tests IS                -- 该设计单元没有端口
END tests ;
ARCHITECTURE mutiple_wait OF tests IS
  SIGNAL a, b: BIT:= '0 ' ;
BEGIN
  p1: PROCESS                  -- 该进程由多个 WAIT 语句控制
      BEGIN
          WAIT ON a ;
          WAIT ON b ;
          WAIT FOR 20ns ;
          WAIT ;
      END PROCESS p1 ;
END mutiple_wait ;
```

在使用显式进程时，需要注意在一个进程里只能采用敏感信号列表控制激活条件，或采用 WAIT 语句控制激活条件，两者不能混用。如例 4-5 所示的例子就是错误的。

【例 4-5】 进程敏感表与 WAIT 语句的错误混用。

```
ARCHITECTURE sensiticity_list OF tests IS
   SIGNAL a, b: Bit:= '0' ;
BEGIN
   p1: PROCESS (a, b)             -- 有显示敏感信号表的显式进程
```

```
        BEGIN
            WAIT ON b ;            -- WAIT 语句与前面的敏感表同时存在，错误！
            WAIT FOR 0ns ;
            WAIT ;
      END PROCESS p1 ;
END ARCHITECTURE sensiticity_list ;
```

在编译调试中，例 4-5 的进程中 3 个 WAIT 语句都会出现编译错误，说明有敏感信号列表的显式进程不允许出现 WAIT 语句。

4.3.2 隐式进程

在 VHDL 中，构造体内的每个并发信号赋值语句和元件调用语句（关于元件调用语句将在后续章节介绍），其实都是一个隐式进程，其敏感信号就是出现在赋值表达式或端口映射中的所有信号。如例 4-6 所示。

需要注意，条件信号赋值和选择信号赋值均被界定为并发语句，但简单信号赋值语句没有并发或顺序的界定，若它出现在并发结构中，如构造体、BLOCK 之中时，就是并发语句，若其出现在顺序结构中，如进程、子程序中时，就是顺序语句。

【例 4-6】 隐式进程。

```
LIBRARY IEEE ;
USE IEEE.STD_LOGIC_1164.ALL ;
ENTITY simp IS
   PORT(a, b: IN STD_LOGIC ;
            y: OUT STD_LOGIC) ;
END simp ;
ARCHITECTURE logic OF simp IS
   SIGNAL c: STD_LOGIC ;
BEGIN
   c <= a AND b ;

   y <= a WHEN c= '0' ELSE
        b WHEN c= '1' ELSE
        'X' ;
END logic ;
```

```
LIBRARY IEEE ;
USE IEEE.STD_LOGIC_1164.ALL ;
ENTITY simp_prc IS
   PORT(a, b: IN STD_LOGIC ;
            y: OUT STD_LOGIC) ;
END simp_prc ;
ARCHITECTURE logic OF simp_prc IS
   SIGNAL c: STD_LOGIC ;
BEGIN
 process1: PROCESS(a, b)
   BEGIN
     c <= a   AND   b ;
   END PROCESS process1 ;
process2: PROCESS(a, b, c)
   BEGIN
     IF c= '0' THEN
       y <= a ;
     ELSIF c= '1' THEN
       y <= b ;
     ELSE
       y <= 'X' ;
     END IF ;
   END PROCESS   process2 ;
END logic ;
```

例 4-6 两个程序中，左边程序一中，给“c”赋值的简单信号赋值语句，出现在构造体内，属于并发语句，与右边程序二中的显式进程 process1 等价，其敏感信号是 a 和 b，“c <= a AND b”语句，在程序一中是并发语句，在程序二中是顺序语句；程序一中，给 y 赋值的条件信号赋值语句，与右边程序二中的显式进程 process2 等价，且其敏感信号是参与运算的所有信号，即 a、b 和 c。

4.3.3　进程的执行

（1）多进程并发

在构造体中可以没有进程，也可以有一个或多个进程。当构造体中有多个进程时，这些进程是并行执行的，只要满足某个进程的激活条件，这个进程就被激活。通过信号的传递，来实现各个 PROCESS 进程之间的通信。如例 4-7 所示。

【例 4-7】 多进程的执行示例。

```
LIBRARY IEEE ;
USE IEEE.STD_LOGIC_1164.ALL ;
ENTITY proc1 IS
PORT ( a, b, c: IN STD_LOGIC ;
              y: OUT STD_LOGIC) ;
END proc1 ;
ARCHITECTURE logic OF proc1 IS
SIGNAL z: STD_LOGIC ;
BEGIN
P1: PROCESS(z)
BEGIN
   y<= NOT z ;
END PROCESS P1 ;
P2: PROCESS(a, b, c)
 BEGIN
   z<= (a XOR b) OR c ;
 END PROCESS P2 ;
END logic ;
```

例 4-7 中，z 是连接两个进程的桥梁。

（2）进程的处理机制

当进程被激活时，进程顺序语句块内的语句是严格按语句先后次序来执行的，但从仿真时钟上看，所有语句又都是发生在该进程被激活的同一时刻。对于顺序语句块内的信号赋值语句，其延时时间都是从进程激活的同一时刻算起的。

由于信号表征的是电路中真实存在的互连线，对信号的赋值是存在延时的，信号延时分为零延时、传播延时、惯性延时，依据延时类型的不同，进程的处理机制也略有不同。

- 进程中零延时事件的处理

在信号赋值中，若没有写入延时表达式，则称为零延时。零延时信号赋值称为零延时事件。虽然被称为零延时，但实际上依然存在一个“无限小”的传播延时，即Δ延时。在仿真中，为了在进程中体现这一点，进程中所有信号的“值”的更新并不是立即更新的，而是在所有被激活进程的零延时信号赋值语句的表达式运算执行完毕后，再经Δ延时后更新的。如图 4-2 所示。

由图 4-2 可以看到，在初始化阶段，所有进程执行一遍，然后仿真时间刻度随着程序的执行前进。所有进程的执行被分为了两个阶段：执行阶段，信号值更新阶段。注意，在执行阶段，顺序语句严格按语句先后次序顺序执行，但从仿真时钟上看，所有语句又都是发生在该进程被激活的同一时刻；信号值更新阶段是在所有被激活的进程执行完毕后。仿真周期只有所有被激活的进程执行完毕、信号值更新完毕后，才会结束当前仿真周期，进入下一个仿真周期，仿真时间前进，否则，仿真时间会停留在该时刻。

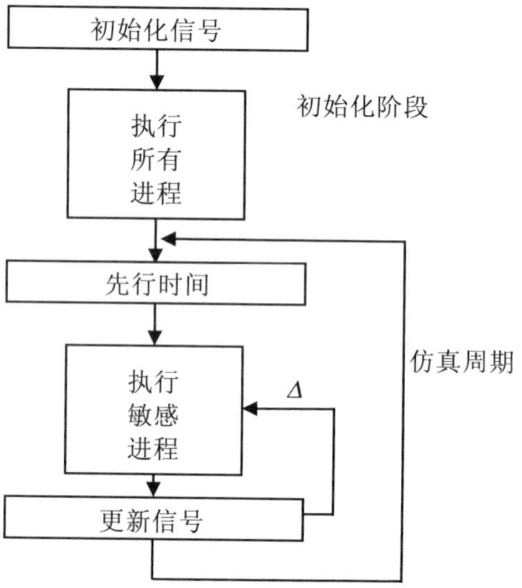

图 4-2　进程中零延时事件的处理机制

例 4-8 给出了零延时的应用实例。

【例 4-8】 进程中零延时事件的处理。

```
LIBRARY IEEE ;
USE IEEE.STD_LOGIC_1164.ALL ;
ENTITY proc1 IS
PORT ( a, b, d: IN STD_LOGIC ;
            y: OUT STD_LOGIC) ;
END proc1 ;
ARCHITECTURE logic OF proc1 IS
SIGNAL z: STD_LOGIC ;
BEGIN
P1: PROCESS(a, b, z)
BEGIN
    y<=( a AND b ) OR z ;
```

```
END PROCESS P1 ;
P2: PROCESS(a, b, d)
    VARIABLE tmp: STD_LOGIC ;
BEGIN
    tmp:= a XOR b ;
    z<= tmp OR d ;
END PROCESS P2 ;
END logic ;
```

例 4-8 中，有两个进程子结构 P1 和 P2，假定 a、b、d 三个输入全为“0”，初始化时，执行 P1 和 P2，使得 y 和 z 也是“0”，在 100ns 时，a 发生变化变为“1”，两个进程 P1、P2 均被激活，进入进程执行阶段，同时计算 y 的新值“（a AND b）OR z ”和 z 的新值“tmp:= a XOR b，tmp OR d”，随后Δ延时后，更新 y 和 z 的值，这个仿真周期结束；仿真时间进入到 100ns+Δ时刻，在新的仿真周期内，“z”的变化再次激活进程 P1，执行 P1 中的语句，y 的值再次更新，新的仿真周期结束。在不同仿真时刻，y、tmp 和 z 的值如下：

```
0ns          y ='U', z='U'            -- 'U'表示初始无驱动状态
                                      -- 设定 a, b, d 初值为“0”，0ns 时初始化，执行 P1，P2
0ns+Δ        y ='0', tmp='0', z='0'
                                      -- 100ns 时，a 变化为“1”，P1 和 P2 被激活执行
100ns+Δ      y ='0', tmp='1', z='1'
                                      -- 100ns+Δ时，z 由“0”变为“1”，P1 被激活执行
100ns+2Δ     y ='1', tmp 和 z 维持'1'
```

但是，由于Δ是无限小时间，所以在波形上看，在 100ns 时 y 和 z 都变为“1”。

如果 tmp 不是变量而是信号，如例 4-9 所示，那么在相同情况下，当 a 由“0”变为“1”后，y 和 z 的值会全然不同。

【例 4-9】 零延时信号赋值对进程的影响。

```
LIBRARY IEEE ;
USE IEEE.STD_LOGIC_1164.ALL ;
ENTITY proc1 IS
PORT ( a, b, d: IN STD_LOGIC ;
              y: OUT STD_LOGIC) ;
END proc1 ;
ARCHITECTURE logic OF proc1 IS
SIGNAL z: STD_LOGIC ;
SIGNAL tmp: STD_LOGIC ;
BEGIN
P1: PROCESS(a, b, z)
BEGIN
    y<=( a AND b ) OR z ;
END PROCESS P1 ;
```

```
P2: PROCESS(a, b, d)
    BEGIN
    tmp<= a XOR b ;
    z<= tmp OR d ;
END PROCESS P2 ;
END logic ;
```

在这个程序中，在不同仿真时刻，y 和 z 的值如下：

```
0ns          y ='U', z='U'            -- 'U'表示初始无驱动状态
                                      -- 设定 a, b, d 初值为“0”，0ns 时初始化，执行 P1，P2
0ns+Δ        y ='0', tmp='0', z='0'
                                      -- 100ns 时，a 变化为“1”，P1 和 P2 被激活执行
100ns+Δ      y ='0', tmp='1' , z='0'
```

注意，在执行阶段，信号的值是没有更新的，故在 P2 的执行阶段“tmp OR d”用的是 tmp 的旧值“0”，所以在信号更新阶段，z 的值是“0”。例 4-8 和例 4-9 唯一的差别就是 tmp 在例 4-8 中是变量，而在例 4-9 中是信号，但两个程序的执行结果全然不同。

- 进程中传播延时事件的处理

带有传播延时的信号赋值称为传播延时事件。

在一个进程中，可能某一信号被先后赋值多次，对于传播延时事件，当进程被激活时，对信号的每次赋值及相应的更新时间，都将作为一个待处理的传播事件，在该信号的驱动器中进行排队。如例 4-10 所示。

【例 4-10】 进程中传播延时事件的处理。

```
ENTITY proc1 IS
END proc1 ;
ARCHITECTURE logic OF proc1 IS
SIGNAL s: INTEGER:= 0 ;
BEGIN
  PROCESS
  BEGIN
    s<= TRANSPORT  1  AFTER 1ns ;        --（1ns, 1）
    s<= TRANSPORT  2  AFTER 2ns ;        --（1ns, 1）, (2ns, 2 )
    WAIT ;
  END PROCESS ;
END logic ;
```

例 4-10 的进程在仿真 0 时刻开始执行，执行第一个语句后，信号 s 的驱动器中存入一个传播延时事件，如注释中所示，即(1ns,1)。执行完第二个语句之后，驱动器中又增加一个传播延时事件，即(1ns,1)，(2ns,2)。WAIT 语句结束进程的执行阶段，进入信号更新阶段，进程挂起，依照队列中的事件排列更新信号值，在仿真时钟到达 1ns 时，信号 s 的值更新为 1，到 2ns 时，s 的值更新为 2。

【例 4-11】 传播延时事件被冲掉的例子。

```
ENTITY proc2 IS
END proc2 ;
ARCHITECTURE logic OF proc2 IS
SIGNAL s: INTEGER:= 0 ;
BEGIN
 PROCESS
 BEGIN
    s<= TRANSPORT  1  AFTER 1ns ;     -- (1ns,1)
    s<= TRANSPORT  3  AFTER 3ns ;     -- (1ns,1), (3ns,3)
    s<= TRANSPORT  2  AFTER 2ns ;     -- (1ns,1), (2ns,2)
    WAIT ;
 END PROCESS ;
END logic ;
```

例 4-11 中，信号 s 先后三次顺序赋值，当进程被激活时，由于第三次赋值的传播延时事件(2ns ,2)先发生，第二次赋值的传播延时事件(3ns,3)被冲掉了，在信号值更新阶段，信号驱动器中只保留两个传播延时事件，即(1ns,1)，(2ns,2)，依照队列中的事件排列更新信号值，在仿真时钟到达 1ns 时，信号 s 的值更新为 1，到 2ns 时，s 的值更新为 2。

● 进程中惯性延时事件的处理

带有惯性延时的信号赋值称为惯性延时事件。

惯性延时的特性决定了信号驱动器中只能保存一个处理事项。如例 4-12 所示。

【例 4-12】 进程中惯性延时事件的处理。

```
ENTITY proc3 IS
END proc3 ;
ARCHITECTURE logic OF proc3 IS
SIGNAL   s: INTEGER:= 0 ;
BEGIN
PROCESS
 BEGIN
    s <= 1   AFTER   1ns ;     -- (1ns,1)
    s <= 2   AFTER   2ns ;     -- (2ns,2)
    s <= 2   AFTER   3ns ;     -- (3ns,2)
    WAIT ;
 END PROCESS ;
END logic ;
```

例 4-12 中，信号 s 也是先后三次赋值，当进程被激活时，由于信号驱动器中只能保存一个惯性延时事件，所以第二个惯性延时事件(2ns,2)冲掉了第一个惯性延时事件(1ns,1)，但第三个惯性延时事件(3ns,2)，却未能冲掉第二个惯性延时事件。这是因为第三次赋值与第二次赋值所赋之值相同，表现在第二次赋值后信号 s 的“信号源”保持未变，以惯性延时的定义，第二次赋值依然有效，而第三次赋值没有意义。进程碰到 WAIT 语句，执行阶段结束。

在信号值更新阶段，信号驱动器中有一个传播延时事件，即(2ns,2)，在仿真时钟到达 2ns 时，s 的值更新为 2。

4.4 顺序描述语句

顺序描述语句有两类：顺序赋值语句和顺序控制语句。其中顺序控制语句只能在进程和子程序内存在，属于严格顺序语句，这些语句包括：WAIT 语句、IF 语句、CASE 语句、LOOP 语句等。可作顺序赋值语句使用的主要有一般信号赋值语句和变量赋值语句。其中一般信号赋值语句既可以作顺序语句，也可以作并发语句，属于双重语句，即双重语句放在进程和子程序之外时是并发语句，放在进程和子程序之内时是顺序语句。双重语句主要有：一般信号赋值语句、断言语句、子程序调用语句等。

顺序描述语句可对系统的时序控制、条件分支和迭代算法等行为进行描述，也可完成算术运算、逻辑运算、信号、变量的赋值、子程序的调用等操作。下面重点介绍顺序控制语句。

在前面章节中介绍进程时，已对 WAIT 语句作过详细的介绍，在此不再赘述。本节将主要介绍 IF 语句、CASE 语句和 LOOP 语句。

4.4.1 IF 语句

IF 语句是以布尔表达式作为条件式，按条件式的真假判断程序流的二分支。IF 语句的语法格式为：

```
IF <布尔表达式 1> THEN
    顺序语句;
ELSIF <布尔表达式 2> THEN
    顺序语句;
    ⋮
ELSIF <布尔表达式 n> THEN
    顺序语句;
ELSE
    顺序语句;
END IF ;
```

其中，ELSIF 可有零到多个，ELSE 可有零个或一个，同一条件分支下的顺序语句可以有一条或多条。IF 语句最后以 END IF 结尾。

如图 4-3 所示，当只有一个条件时，若条件满足，则执行 THEN 后面的顺序语句，否则执行 ELSE 后面的顺序语句。当有两个条件时，若满足第一个优先条件，则执行第一个 THEN 后面的顺序语句，若不满足，则再判断是否满足条件 2，此后的执行顺序与“只有一个条件时”相同。如例 4-13 所示。

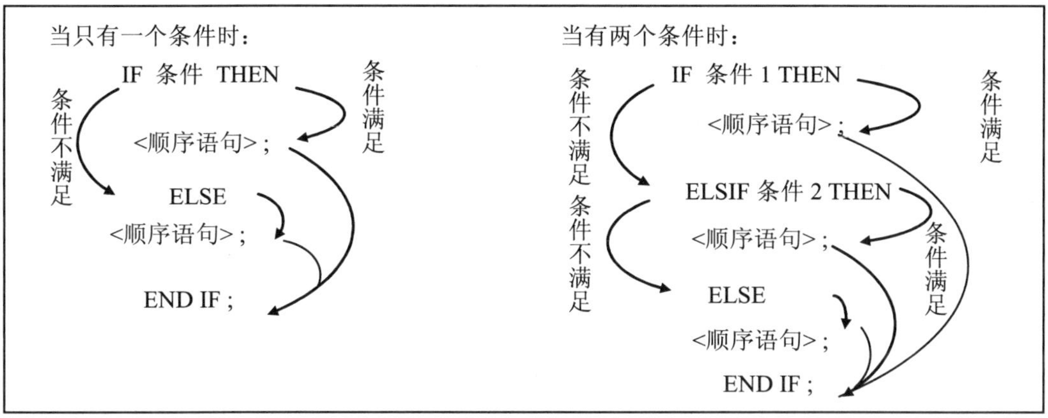

图 4-3　IF 语句执行顺序

【例 4-13】 用 IF 语句实现优先级选择器。

```
LIBRARY IEEE ;
USE IEEE.STD_LOGIC_1164.ALL ;
ENTITY example_if IS
  PORT (sela, selb, a, b, c: IN STD_LOGIC ;
                                q: OUT STD_LOGIC) ;
END example_if ;
ARCHITECTURE beh OF example_if IS
BEGIN
    PROCESS(sela, selb, a, b, c)
    BEGIN
      IF sela='1' THEN
        q <= a ;
      ELSIF selb= '1' THEN
        q <= b ;
      ELSE
        q <= c ;
      END IF ;
    END PROCESS ;
END beh ;
```

该程序的电路原理图如图 4-4 所示。选择端 sela 的优先级比 selb 高。由此可见，IF 语句是带有优先级别的顺序执行语句，IF 语句的判别条件的顺序代表电路中的优先关系，不可随意颠倒。

在显式进程内，用 IF 语句所描述的行为也可采用隐式进程、条件信号赋值语句描述。例 4-13 与例 4-14 的程序等价。

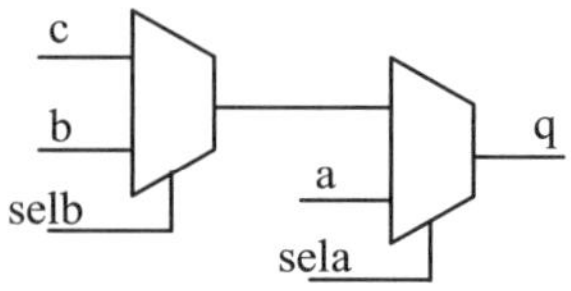

图 4-4　三输入优先级选择器

【例 4-14】 用条件信号赋值语句实现优先级选择器。

```
LIBRARY IEEE ;
USE IEEE.STD_LOGIC_1164.ALL ;
ENTITY example_if IS
   PORT (sela, selb, a, b, c: IN STD_LOGIC ;
                              q: OUT STD_LOGIC) ;
END example_if ;
ARCHITECTURE beh OF example_if IS
BEGIN
q <=    a WHEN sela= '1' ELSE
         b WHEN selb= '1' ELSE
         c ;
END beh ;
```

4.4.2　CASE 语句

CASE 语句是以一个多值表达式为条件表达式，依条件表达式的不同取值而执行不同的语句，实现程序流的多个分支，同一条件分支下的顺序语句可以有一条或多条。CASE 语句的语法格式为：

```
CASE <条件表达式> IS
      WHEN <条件 1> => 顺序语句;
        ⋮
      WHEN <条件 n> => 顺序语句;
      WHEN OTHERS  => 顺序语句;
END CASE ;
```

CASE 语句的所有分支都是同时判断的，当条件表达式满足条件 1～n 中的某一个时，就执行该条件所对应的顺序语句，若所有条件均不满足，则执行“WHEN OTHERS”对应的顺序语句。CASE 语句中的表达式值必须穷尽例举，且不能重复。不能穷尽的条件表达式的值用 OTHERS 表示。如例 4-15 所示。

【例 4-15】 多路选择器（一）。

```
LIBRARY IEEE ;
USE IEEE.STD_LOGIC_1164.ALL ;
ENTITY example_case IS
   PORT (a, b, c, d: IN STD_LOGIC;
```

```
            sel: IN STD_LOGIC_VECTOR(1 DOWNTO 0) ;
             q: OUT STD_LOGIC) ;
END example_case ;
ARCHITECTURE beh OF example_case IS
BEGIN
  PROCESS(sel, a, b, c, d)
  BEGIN
    CASE sel IS
      WHEN "00" => q <= a ;
      WHEN "01" => q <= b ;
      WHEN "10" => q <= c ;
      WHEN OTHERS => q <= d ;
    END CASE ;
  END PROCESS ;
END beh ;
```

例 4-15 的原理图如图 4-5 所示。由此可以看出 CASE 语句的分支是没有优先级别的，所有条件判断都是并行处理的。

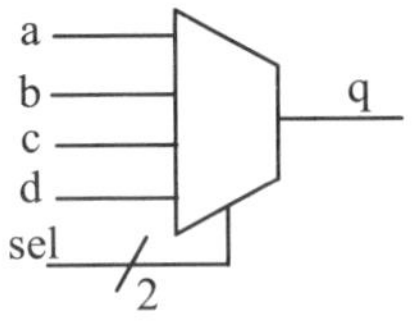

图 4-5　多路选择器

显式进程内，用 CASE 语句所描述的行为，也可采用隐式进程，选择信号赋值语句描述。例 4-15 与例 4-16 的程序等价。

【例 4-16】 多路选择器（二）。

```
LIBRARY IEEE ;
USE IEEE.STD_LOGIC_1164.ALL ;
ENTITY example_case IS
  PORT (a, b, c, d: IN STD_LOGIC ;
            sel: IN STD_LOGIC_VECTOR(1 DOWNTO 0) ;
             q: OUT STD_LOGIC) ;
END example_case ;
ARCHITECTURE beh OF example_case IS
BEGIN
  WITH sel SELECT
    q <=a WHEN "00" ,
        b WHEN "01" ,
        c WHEN "10" ,
```

```
        d WHEN OTHERS ;
END beh ;
```

在 CASE 语句中，各条件分支中，若在多个条件表达式取值情况下，执行相同的操作，可以采用“|”将多个条件值分隔开来，写在同一个条件分支中，如例 4-17 中两个程序段落是等价的。

【例 4-17】 CASE 语句的多值条件分支。

```
CASE sel IS
   WHEN "00" => q <= a ;
   WHEN "01" => q <= a ;
   WHEN "10" => q <= c ;
   WHEN "11" => q <= c ;
   WHEN OTHERS => q <= 'X' ;
```

等价

```
CASE sel IS
   WHEN "00" | "01" => q <= a ;

   WHEN "10" | "11" => q <= c ;

   WHEN OTHERS => q <= 'X' ;
```

若 sel 是整数类型，还可以等价为：

```
CASE sel IS
   WHEN 0 TO 1 => q <= a ;
   WHEN 2 TO 3 => q <= c ;
   WHEN OTHERS => q <= 'X' ;
```

注意，只有条件表达式的值是整数或枚举类型的数，才可以采用这种形式。

4.4.3 LOOP 循环语句

循环语句，常用于描述有规则的迭代运算或产生有规律的激励。LOOP 循环有迭代循环 FOR LOOP、条件循环 WHILE LOOP 和无限循环 LOOP。下面逐一进行介绍。

- FOR LOOP

FOR LOOP 是一个有限迭代循环。其语法格式为：

```
[循环标号:]
FOR <循环变量>  IN <范围> LOOP
      顺序语句;
END  LOOP [循环标号] ;
```

“循环标号”是可选项，用于标识该循环。该循环由“循环变量”控制循环次数，“范围”给出的是循环变量依次可取的离散值，执行此循环时，“循环变量”每从“范围”中取一值，循环就执行一次，当“循环变量”取尽“范围”限定的所有值，则循环终止。注意，循环变量的默认取值是整数类型，一般不需要申明，可直接使用，另外，FOR LOOP 中循环变量在循环体内可读，不可写。如例 4-18 所示。

【例 4-18】　FOR　LOOP 示例。

```
LIBRARY IEEE ;
USE IEEE.STD_LOGIC_1164.ALL ;
USE IEEE.STD_LOGIC_UNSIGNED.ALL ;
ENTITY shift4 IS
  PORT ( shft_lft: IN STD_LOGIC ;
              d_in: IN STD_LOGIC_VECTOR(3 downto 0) ;
             q_out: OUT STD_LOGIC_VECTOR(3 downto 0)) ;
END shift4 ;
ARCHITECTURE logic OF shift4 IS
BEGIN
  PROCESS(d_in, shft_lft)
  BEGIN
    IF shft_lft = '1' THEN
      FOR i IN 3 DOWNTO 0 LOOP
      q_out(i) <= d_in(3-i) ;
      END LOOP ;
    END IF ;
  END PROCESS ;
END logic ;
```

例 4-18 完成的是将 d_in(3)～ d_in(0)赋值给 q_out(0)～q_out(3)的有序循环。程序中循环变量“i”确实未作变量申明，也可直接使用，依次取值 3，2，1，0，实现循环控制。

- WHILE　LOOP

WHILE 循环是一有限条件循环。其基本格式为：

```
[循环标号:]
WHILE <条件> LOOP
    顺序语句;
END　LOOP [循环标号] ;
```

“循环标号”是可选项，用于标识该循环。执行此循环时先判断循环变量是否满足〈条件〉，条件为真则执行一轮循环，条件为假则循环结束。如例 4-19 所示。

【例 4-19】　WHILE　LOOP 示例。

```
LIBRARY IEEE ;
USE IEEE.STD_LOGIC_1164.ALL ;
ENTITY check IS
    PORT( data: IN STD_LOGIC_VECTOR(7 DOWNTO 0) ;
              q: OUT STD_LOGIC) ;
END check ;
ARCHITECTURE beh OF check IS
BEGIN
```

```
        PROCESS(data)
            VARIABLE tmp: STD_LOGIC:= '0' ;
            VARIABLE i: INTEGER ;     -- 定义循环变量
        BEGIN
            i:= 0 ;                   -- 为循环变量赋值
            WHILE (i<8) LOOP
                tmp:= tmp XOR data(i) ;
                i:= i+1 ;             -- 循环变量控制语句，规定循环变量的变化规律
            END LOOP ;
            q<= tmp ;
        END PROCESS ;
    END beh ;
```

例 4-19 中 WHILE LOOP 实现的是对 data 逐位进行异或的操作，该程序常用于数据的奇偶校验。需要注意的是，WHILE LOOP 中的循环变量需要申明，而且其变化规律需要在循环体内部指定，在本例中 i 每循环一次就自加 1，设计者可以根据自己的需要将循环变量的变化规律定为“i:=i+2”，“i:=i*3”等。

● LOOP

LOOP 是没有循环变量的无限循环体，其基本语法格式为：

```
[循环标号:] LOOP
        顺序语句;
END   LOOP [循环标号] ;
```

从 LOOP 至 END LOOP 组成一个循环体。与 FOR LOOP、WHILE LOOP 相同，LOOP 前的“循环标号”是可选项，用于标识该循环。循环体内包含若干顺序语句，一旦开始执行此循环，这些顺序语句将周而复始地执行。如例 4-20 所示。

【例 4-20】 LOOP 示例。

```
ENTITY infinite_loop IS
    PORT(clock: OUT BIT) ;
END infinite_loop ;
ARCHITECTURE clock_gen OF infinite_loop IS
SIGNAL clk: BIT:= '0' ;
BEGIN
    PROCESS(clk)
      BEGIN
       gen: LOOP
            clk<= NOT clk AFTER 50ns ;
       END LOOP gen ;
    END PROCESS ;
    clock<= clk ;
END clock_gen ;
```

例 4-20 使用了一个无条件循环 gen，其目的是生成一个周期为 100ns 的时钟，该程序已通过了编译，但在仿真过程中，仿真时刻始终处在 0 时刻，没有仿真波形，这是为什么呢？

前面已经介绍过，进程的执行分为执行阶段和信号更新阶段，只有在进程执行结束时，才会更新信号的值，仿真时刻也才会前进。在例 4-20 中，gen 循环是无条件无限循环，使得进程始终处于执行阶段，故仿真时刻一直停留在 0 时刻，无法得到正确的仿真波形。

为了解决这个问题，可以在无条件无限循环中，加入一条循环控制语句，如例 4-21 所示，就可得到如图 4-6 所示的仿真波形。

【例 4-21】 EXIT 语句的应用示例。

```
ENTITY infinite_loop IS
    PORT(clock: OUT BIT) ;
END infinite_loop ;
ARCHITECTURE clock_gen OF infinite_loop IS
SIGNAL clk: BIT:= '0' ;
BEGIN
    PROCESS(clk)
      BEGIN
       gen: LOOP
            clk<=NOT clk AFTER 50ns ;
          EXIT ;              -- 循环控制语句 EXIT
      END LOOP gen ;
    END PROCESS ;
    clock<=clk ;
END clock_gen ;
```

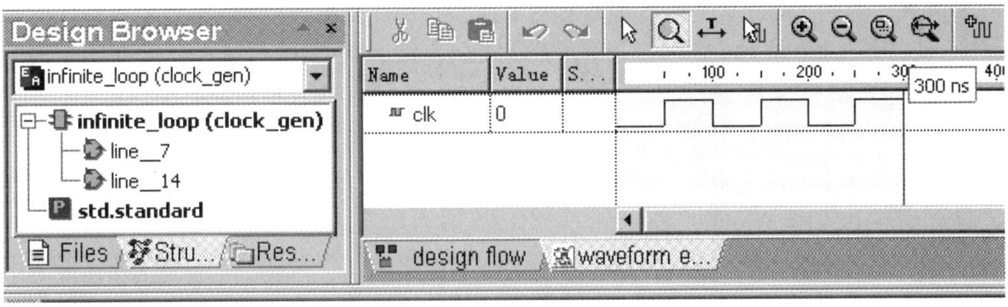

图 4-6　例 4-21 的仿真波形

EXIT 语句有两种形式：

```
EXIT  [循环标号] ;
```

或

```
EXIT  [循环标号]  WHEN<条件> ;
```

第一种形式为无条件退出；第二种形式是有条件退出，仅当<条件>为真时才退出。若未指定“循环标号”，则退出当前循环，若指定了循环标号，则退出循环标号所指定的循环，所以可以在多层循环的内层直接跳到任一指定的循环。如例 4-22 所示。

【例 4-22】 条件 EXIT 的应用示例。

```
ENTITY exit_loop IS
    PORT(clk: IN BIT ;
        q: OUT INTEGER) ;
END exit_loop ;
ARCHITECTURE sample OF exit_loop IS
BEGIN
PROCESS(clk)
    VARIABLE k: INTEGER ;
    BEGIN
        k:= 0 ;
    loop2: LOOP
        k:= k+10 ;
        loop1: LOOP
            k:= k+1 ;
        EXIT loop2 WHEN k>10 ;
        END LOOP loop1 ;
    EXIT loop2 WHEN k>100 ;
    END LOOP loop2 ;
    q<= k ;
END PROCESS ;
END sample ;
```

在例 4-22 中，当 loop1 第一次循环后 k 的值为 11，大于 10 即跳出外层循环 loop2，执行“q<=k”，所以进程执行完毕后，q 的值为 11。若将语句“EXIT loop2 WHEN k>10;”换为“EXIT loop1 WHEN k>10;”或“EXIT WHEN k>10;”，则得到的“q”值为 110。由此可以看出，EXIT 语句的应用是非常灵活的，在使用时要谨慎，避免出错。

当程序需要处理保护、出错和警告状态时，也可使用 EXIT 语句为其提供快捷、简便的调试方法。

能在循环体内控制循环的语句，除了 EXIT 语句外还有 NEXT 语句。和 EXIT 语句一样，NEXT 语句也位于循环体内的“顺序语句”中，对循环体的执行进行调控。NEXT 语句也有两种形式，其语法格式为：

```
NEXT  [循环标号] ;
```

或

```
NEXT  [循环标号] WHEN <条件> ;
```

该语句用在 LOOP 语句内部。它无条件地或有条件地中止当前循环迭代并开始下一次循环。若标号缺省，则 NEXT 语句作用于当前循环，进入外层循环；若指定标号，则转至指定的循环继续运行。在有条件跳转中，仅当<条件>为真时，才跳转。如例 4-23 所示。

【例 4-23】 NEXT 语句的应用示例。

```
ENTITY next_loop IS
      PORT(clk: IN BIT ;
                q: OUT INTEGER) ;
END next_loop ;
ARCHITECTURE sample OF next_loop IS
BEGIN
PROCESS(clk)
      VARIABLE k: INTEGER ;
      BEGIN
        k:= 0 ;
      loop2: LOOP
            EXIT loop2 WHEN k>100 ;
              k:= k+10 ;
            loop1: LOOP
                              -- NEXT 语句，当 k>10 时，终止本循环，直接转至 loop2 循环
            NEXT loop2 WHEN k>10 ;           -- 与“NEXT   WHEN k>10;”等价
            k:= k+1 ;
            END LOOP loop1 ;
      END LOOP loop2 ;
      q<= k ;
END PROCESS ;
END sample ;
```

例 4-23 中，当 loop1 循环执行一次后，k=11，所以在 loop1 的第二次执行中，遇到“NEXT loop2 WHEN k>10”时，就结束了 loop1 循环，没有执行“k:= k+1”的操作，而是直接转至“loop2:LOOP”继续运行。该程序执行的结果 q 为 101。

实际上，EXIT 不但可以在 LOOP 内使用，还可在 FOR LOOP 和 WHILE LOOP 中使用。

4.5　子程序（SUB-PROGRAM）

VHDL 中的子程序含义与其他高级语言的子程序概念相同，是在主程序调用它以后能将处理结果返回主程序的程序模块，可在主程序中多次调用。合理的使用子程序可以简化主程序，减少编写主程序的工作量，增强主程序的可读性。

子程序和进程一样，都属于顺序子结构。子程序内的顺序语句块，只能由顺序语句和简单信号赋值语句组成。

子程序调用在执行结束后，子程序便终止返回。只有在子程序返回后，才能再次调用子程序，子程序是非重入的。由于在子程序被调用时会首先初始化，所以子程序内部的值是无法保持的。

VHDL 子程序分为函数（FUNCTION）和过程（PROCEDURE）两类。

4.5.1 函数（FUNCTION）

函数的功能是对输入的若干参数进行处理，得到一个指定数据类型的返回值作为函数的输出。函数有函数申明和函数体两部分，其中，函数申明是可选部分，可以只有函数体而没有函数申明。

（1）函数申明及函数体的定义

函数申明基本语法格式为：

```
FUNCTION <函数名> (参数列表) RETURN  数据类型;
```

函数说明中的“参数列表”只需说明各参数名、参数的类型（信号或常量）及参数的数据类型，所有这些参数都必须是输入类型的即 IN 类型，因此，在括号内，指定参数方向的“IN”可以省略。关键字 RETURN 后面的“数据类型”为函数返回值的数据类型，也称为函数的数据类型。

一般函数申明出现在包的子程序申明部分，若有函数申明，则必须由函数体对函数的功能进行描述。

函数体定义的基本形式为：

```
FUNCTION <函数名> (参数列表) RETURN 数据类型 IS
   [说明]
BEGIN
     顺序语句;
END <函数名> ;
```

其中，“说明”用于定义函数内部需要使用的变量等，“顺序语句”用于描述函数的功能。在函数体内，用返回语句 RETURN 返回函数值并退出函数的执行。如例 4-24 所示。

【例 4-24】 函数 min 的申明及其函数体的定义。

```
PACKAGE func IS
FUNCTION min (x, y: INTEGER) RETURN INTEGER ;   --函数申明，可以省略
END func ;
PACKAGE BODY func IS
 FUNCTION min (x, y: INTEGER) RETURN INTEGER IS   --  函数体定义
       VARIABLE tmp: INTEGER ;
     BEGIN
       IF x<y THEN
         tmp:= x ;
       ELSE
         tmp:= y ;
       END IF ;
     RETURN tmp ;
   END min ;
END func ;
```

函数 min 的功能是对输入的两个整数进行比较，返回其中较小的一个整数。

（2）函数的调用

函数的调用是包含在一个顺序语句的表达式中，函数的返回值可以赋值给同数据类型的信号或变量。如例 4-25 所示。

【例 4-25】 函数 min 的调用。

```
USE WORK.func.ALL ;         -- 设定已编译的 func 包为参考包
ENTITY func_use IS
     PORT(a, b: IN INTEGER ;
              q: OUT INTEGER) ;
END   func_use ;
ARCHITECTURE beh OF func_use IS
BEGIN
     q <= min(a, b) ;              -- 调用函数
END beh ;
```

例 4-25 中，min 的输入参数“x”和“y”被“a”和“b”替代，函数的返回值可以赋值给同数据类型的信号或变量，此处函数返回值赋给了端口信号“q”。

4.5.2　过程（PROCEDURE）

过程通过输入、输出参数进行过程与调用程序之间的信息交流。过程有过程申明和过程体两部分，其中，过程申明是可选部分，可以只有过程体而没有过程申明。

（1）过程申明及过程体定义

过程申明的基本语法格式为：

```
PROCEDURE <过程名> (参数列表)
```

过程对“参数列表”中的参数进行说明时，需说明参数的对象类型（信号、变量或常量，如未指定，则默认为变量类型）、参数的数据类型以及参数的传递方向（IN 或 OUT 或 INOUT，默认方向为 IN）。

过程和函数一样，其申明一般出现在包的子程序申明部分，过程体出现在包体内，对过程所要完成的功能进行描述。

过程体定义的语法格式为：

```
PROCEDURE <过程名> (参数列表) IS
      [说明]
BEGIN
      顺序语句;
END <过程名> ;
```

其中，“说明”用于定义过程内部需要使用的变量等，“顺序语句”用于描述过程的功能。如例 4-26 所示。

【例 4-26】 过程 and_or 的申明及其过程体的定义。

```
PACKAGE proc IS
PROCEDURE and_or (SIGNAL x, y: IN BIT ;   -- 过程申明，可以忽略
                  SIGNAL s: OUT BIT ;
```

```
                              VARIABLE d: OUT BIT ;
                             CONSTANT delay: IN TIME) ;
END proc ;
PACKAGE BODY proc IS
  PROCEDURE and_or (SIGNAL x, y: IN BIT ;     -- 过程体定义
                                    SIGNAL s: OUT BIT ;
                                 VARIABLE d: OUT BIT ;
                              CONSTANT delay: IN TIME) IS
  BEGIN
    IF x = '1' AND y = '1' THEN
     s <= '1' AFTER delay ;   -- 满足条件则延时 delay 后将'1'赋给信号 s
    ELSE
    s <= '0' AFTER delay ;   -- 不满足条件则延时 delay 后将'0'赋给信号 s
    END IF ;
    IF x = '0' AND y = '0' THEN
      d := '0' ;
    ELSE
      d:= '1' ;
    END IF ;
   RETURN ;
  END and_or ;
END proc ;
```

例 4-26 定义了一个有两个输入参数、两个输出参数的过程“and_or”。该过程输入对两位输入信号的状态进行判断，实际上，该过程的功能是得到两输入信号相“与”得到的信号“s”，以及两输入信号相“或”得到的变量“d”。

上述过程体中的返回语句 RETURN 只用于结束过程，不具有返回值的功能。

（2）过程的调用

过程的调用只需直接写出过程名和参数对应表。如例 4-27 所示。

【例 4-27】 过程的调用。

```
USE WORK.proc.ALL ;
ENTITY func_use IS
     PORT(a, b: IN BIT ;
           q1, q2: OUT BIT) ;
END   func_use ;
ARCHITECTURE beh OF func_use IS
  SIGNAL data1: BIT ;
BEGIN
     PROCESS(a, b)
       VARIABLE data2: BIT ;
```

```
        BEGIN
            and_or (a, b, data1, data2, 10ns) ;          -- 过程调用
            q2 <= data2 ;
        END PROCESS ;
        q1 <= data1;
    END beh ;
```

例 4-27 中的过程调用出现在顺序子结构进程中，实际上过程和函数既可以出现在顺序子结构中，也可以出现在构造体和 BLOCK 中。需要注意的是，由于过程 and_or 中的输出参数“d”是变量，只能与外部的变量型数据对象“data2”通信。

4.6　块（BLOCK）

块是一个并发子结构，它所包含的并发语句块是由一系列并发语句构成，因而，并发语句块中的并发语句的同时执行与书写次序无关。

BLOCK 子结构的语法结构为：

```
<标号名> : BLOCK
        [说明]
        BEGIN
        并发处理语句;
        END BLOCK <标号名> ;
```

在这里，“说明”主要用于信号的映射及参数的定义，通常通过 GENERIC 语句、GENERIC_MAP 语句以及 PORT 语句和 PORT_MAP 语句来实现。

说明语句主要是对该 BLOCK 语句所要用到的客体加以说明。可说明的项目有：

- USE 语句
- 子程序说明及子程序体
- 类型说明
- 常数说明
- 信号说明
- 元件说明

BLOCK 语句常用于构造体的结构化描述。人们在用 EDA 设计工具输入电路原理图时，往往将一个大规模的电路原理图分割成多张子原理图，进行输入和存档。同样在 VHDL 中，电路的构造体对应整个电路原理图，而构造体可以由多个 BLOCK 块构成，每一个 BLOCK 块对应一张子原理图。如例 4-28 所示。

【例 4-28】 BLOCK 子结构。

```
ENTITY test IS
   PORT(a, b, c: IN BIT ;
                z: OUT BIT) ;
END test ;
ARCHITECTURE block_sample OF test IS
```

```
  SIGNAL q1, q2, q3: BIT ;
BEGIN
B1: BLOCK                    -- 标号为 B1 的块
  SIGNAL s1: BIT ;           -- 块内的信号申明，s1 信号仅在 B1 块中有效
  BEGIN
    s1<= a AND b ;
    q1<= s1 ;               -- s1 是局部信号，必须通过赋值给外部信号才能传递到块外
END BLOCK B1 ;
B2: BLOCK                   -- 标号为 B2 的块
   BEGIN
   WITH c SELECT
      q2<= a WHEN '0' ,
           b WHEN '1' ,
           '0' WHEN OTHERS ;
END BLOCK B2 ;
B3: BLOCK                    -- 标号为 B3 的块
  SIGNAL s3: BIT ;           -- 块内的信号申明，s3 信号仅在 B3 块中有效
  BEGIN
    s3<= a XOR c ;
    q3<= s3 ;               -- s3 是局部信号，必须通过赋值给外部信号才能传递到块外
END BLOCK B3 ;
  z<= q1 AND q3 ;
END block_sample ;
```

例 4-28 中 BLOCK 语句构成了二输入与门、二选一选择器和二输入异或门。读者可以尝试画出例 4-28 电路总的连接关系，检验自己读懂 VHDL 程序的能力。

4.7 断言语句（ASSERT）

有些电路系统需要遵守一定的条件才能正常工作，比如 RS 触发器就要求 R 与 S 端不能同时为“1”。VHDL 提供一个断言语句 ASSERT，用以监测电路模型是否正常工作。ASSERT 语句主要用于程序仿真，调试中的人机对话，它可以输出字符串作为警告或出错信息。

ASSERT 语句的基本语法格式为：

```
ASSERT<条件表达式>REPORT<出错信息>SEVERITY<错误级别> ;
```

ASSERT 语句中<条件表达式>是正常工作的条件。当仿真时执行到此断言语句，首先就当前的情况对此条件表达式求值。如果值为真，表示正常，于是跳过 REPORT 和 SEVERITY 两子句；如果值为假，表示出错，于是执行报错子句 REPORT，在标准输出设备上输出指定的出错信息，再根据 SEVERITY 指定的该错误的错误级别，错误级别可取以下四种之一：注意（Note），警告（Warning），错误（Error），失败（Failure）。如例 4-29 所

示。

【例 4-29】 带有断言语句的 RS 触发器。

```
ENTITY rsff  IS
  PORT (s, r: IN BIT ;
        q, q_bar: OUT BIT) ;
END rsff ;
ARCHITECTURE constrained OF rsff IS
BEGIN
PROCESS
    VARIABLE last_state: BIT:= '0' ;
  BEGIN
    ASSERT NOT (s = '1' AND r = '1')          -- 断言语句
        REPORT "both s and r equal to '1' "
        SEVERITY   ERROR ;
    IF s = '0' AND r= '1' THEN
        last_state:= '0' ;
    ELSIF s = '1' AND r = '0' THEN
        last_state:= '1' ;
    END IF ;
    q<= last_state AFTER 2ns ;
    q_bar<= NOT last_state AFTER 2ns ;
    WAIT ON s, r ;
  END PROCESS ;
END CONSTRAINED ;
```

例 4-29 是 RS 触发器的 VHDL 源程序，在该例的进程语句中含有断言语句“ASSERT NOT (s ='1' AND r ='1') REPORT "both s and r equal to '1' " SEVERITY ERROR;”，若仿真时，程序执行到 PROCESS 中的 ASSERT 语句时，出现 s 和 r 同时为 1 的情况，断言条件值为假，则会在标准输出设备上将报告一条信息“ERROR : both s and r equal to '1'”，提示设计者采取措施，这对调试程序是很有帮助的。

4.8 元件语句（COMPONENT）

元件语句是一种 VHDL 结构描述语句，有元件申明和元件调用语句之分。尤其是在层次化设计应用中，元件语句必不可少。

层次化设计基于电子系统的结构化建模方式，对系统的功能和结构进行描述。如图 4-7 所示，层次化设计将系统逐级划分，将较独立的功能块或逻辑电路单独建模，与参考库中的底层元件一起，作为可调用的元件，在确保正确互连的情况下，调入高层次的设计中，作为实例使用。在系统设计中，采用层次化设计方法，可以有效地简化设计难度、明确系统架构、促进设计共享和团队合作。

层次化设计中，各元件实例之间的互连通过信号实现，起到传递数据的作用。当一个信号发生变化，其变化情况被立即传递到以此信号为输入的所有低层次元件，并激活元件内部相应的执行语句。

元件实例调用语句的顺序对当前设计单元的功能没有影响，因此可以说，结构化描述中的元件实例调用语句同描述行为的进程一样，在构造体内是并发执行的。

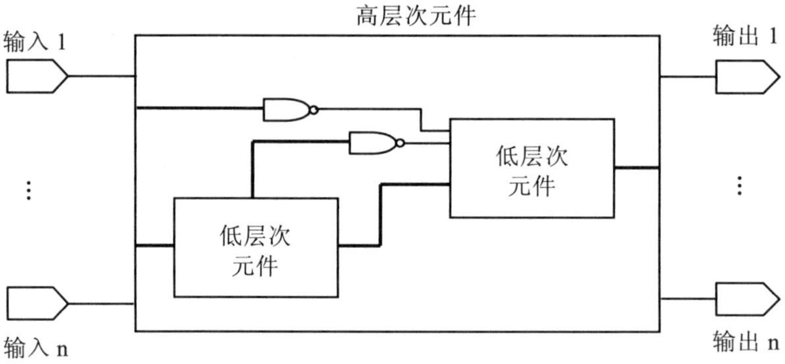

图 4-7　层次化设计的结构建模

4.8.1　元件申明

在层次化设计中，元件是存储于某个库中已通过编译、验证的设计单元，可能是工艺厂商提供的基本逻辑单元，也可能是设计者设计的功能块。所以若要在当前设计单元中使用某个元件，就必须将元件所在库设定为参考库（见第 2 章），除此之外，还需要在当前设计单元中对所用元件加以申明，即在当前设计单元中说明元件的接口，包括参数接口和信号端口。

元件申明语句的语法格式为：

```
COMPONENT <元件名>
   [类属参数申明]
    端口外观说明
END COMPONENT ;
```

元件的申明要与该元件实体的申明一致，参数或端口的名称、类型必须一模一样，若其实体没有类属参数申明，则其元件申明也不应有类属参数申明。元件申明语句，只能出现在当前设计单元的构造体说明部分（在构造体说明部分可以有多个不同元件的元件申明）。

4.8.2　元件调用

在层次化设计中，采用元件调用语句，将元件申明过的元件调至当前设计单元成为其组成部分——实例。

元件调用的语法格式为：

```
<实例名>: <元件名>[ GENERIC MAP (参数映射); ]
          PORT MAP   (端口映射) ;
```

在当前设计单元中，可能调用多个相同的元件，每个元件都成为不同的实例，所以采用<实例名>标识各个实例是比较科学的方法；<元件名>是被调用元件的名称，必须与相应元件申明语句中的元件名一致；“GENERIC MAP (参数映射)”为实例指定参数值，若实例元件没有类属参数，则省略该子句；“PORT MAP (端口映射)”指定当前设计单元中的信号与实例端口的连接关系。

下面通过例 4-30，加深一下对元件申明和元件调用语句的理解。

【例 4-30】 以二输入与门 and2_gate 为底层单元的二输入与非门 nand2 设计。

二输入与门的源程序 and2_gate.vhd 如下：

```
ENTITY and2_gate IS
    GENERIC (delay: TIME) ;
    PORT (in1, in2: IN BIT ;
            out1: OUT BIT ) ;
END and2_gate ;
ARCHITECTURE beh OF and2_gate IS
BEGIN
    out1<= in1 AND in2 AFTER delay ;
END beh ;
```

二输入与非门 nand2 的源程序 nand2.vhd 如下：

```
-- USE work.all ;       -- work 库，可以不作申明
ENTITY nand2 IS
  PORT (a, b: BIT ;
          q: OUT BIT ) ;
END nand2 ;
ARCHITECTURE mixed_view OF nand2 IS
COMPONENT and2_gate                                  -- 元件申明
    GENERIC (delay: TIME) ;
    PORT (in1, in2: IN BIT ; out1: OUT BIT ) ;
  END COMPONENT ;
  SIGNAL pass_state : BIT ;
BEGIN
  q <= NOT pass_state ;
  and_phase: and2_gate GENERIC MAP(5ns)              -- 元件调用
 PORT MAP (a, b, pass_state) ;
END mixed_view ;
```

在对 nand2 的描述中，其组成部分 and_phase，调用的是单元 and2_gate，完成对输入信号 a 和 b 取与的操作，简单信号赋值语句对 and2_gate 的输出信号取反，这两条语句均属于隐式进程，在构造体内是并发执行的。

在例 4-30 中，参数映射和端口映射，采用的是位置映射，即参数和接口信号依照元件说明中的申明顺序，一一对应，即“delay= 5ns, a ->in1,b->in2,pass_state->out1”，其实，还可以采用名称映射来确定接口关系，如下所示：

```
and_phase: and2_gate GENERIC MAP(delay=> 5ns)
PORT MAP ( in2=>b, in1=>a, out1=> pass_state) ;
```

名称映射使用接口信号名称作为标识，较之位置映射按照接口信号的书写顺序互连而言，略显复杂，但不容易出错。

4.8.3 元件配置

当一个设计单元有多个构造体时，可使用配置语句来选择不同的构造体，使其与实体相连接，使得设计者在对设计单元进行仿真时，可方便地进行性能对比从而选取性能最佳的构造体。除此之外，配置还可用于元件配置，即在层次化设计中描述层与层之间的连接关系，选取库中的元件架构作为当前设计单元构造体中的实例架构。

元件配置的语法格式如下：

```
CONFIGURATION <配置名> OF <实体名> IS
FOR <所选构造体名>
FOR  元件标号: 元件名  USE   CONFIGURATION   库名.配置名 ;
```

或：

```
FOR [元件标号]: [元件名]     USE    ENTITY    库名.实体名 (构造体名) ;
END FOR ;
END   <配置名> ;
```

下面通过 2-4 译码器的设计，学习配置的构造体配置用法，并理解元件配置的具体思想和方法。

【例 4-31】 2-4 译码器的设计。

（1）子模块倒相器源程序 inv.vhd 如下：

```
ENTITY   inv   IS
  PORT (a: IN BIT ;
          b: OUT BIT) ;
END inv ;
ARCHITECTURE beh_d OF inv IS
BEGIN
  b<= NOT(a) AFTER 5ns ;
END beh_d ;
ARCHITECTURE behav OF inv IS
BEGIN
  b<= NOT(a) ;
END behav ;
-- 构造体配置 invcon，使倒相器的实体 inv 和结构体 beh_d 配置到一起
CONFIGURATION invcon OF inv IS
  FOR beh_d
  END FOR ;
END invcon ;
```

（2）三输入与门源程序 and3.vhd 如下：

```
ENTITY and3 IS
  PORT(a1, a2, a3: IN BIT ;
              o1: OUT BIT) ;
END and3 ;
ARCHITECTURE behav OF and3 IS
BEGIN
  o1<= a1 AND a2 AND a3 AFTER 5 ns ;
END behav ;
--构造体配置 and3con，使三输入与门的实体 and3 和结构体 behav 配置到一起
CONFIGURATION and3con OF and3 IS
  FOR behav
  END FOR ;
END and3con ;
```

（3）2-4 译码器的电路原理图如图 4-8 所示。

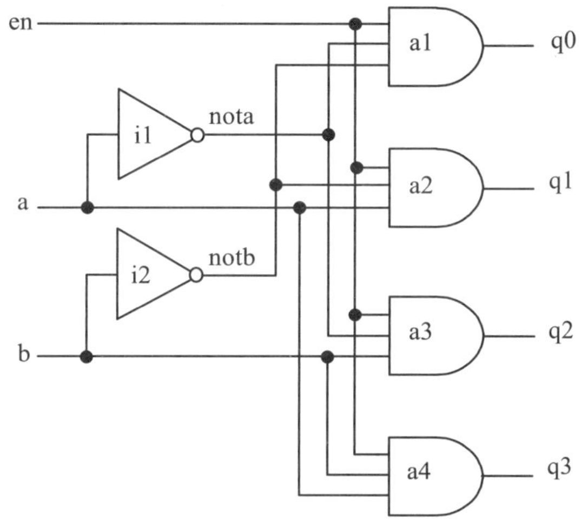

图 4-8　2-4 译码器的电路原理图

译码器源程序 decode.vhd 如下：

```
ENTITY   decode   IS
PORT(a, b, en: IN BIT ;
      q0, q1, q2, q3: OUT BIT) ;
END decode ;
ARCHITECTURE structural OF decode IS
  COMPONENT inv                        -- 申明元件 inv
    PORT(a: IN BIT ;
         b: OUT BIT) ;
  END COMPONENT ;
```

```
    COMPONENT and3                              -- 申明元件 and3
      PORT(a1, a2, a3: IN BIT ;
                  o1: OUT BIT) ;
    END COMPONENT ;
    SIGNAL nota, notb: BIT ;
BEGIN
    i1: inv                                     -- 定义实例 i1 是由元件 inv 构成
        PORT MAP(a, nota) ;                     -- 输入为 a，输出为 nota
    i2: inv                                     -- 定义实例 i2 是由元件 inv 构成
        PORT MAP(b, notb) ;                     -- 输入为 b，输出为 notb
    a1: and3                                    -- 定义实例 a1 是由元件 and3 构成
        PORT MAP(nota, en, notb, q0) ;          -- 输入为 nota，en，notb，输出为 q0
    a2: and3                                    -- 定义实例 a2 是由元件 and3 构成
        PORT MAP(a, en, notb, q1) ;             -- 输入为 a，en，notb，输出为 q1
    a3: and3                                    -- 定义实例 a3 是由元件 and3 构成
        PORT MAP(nota, en, b, q2) ;             -- 输入为 nota，en，b，输出为 q2
    a4: and3                                    -- 定义实例 a4 是由元件 and3 构成
        PORT MAP(a, en, b, q3) ;                -- 输入为 a，en， b，输出为 q3
END structural ;
CONFIGURATION   decode_llcon OF decode IS
FOR structural
--实例 i1 使用 work 中元件 inv 配置 invcon 所描述的架构
FOR i1: inv USE CONFIGURATION   work.invcon ;
    END FOR ;
--其余由元件 inv 形成的所有实例，都用 work 中元件 inv 构造体 behav 所描述的架构
     FOR OTHERS: inv USE ENTITY   work.inv(behav) ;
     END FOR ;
--元件 and3 形成的所有实例，都采用 work 中元件 and3 配置 and3con 所描述的架构
     FOR ALL: and3 USE CONFIGURATION work.and3con ;
     END FOR ;
END FOR ;
END decode_llcon ;
```

在对译码器的建模过程中，实例 a1、a2、a3、a4 采用的都是 work 中元件 and3 配置 and3con 所描述的架构；实例 i1 采用的是 inv 配置 invcon 所描述的架构，即其构造体 beh_d 所描述的带延时反相；i2 采用的是不带延时反相。由此可以看出，配置语句可以灵活地进行元件配置、调整实例架构。

4.9　生成语句（GENERATE）

有时候在电子电路系统内部可能存在有规则的重复结构，如同类元件组成的阵列等。在 VHDL 中，可以用 GENERATE 语句对这类结构进行描述。需要注意的是，GENERATE 语句和元件调用语句一样是并发语句，只能出现在构造体和并发子结构内。GENERATE 语句有 FOR-GENERATE 和 IF-GENERATE 两种应用形式。

4.9.1　FOR-GENERATE 语句

FOR-GENERATE 语句的语法格式为：

```
标号: FOR <循环变量> IN <不连续区间> GENERATE
    <并发处理语句> ;
END GENERATE [标号名] ;
```

FOR-GENERATE 语句与 FOR-LOOP 看起来十分相像，都有循环变量，且循环变量不需要事先定义，在 GENERATE 语句内可读不可写，但是，FOR-GENERATE 自身是用于生成重复结构的并发语句，其内部包含的执行语句也只能是并发语句，而 FOR-LOOP 语句自身及其包含的执行语句都是描述行为的顺序语句。因此，在使用 GENERATE 语句时，一定要注意 FOR-GENERATE 语句与 FOR-LOOP 虽然形似，但有着本质的区别。另外，无论是使用 FOR-GENERATE 语句，还是 IF-GENERATE 语句，都必须加“标号”。

图 4-9 是一个由 4 个 D 触发器组成的移位寄存器的原理框图，例 4-32 是利用 GENERATE 语句来描述该 4 位移位寄存器的一个 VHDL 程序。

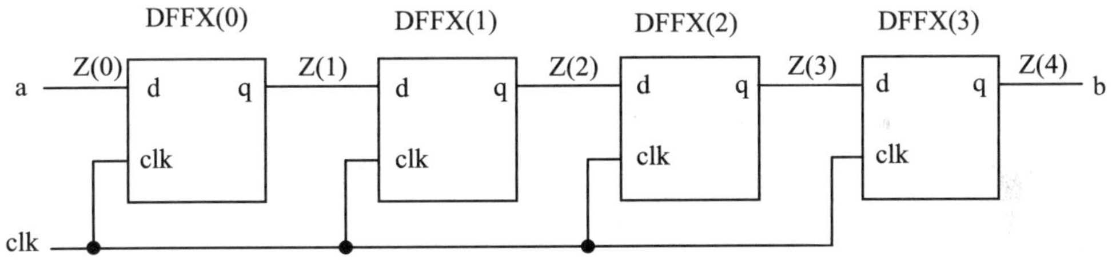

图 4-9　4 位移位寄存器原理图

【例 4-32】　4 位移位寄存器的设计。

D 触发器 dff 的源程序 dff.vhd 如下：

```
LIBRARY IEEE ;
USE IEEE.STD_LOGIC_1164.ALL ;
ENTITY dff IS
    PORT (d, clk: IN STD_LOGIC ;
              q: OUT STD_LOGIC) ;
END   dff ;
ARCHITECTURE model OF dff IS
BEGIN
    PROCESS(clk)
```

```
        BEGIN
            IF clk'EVENT AND clk= '1' THEN
                q<=d ;
            END IF ;
        END PROCESS ;
    END model ;
```

4 位移位寄存器 shift 的源程序 shift.vhd 如下：

```
LIBRARY IEEE ;
USE IEEE.STD_LOGIC_1164.ALL ;
ENTITY shift IS
  PORT (a, clk: IN STD_LOGIC ;
            b: OUT STD_LOGIC) ;
END shift ;
ARCHITECTURE GEN_shift OF shift IS
  COMPONENT dff                                          -- 元件说明
    PORT (d, clk: IN STD_LOGIC ;
              q: OUT STD_LOGIC) ;
  END component;
  SIGNAL z: STD_LOGIC_VECTOR (0 to 4) ;
BEGIN
  z(0)<= a ;
  g1: FOR i  IN 0 TO 3 GENERATE                          -- GENERATE 语句
        dffx: dff PORT MAP(z(i), clk, z(i+1)) ;          -- 元件引用例示
      END GENERATE ;
  b<=z(4) ;
END   gen_shift ;
```

例 4-32 中的 4 位移位寄存器，端口 a 是输入端，端口 b 为输出端，端口 clk 为时钟输入端。FOR-GENERATE 语句采用触发器元件 dff 产生 4 个依次互连的 dffx 实例，形成移位寄存器，该寄存器的输入信号 z(0)与端口 a 相连，输出信号 z(4)与端口 b 相连。

4.9.2 IF-GENERATE 语句

IF-GENERATE 语句的语法格式为：

```
标号: IF <条件> GENERATE
    <并发处理语句> ;
END GENERATE [标号名] ;
```

“标号”必须有，且在条件为“真”时 IF-GENERATE 语句才执行结构内部的语句，IF-GENERATE 语句自身及其包含的执行语句都是并发语句。如例 4-33 所示。

【例 4-33】 级数可变倒相器链设计。

假定级数可变倒相器链中倒相器，使用的是例 4-31 中的 inv，则该倒相器链的源程序 invert_link.vhd 如下：

```
ENTITY invert_link IS
  GENERIC (n: POSITIVE) ;
  PORT(input: IN   BIT ;
       output: OUT BIT) ;
END invert_link ;
ARCHITECTURE struc_link OF invert_link IS
  COMPONENT inv                                   -- 申明元件 inv
    PORT(a: IN BIT ;
         b: OUT BIT) ;
  END COMPONENT ;
  SIGNAL s: BIT_VECTOR(1 TO n-1) ;
BEGIN
g1 : FOR i IN 1 TO n GENERATE                     -- GENERATE 生成语句，i 从 1 循环到 n
  g2 : IF i=1 GENERATE                            -- GENERATE 生成语句的嵌套
   u1 : inv PORT MAP(input, s(i)) ;               -- 元件调用
       END GENERATE ;
  g3 : IF i>1 AND i<n GENERATE                    -- GENERATE 生成语句的嵌套
   u2 : inv PORT MAP (s(i-1), s(i)) ;             -- 元件调用
       END GENERATE ;
  g4 : IF i=n GENERATE                            -- GENERATE 生成语句的嵌套
   u3 : inv PORT MAP (s(n-1), output) ;           -- 元件调用
       END GENERATE ;
     END GENERATE ;
END struc_link ;
```

例 4-33 中，倒相器链的级数 n 作为待定参数在实体说明中说明。该实体构造中的元件 inv 是单个倒相器，信号 s 是一个数组（数据类型为 BIT_VECTOR），代表多根连线。该构造中倒相器的个数和信号线的数目均由待定参数 n 决定。参数 n 可在调用该倒相器链时指定，如例 4-34 所示。

【例 4-34】 级数可变倒相器链的设计。

```
ENTITY design IS
END design ;
ARCHITECTURE design1 OF design IS
  COMPONENT invert_link ;                         -- 元件说明
    GENERIC ( n: POSITIVE ) ;                     -- 带类属参数
    PORT(input: IN BIT ; output: OUT BIT ) ;
  END COMPONENT ;
  SIGNAL s1, s2: BIT ;
```

```
BEGIN
  U1: invert_link                                    -- 元件引用例示
  GENERIC MAP (n=> 9)
  PORT MAP (input=> s1, output=> s2) ;
END design1 ;
```

在例 4-34 中，invert_link 是 design 调用的底层元件。

习　　题

1．放在进程内和进程外的，而形式完全一样的两个简单信号赋值语句有何本质上的差别？试举例说明。

2．举例说明 WAIT 语句控制的 PROCESS 中，WAIT 语句在顺序语句块中的位置对该进程的影响。

3．举例说明 VHDL 语言中 PROCESS 零延时事件的处理机制。

4．顺序描述语句有哪两种？哪些语句是严格顺序语句？

5．试用 IF 语句设计编写一个 16-4 编码器。

6．试用 CASE 语句设计编写一个 4-16 译码器。

7．比较 FOR-LOOP 语句与 WHILE-LOOP 语句的异同，它们的循环变量取值有怎样的规律？

8．试用函数或过程，求出两个整数型输入参数的乘积，并返回乘积的值。

9．某电路有 4 个 INTEGER 类型的数据输入端，分别为 a1、a2 和 b1、b2；一个 INTEGER 类型的输出端，输出的值为 a1、a2 中较小值和 b1、b2 中较小值的乘积。请调用本章例 4-24 的 min 函数和第 8 小题的函数或过程，设计一个完整的 VHDL 程序描述该电路。

10．什么是层次化设计？

第 5 章　VHDL 的设计共享

本章导读

设计共享是 VHDL 的一个重要功能，通过本章的学习，读者将从设计共享的角度认识程序包、库、配置等程序结构单元，理解它们设计共享的共性。从而使读者掌握设计共享的实现方法，从较深的层次掌握 VHDL 电路设计方法。

5.1　程序包（PACKAGE）

程序包（PACKAGE）是 VHDL 的另一类程序结构单元。与设计单元不同的是程序包并不是对某种电路或系统进行建模，而是为了避免重复编程，将许多基本的或公共的数据类型、变量、常量、信号、子程序和元件说明等定义在程序包中，供其他设计单元或程序包引用。

程序包简称包，由包头和包体两部分组成，其中包头对数据类型、变量、元件、子程序等作申明，包体是对包头申明的子程序功能的进一步描述，所以如果包头中没有申明子程序，则不需要包体部分。包头是包的必要部分，包体部分是可选部分。

包头的申明语法格式如下：

```
PACKAGE <包名> IS
  <类型申明>;
  <子程序申明>;
END <包名>;
```

包体的申明语法格式如下：

```
PACKAGE BODY <包名> IS
  <子程序描述>;
END <包名>;
```

例 5-1 是程序包包头的申明实例。

【例 5-1】 程序包包头的申明。

```
PACKAGE logic IS                                      -- 开始包头的申明
TYPE three_level_logic IS ('0', '1', 'Z');            -- 定义三值逻辑的数据类型
CONSTANT unknown_value: three_level_logic:='0';
                                                      -- 定义三值逻辑类型的常量 unknown_value
FUNCTION invert (input: three_level_logic) RETURN three_level_logic;
                                                      -- 申明子程序 invert 函数
END logic;                                            -- 包头申明结束
```

程序包命名为 logic，该程序包中定义了一个三值逻辑的数据类型 three_level_logic，以及三值逻辑类型的常量 unknown_value 和函数 invert，其中函数 invert 的参数 input 也是

three_level_logic 类型的，函数运算所返回的结果也是 three_level_logic 类型的。

logic 程序包中的函数 invert 的函数体在 logic 包体中进一步定义。logic 程序包的包体如例 5-2 所示。

【例 5-2】 程序包包体的申明。

```
PACKAGE BODY logic IS                                      -- 开始包体的申明
  FUNCTION invert (input:three_level_logic)  RETURN three_level_logic IS
  BEGIN                                                    -- 函数功能描述
    CASE input IS
      WHEN '0'=>RETURN '1' ;
      WHEN '1'=>RETURN '0' ;
      WHEN 'Z'=>RETURN 'Z' ;
      WHEN OTHERS=>NULL ;
    END CASE ;
  END invert ;                                             -- 函数描述结束
END logic ;
```

VHDL 有 STANDARD 和 TEXTIO 两个预定义包，即 STANDARD 和 TEXTIO 中定义的所有条目可以在任意一个设计单元中直接使用。除了这两个预定义包外，如果要使用其他包中说明的条目，则应该用“USE”语句指定需使用的包，使包中部分或全部条目可用。“USE”语句的语法格式如下：

```
USE <库名>.<程序包名>.<条目名> ;
```

条目名可以是包中定义的数据类型、信号、变量、子程序等的名字，而最常见的包的申明如下：

```
USE <库名>.<程序包名>.all ;
```

它表示使用该程序包中的所有条目。

“USE”语句的用法将在下一节结合库的使用详细介绍。

5.2 库（LIBRARY）

库是经编译后的数据的集合。编译通过后的设计单元存放在库中成为可调用的元件，另外库中可能还有多个编译通过的程序包。通过设定参考库，可以避免设计者在建模过程中重复编程，是提高设计效率的有效手段。

在一个设计单元中，参考库的申明一般在程序的最前面，以便在设计单元中使用该库中的数据。其语法格式如下：

```
LIBRARY <库名> ;
```

需要注意的是在设计单元中可以设定多个参考库，但库和库之间相互独立，不能相互嵌套。

VHDL 中主要有五类库：IEEE 库、STD 库、代工厂元件库、系统工程师自定义库和 WORK 库。

1．IEEE 库

IEEE 库主要包含以下四个程序包：

STD_LOGIC_1164 程序包：包含 STD_LOGIC 数据类型定义及其相关子程序定义。

STD_LOGIC_ARITH 程序包：包含 STD_LOGIC 类型数据的算术运算子程序定义。

STD_LOGIC_SIGNED 程序包：包含 STD_LOGIC 类型的符号数算术运算子程序定义，若使用 STD_LOGIC_SIGNED，则 STD_LOGIC_ARITH 也必须被调用。

STD_LOGIC_UNSIGNED 程序包：包含 STD_LOGIC 类型的无符号数算术运算子程序定义。

2．STD 库

STD 库为 VHDL 的预定义库，STD 库主要包含以下两个程序包：

STANDARD 包：包中定义了常用的数据类型 BIT、BOOLEAN、INTEGER、REAL 和 TIME 以及与这些数据类型相应的运算函数。

TEXTIO 包：包中包含了 VHDL 程序中用于输入和输出 ASCII 码文本文件有关的文件类型定义及有关读/写的子程序等，通常在测试中需要使用该程序包。

3．代工厂元件库

在面向物理层实现的门级描述或程序综合后的门级网表中，设计单元中使用的基本门或逻辑块均与代工厂的硬件元件一一对应，为了进行仿真，代工厂会提供相应的基本元件库。

4．系统工程师自定义库

通常系统工程师自定义库是工程师自行定制的库，通常是为了统一大型项目中的数据类型、共享通用功能模块而定制。

5．WORK 库

WORK 库是当前的设计库。在使用 EDA 工具进行设计工作时，首先需要建立一个 project（参见第 6 章），在这个 project 下编译通过的所有设计单元都隶属于 WORK 库。

一般说来设计者调用库中的数据时需要使用“LIBRARY”语句对其进行参考库申明。

VHDL 程序可引用多个参考库描述一个设计，除了两个预定义库（STD 和 WORK）自动可见，可以不对其进行参考库申明以外，其他库的库名及库内单元均需显式指定才可见，否则在程序中不可使用未申明的库单元。也就是说，在设计中，若要用到两个预定义库 STD 和 WORK，不必事先申明。例如 VHDL 程序中只用到了 BIT 类型，而 BIT 属于 STD 预定义库中的单元，所以程序中就不需要对 STD 库进行参考库申明。如果 VHDL 程序中用到了 STD_LOGIC 类型，则必须在程序的最前面加上“LIBRARY IEEE;”和“USE IEEE.STD_LOGIC_1164.ALL;”语句，因为 STD_LOGIC 类型属于 IEEE 库中的库单元，而 IEEE 库是非预定义库，所以程序中必需对 IEEE 库进行参考库申明，否则 IEEE 库中的 STD_LOGIC 类型在程序中不可见。

下面我们结合例 5-3 具体介绍参考库的申明和程序包的引用方法。

【例 5-3】 设计单元 inverter 的程序描述。

假定例 5-1 和例 5-2 的 logic 包在当前 WORK 库中编译通过，在设计人员编写设计单元 inverter 时需要使用 logic 包定义的 three_level_logic 数据类型和 invert 函数，那么 inverter 的源程序如下：

```
LIBRARY work ;                      -- 参考库申明，对于 WORK 和 STD 库可以不作申明
USE work.Logic.three_level_logic ; -- 使 work 库中的 logic 包中的 three_level_logic 可见
USE work.Logic.invert ;             -- 使 work 库中的 logic 包中的 invert 可见
----------------------------------------------------------------------------------------------------
ENTITY   inverter IS
  PORT (x: IN three_level_logic ;     -- 指定输入信号 x 为 three_level_logic 类型
        y: OUT three_level_logic) ; -- 指定输出信号 y 为 three_level_logic 类型
END inverter ;
ARCHITECTURE invert_gate OF inverter IS
BEGIN
  PROCESS(x)
  BEGIN
     y<= invert(x) AFTER 2ns ;       -- 调用函数 invert，输入参数为 x
   END PROCESS ;
END invert_gate ;
```

其中 USE 语句指定 logic 程序包中的 three_level_logic 和 invert 两项在其后的程序段中可见。当然也可以采用关键字 ALL 指定 logic 程序包中全部条目都可见。如：

```
USE work.Logic.ALL ;
```

表示 WORK 库下 logic 程序包内的所有条目在后续程序段中可见。

接下来，我们进一步通过例 5-4 说明“LIBRARY”语句和“USE”语句在程序包和设计单元中的应用。

【例 5-4】 LIBRARY 语句和 USE 语句的应用。

假定有一个包含在 basic_library 库下，名为 lictype 的程序包定义如下：

```
PACKAGE lictype IS
    TYPE lic_bit IS ('0', '1') ; -- 定义了一个只有 0 和 1 两种取值的数据类型 lic_bit
END lictype ;
```

另有一个包含在 WORK 库下的名为 pinv 的程序包如下：

```
LIBRARY basic_library ;        -- pinv 包中用到了 lictype 包中定义的数据类型 lic_bit，
                               -- 故需设定 basic_library 库为参考库
USE basic_library. lictype. lic_bit ;  -- 设定 lictype 包中的 lic_bit 可用
PACKAGE pinv IS

FUNCTION invert (input: lic_bit) RETURN lic_bit ;    -- 申明子程序 invert 函数
END pinv ;
PACKAGE BODY pinv IS
FUNCTION invert (input: lic_bit) RETURN lic_bit IS
  BEGIN                                  -- 函数描述，实现了一个对输入值取反的函数
     CASE input IS
       WHEN '0'=>RETURN '1' ;
```

```
        WHEN '1'=>RETURN '0' ;
         WHEN OTHERS=>NULL ;
      END CASE ;
END invert ;                          -- 函数描述结束
END pinv ;
```

那么，对于端口为 lic_bit 数据类型的倒相器设计单元 inverter，其 VHDL 模型如下：

```
LIBRARY basic_library ;          -- 设定 basic_library 为参考库，忽略参考库 work 的申明
USE basic_library. lictype. all ; -- 使 basic_library 库中的 lictype 包中全部条目可见
USE work.pinv.all ;              -- 使 work 库中的 pinv 包中全部条目可见
ENTITY inverter IS
  PORT (in: IN lic_bit ;
          q: OUT lic_bit ) ;
END inverter ;
ARCHITECTURE inverter OF inverter IS
  BEGIN
  PROCESS(in)
  BEGIN
     q<= invert(in) ;            -- 调用函数 invert，输入参数为 in
   END PROCESS ;
END inverter ;
```

其中第一句为参考库申明语句，使库 basic_library 成为可见，但库中条目内容仍不可用；第二句使用语句 use，只使 basic_library 库中 lictype 包的所有条目可见；第三句为使用语句 use，使 pinv 包中全部条目可见。

参考库和程序包的适用范围从紧随其后的设计单元的实体说明开始到该设计单元的配置结束，或从紧随其后的包的包头申明开始到包体申明结束。

采用设定参考库和程序包的方法，任意一个库及库中的程序包都可以在另外的库中使用，从而实现了代码设计的共享。

5.3　配置（CONFIGURATION）

配置可用于描述设计单元中实体与构造体之间的连接关系，也可用于描述层次化系统中层与层的连接关系。在利用配置语句描述实体与构造体之间的连接关系时，设计者对于同一个实体可以编写多个构造体，然后使用配置语句来选择不同的构造体，使其与此实体相连接。从而在仿真此实体时，可方便地进行性能对比实验以得到性能最佳的构造体；在利用配置语句描述层与层之间的连接关系时，其目的在于将构造体中的元件与库中已经存在的元件模型连接在一起。

5.3.1　实体与构造体的连接配置

每个设计单元只能有一个实体，却可以有一个或多个构造体。那么在一个设计单元中

有多个构造体的情况下，就需要通过配置连接实体和指定具体的构造体，以便于 EDA 软件在仿真和综合中对其进行处理。

实体与构造体连接配置的基本格式如下：

```
CONFIGURATION <配置名> OF <实体名> IS
    FOR  <所选的构造体名>
    END  FOR ;
END <配置名> ;
```

下面我们看两个例子。

【例 5-5】 多构造体选配的二选一选择器。

```
ENTITY mux IS
PORT (d0, d1, sel: IN BIT ;                          -- 实体描述
             q: OUT BIT) ;
END mux ;
----------------------------------------------------------------------
ARCHITECTURE connect OF mux IS
  SIGNAL tmp1, tmp2: BIT ;
BEGIN
  PROCESS (d0, d1, sel)
  BEGIN                                              -- 构造体 1：connect
    tmp1 <= d0 AND sel ;
    tmp2 <= d1 AND (NOT sel) ;
    q<= tmp1 OR tmp2 ;
  END PROCESS ;
END connect ;
----------------------------------------------------------------------
ARCHITECTURE logic OF mux IS
BEGIN
  q <= (d1 AND NOT sel) OR (d0 AND sel);            -- 构造体 2：logic
END logic ;
----------------------------------------------------------------------
CONFIGURATION mux_conf1 OF mux IS
  FOR logic
  END FOR ;                                          -- 配置：连接构造体 logic 与实体 mux
END mux_conf1 ;
```

在例 5-5 中 mux 有 connect 和 logic 两个构造体，它们采用不同的描述语句完成了相同的二选一逻辑功能，配置 mux_conf1 选择了 logic 作为 mux 的有效构造体，这表明在程序编译通过后的仿真或综合过程中，构造体 connect 中的语句是被 EDA 软件忽略的。

【例 5-6】 一个设计单元多个配置。

```
LIBRARY IEEE ;                                          -- 引用库申明
```

```
USE IEEE.STD_LOGIC_1164.ALL ;                          -- 引用程序包申明
USE IEEE.STD_LOGIC_UNSIGNED.ALL ;
----------------------------------------------------------------------------------------------------
ENTITY counter IS
     PORT( clk: IN STD_LOGIC ;
           clr: IN STD_LOGIC ;                         -- 实体
            q: OUT STD_LOGIC_VECTOR(2 downto 0)
         ) ;
END counter ;
----------------------------------------------------------------------------------------------------
ARCHITECTURE count6 OF counter IS
    SIGNAL count: std_logic_vector (2 downto 0) ;
BEGIN
    PROCESS(clk, clr)
    BEGIN
        IF clr = '1' THEN
            count <= "000" ;
        ELSIF (clk'EVENT AND clk='1') THEN             -- 构造体 1：count6
            count <= count + 1 ;                       -- 实现 0～5 循环计数
          IF (count= "101") THEN
              count <= "000" ;
          END IF ;
        END IF ;
    END PROCESS ;
    q<=count ;
END count6 ;
----------------------------------------------------------------------------------------------------
ARCHITECTURE count8 OF counter IS
    SIGNAL count: std_logic_vector (2 downto 0) ;
BEGIN
    PROCESS(clk, clr)
    BEGIN
        IF clr = '1' THEN
            count <= "000" ;
        ELSIF (clk'EVENT AND clk= '1') THEN            -- 构造体 2：count8
            count <= count + 1 ;                       -- 实现 0～7 循环计数
          IF (count= "111") THEN
              count <= "000" ;
          END IF ;
```

```
            END IF ;
        END PROCESS ;
        q<= count ;
END count8 ;
---------------------------------------------------------------------------------------------
CONFIGURATION conf_c6 OF counter IS
    FOR count6
    END FOR ;                           -- 配置 conf_c6: 连接构造体 count6 与实体 counter
END conf_c6 ;
---------------------------------------------------------------------------------------------
CONFIGURATION conf_c8 OF counter IS
    FOR count8
    END FOR ;                           -- 配置 conf_c8: 连接构造体 count8 与实体 counter
END conf_c8 ;
```

一个设计单元可以有多个配置。在例 5-6 中设计单元 counter 有两个配置，conf_c6 连接构造体 count6 与实体 counter，实现的是 0～5 循环计数的 6 进制计数器；conf_c8 连接构造体 count8 与实体 counter，实现的是 0～7 循环计数的 8 进制计数器。当按照 conf_c6 结构实现 counter 时，在仿真和综合时，配置 conf_c8 和构造体 count8 无效；反之，按照 conf_c8 结构实现 counter 时，在仿真和综合时，配置 conf_c6 和构造体 count6 无效。需要注意的是这两种情况下，仿真的结果和综合出的电路图是完全不同的。

5.3.2 层与层的连接配置

例 5-7 分别编辑了倒相器和三输入与门的一个实体和一个构造体，然后分别用配置语句把他们的构造体和实体配置到一起。由于此例中没有元件，所以也就不必有元件的配置语句。元件配置语句的基本格式为：

```
FOR [元件标号]:[元件名] USE   CONFIGURATION   [库名].[配置名] ;
                        或 USE   ENTITY   [库名].[实体名] (构造体名) ;
```

【例 5-7】 倒相器和三输入与门电路描述。

```
ENTITY   inv   IS                           -- 倒相器的实体申明
    PORT (a: BIT ;
            b: OUT BIT) ;
END inv ;                                   -- 实体申明完毕

ARCHITECTURE behav OF inv IS                -- 倒相器的构造体的描述
BEGIN
    b<=NOT(a) AFTER 5ns ;
END behav ;                                 -- 构造体描述完毕

CONFIGURATION invcon OF inv IS              -- 使倒相器的实体和构造体配置到一起
```

```
    FOR behav
    END FOR ;
END invcon ;                                    -- 配置完毕

ENTITY and3 IS                                  -- 三输入与门的实体的申明
    PORT(a1, a2, a3: IN BIT ;
                o1: OUT BIT) ;
END and3 ;                                      -- 实体申明完毕

ARCHITECTURE behav OF and3 IS                   -- 三输入与门的构造体的描述
BEGIN
    o1<=a1 AND a2 AND a3 AFTER 5ns ;
END behav ;                                     -- 结构体描述完毕

CONFIGURATION and3con OF and3 IS                -- 使三输入与门的实体和构造体配置到一起
    FOR behav
    END FOR ;
END and3con ;                                   -- 配置完毕
```

例 5-8 设计一个二输入四输出的译码器。译码器的电路原理图如图 5-1 所示，它由倒相器和三输入与门构成，也就是要用到刚才的 inv 和 and3。

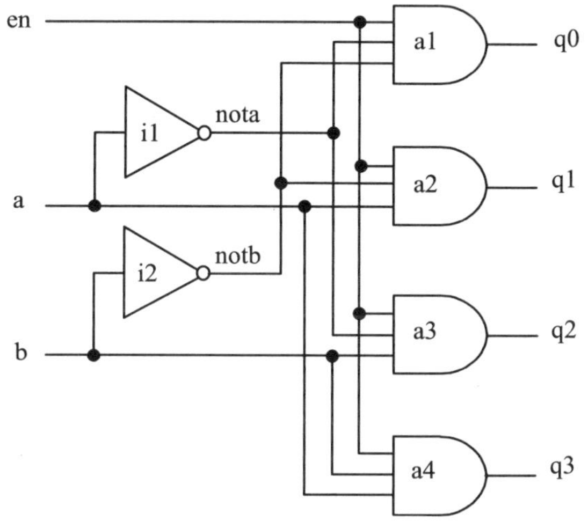

图 5-1　二输入四输出译码器的电路原理图

【例 5-8】 由倒相器和三输入与门构成译码器的程序。

```
ENTITY    decode    IS
PORT(a, b, en: IN BIT ;
        q0, q1, q2, q3: OUT BIT) ;
```

```
END decode ;
ARCHITECTURE structural OF decode IS
  COMPONENT inv                       -- 申明元件 inv
    PORT(a: IN BIT ;                  -- 端口列表顺序为 a，b
         b: OUT BIT) ;
  END COMPONENT ;                     -- 申明结束
  COMPONENT and3                      -- 申明元件 and3
    PORT(a1, a2, a3: IN BIT ;         -- 端口列表顺序为 a1，a2，a3，o1
              o1: OUT BIT) ;
  END COMPONENT ;                     -- 申明结束
  SIGNAL nota, notb: BIT ;
BEGIN
  i1: inv                             -- 定义 i1 是由元件 inv 构成
    PORT MAP(a, nota) ;               -- 按端口列表：输入为 a，输出为 nota
  i2: inv                             -- 定义 i2 是由元件 inv 构成
    PORT MAP(b, notb) ;               -- 按端口列表：输入为 b，输出为 notb
  a1: and3                            -- 定义 a1 是由元件 and3 构成
    PORT MAP(nota, en, notb, q0) ; -- 按端口列表：输入为 nota，en，notb，输出为 q0
  a2: and3                            -- 定义 a2 是由元件 and3 构成
    PORT MAP(a, en, notb, q1) ;       -- 按端口列表：输入为 a，en，notb，输出为 q1
  a3: and3                            -- 定义 a3 是由元件 and3 构成
    PORT MAP(nota, en, b, q2) ;       -- 按端口列表：输入为 nota，en，b，输出为 q2
  a4: and3                            -- 定义 a4 是由元件 and3 构成
    PORT MAP(a, en, b, q3) ;          -- 按端口列表：输入为 a，en，b，输出为 q3
END structural ;
```

例 5-9 要对例 5-8 的译码器进行配置，由于此结构体中的元件 inv 和 and3 在例 5-7 已经配置好了，于是在例 5-9 中进行配置就可直接引用例 5-7 中的低一层次的配置。

【例 5-9】 低层次配置的选择配置。

```
CONFIGURATION   decode_llcon OF decode IS
  FOR structural
     FOR i1: inv USE CONFIGURATION   work.invcon ;   -- 引用例 5-7 中的 invcon
    END FOR ;
    FOR i2: inv USE CONFIGURATION   work.invcon ;    -- 引用例 5-7 中的 invcon
    END FOR ;
    FOR ALL: and3 USE CONFIGURATION work.and3con ; -- 引用例 5-7 中的 and3con
    END FOR ;
  END FOR ;
END decode_llcon ;
```

从例 5-9 可以看到，分别对各个功能块进行了配置，对 i1 用的是例 5-7 中配置好的低一层次的配置 invcon，此低一层次的配置位于刚才用户已建立好的名为 WORK 的库中。i2 也是如此。而对于所有（ALL）使用 and3 的元件的功能块，采用 WORK 库中已配置好的名为 and3con 的配置进行配置。

【例 5-10】 实体与构造体对应的配置。

```
    CONFIGURATION decode_eacon OF decode IS
    FOR structural
        FOR i1: inv USE ENTITY work.inv(behav) ;
        END FOR ;
        FOR OTHERS: inv USE ENTITY work.inv(behav) ;
        END FOR ;
        FOR a1: and3 USE ENTITY work.and3(behav) ;
        END FOR ;
        FOR OTHERS: and3 USE ENTITY work.and3(behav) ;
        END FOR ;
    END FOR ;
END decode_eacon ;
```

从例 5-10 可以看出，此例中的配置采用实体与构造体对应的配置，对于 i1，使用 WORK 库中实体名为 inv 而构造体名为 behav 的实体来进行配置；对于其他（OTHERS）使用 inv 元件的功能块也做同样处理。对于 a1，使用 WORK 库中实体名为 and3 而构造体名为 behav 的实体来进行配置；对于其他（OTHERS）使用 and3 元件的功能块也做同样处理。

习　　题

1．下面给出了部分 STD_LOGIC_1164 标准库的源程序，请分析该程序，深入理解已学过的包集合定义、用户自定义数据类型、数据对象的申明及应用、函数申明及定义的相关知识，并回答：STD_LOGIC 数据是怎样解决多驱动问题的？

```
PACKAGE STD_LOGIC_1164 IS
    ⋮
TYPE STD_ULOGIC IS ('U','X','0','1','Z','W','L','H','-') ;
TYPE STD_ULOGIC_VECTOR IS ARRAY(NATURAL RANGE<>)
                                OF STD_ULOGIC ;        -- 判决函数说明
FUNCTION resolved(s:STD_ULOGIC_VECTOR)RETURN STD_ULOGIC ;
SUBTYPE STD_LOGIC IS resolved STD_ULOGIC ;             -- 子类型数据说明
TYPE STD_LOGIC_VECTOR IS ARRAY(NATURAL RANGE< >)OF STD_LOGIC ;
    ⋮
END STD_LOGIC_1164 ;
PACKAGE BODY STD_LOGIC_1164 IS
    ⋮
    CONSTANT resolution_table:STDLOGIC_TABLE:= (
```

```
  --|U   X   0   1   Z   W   L   H  -
   ('U', 'U', 'U', 'U', 'U', 'U', 'U', 'U', 'U'),     -- |U|
   ('U', 'X', 'X', 'X', 'X', 'X', 'X', 'X', 'X'),     -- |X|
   ('U', 'X', '0', 'X', '0', '0', '0', '0', 'X'),     -- |0|
   ('U', 'X', 'X', '1', '1', '1', '1', '1', 'X'),     -- |1|
   ('U', 'X', '0', '1', 'Z', 'W', 'L', 'H', 'X'),     -- |Z|
   ('U', 'X', '0', '1', 'W', 'W', 'W', 'W', 'X'),     -- |W|
   ('U', 'X', '0', '1', 'L', 'W', 'L', 'W', 'X'),     -- |L|
   ('U', 'X', '0', '1', 'H', 'W', 'W', 'H', 'X'),     -- |H|
   ('U', 'X', 'X', 'X', 'X', 'X', 'X', 'X', 'X'),     -- |-|
   );
FUNCTION resolved(s: STD_ULOGIC_VECTOR)RETURN STD_ULOGIC IS     -- 判决函数
  VARIABLE result: STD_ULOGIC:= 'Z' ;   -- 高阻状态
BEGIN
  IF (s'LENGTH=1)THEN RETURN s(s'LOW) ;
  ELSE
    FOR i IN s'RANGE LOOP
        result:= resolution_table(result, s(i)) ;
    END LOOP ;
  END IF ;
  RETURN result ;
END resolved ;
      ⋮
END STD_LOGIC_1164 ;
```

2．下面给出了部分 STD_LOGIC_1164 标准库中操作符“and”的函数申明及函数体描述，请分析该程序，回答以下问题：（1）在 STD_LOGIC_1164 标准库中操作符“and”左右两端的操作数应是什么数据类型？（2）当两端操作数位长不同时，会出现什么错误？（3）两个操作数相与的结果由什么决定？

```
FUNCTION "and"(l,r:STD_LOGIC_VECTOR)RETURN STD_LOGIC_VECTOR ;
-- 常量“and_table”申明：
   CONSTANT and_table:STDLOGIC_TABLE:= (
  -- |U  X  0  1  Z  W L  H  -
   ('U', 'U', 'U', 'U', 'U', 'U', 'U', 'U', 'U'),     -- |U|
   ('U', 'X', '0', 'X', 'X', 'X', '0', 'X', 'X'),     -- |X|
   ('0',  '0',  '0', '0',  '0',  '0', '0',  '0',  '0'),     -- |0|
   ('U', 'X',  '0', '1', 'X',  'X', '0', '1', 'X'),     -- |1|
   ('U', 'X', '0', 'X', 'X', 'X', '0', 'X', 'X'),     -- |Z|
   ('U', 'X', '0', 'X', 'X', 'X', '0', 'X', 'X'),     -- |W|
```

```
    ('0', '0', '0', '0', '0', '0', '0', '0', '0'),          -- |L|
    ('U', 'X', '0', '1', 'X', 'X', '0', '1', 'X'),          -- |H|
    ('U', 'X', '0', 'X', 'X', 'X', '0', 'X', 'X'),          -- |-|
    );
--“and”函数体定义：
FUNCTION "and"(l,r:STD_LOGIC_VECTOR)RETURN STD_LOGIC_VECTOR IS
  ALIAS lv:STD_LOGIC_VECTOR(1 TO l'LENGTH) IS l ;
  ALIAS rv:STD_LOGIC_VECTOR(1 TO r'LENGTH) IS r ;
  VARIABLE result:STD_LOGIC_VECTOR(1 TO l'LENGTH) ;
BEGIN
  IF (l'LENGTH/=r'LENGTH)THEN
    ASSERT FALSE
    REPORT "arguments of overloaded 'and' operator are not of the same length"
    SEVERITY FAILURE ;
  ELSE
    FOR i IN result'RANGE LOOP
        result(i):= and_table(lv(i),rv(i)) ;
    END LOOP ;
  END IF ;
  RETURN result ;
END "and" ;
```

3．请编写一个二输入或门，该或门输入端口为 in1、in2，输出端为 out，要求：该或门有两个配置，配置 con1 中从输入到输出的延时为 2ns，配置 con2 中从输入到输出的延时为 5ns。

4．现假设上题中的或门是共享库 DIYLIB 中 STD_CELL 包集合内的单元，请用该单元为底层单元构建一个四输入或门，要求从输入到输出的延时为 7ns。

第 6 章 VHDL 设计录入与仿真调试方法

本章读导

VHDL 设计通常基于专用 EDA 软件进行录入和仿真调试，本章将详细介绍 Active-HDL 仿真工具的使用。通过本章的学习和上机编程实践，学会运用 Active-HDL 进行 VHDL 程序的录入、编译和仿真调试。读者将学会 HDL 编辑器录入、框图编辑器录入、状态图编辑器录入等三种录入方式，并掌握三种仿真调试方法。

6.1 EDA 仿真工具简介

优良的仿真工具不仅提供仿真的功能，而且还提供录入和调试辅助功能（例如：图形化录入、图形化激励等）。图形化录入、图形化激励对于初学者而言，能降低设计难度，加快设计进度。常见的 EDA 仿真工具有 Active-HDL、Modelsim、Verilog-XL、NC-Verilog、VCS、Quartus-II、ISE 等。

Active-HDL 是由 ALDEC 公司出品的一个开放型的仿真工具。Active-HDL 软件的开放性、可上网下载、用户界面友好和强大功能是我们选用该软件作为教学软件的原因。Active-HDL 可支持硬件描述语言、原理框图和有限状态机等多种设计输入方式，同时支持 VHDL、Verilog-HDL、SystemC、SystemVerilog 和 EDIF 网表等格式。Active-HDL 提供了 HDL 设计从设计输入到器件实现一系列流程集中化管理的集成系统环境，易学易用。

Active-HDL 支持 Verilog、VHDL 以及 SystemC 语言混合仿真。Active-HDL 拥有丰富的调试、纠错手段和仿真结果观察工具，设计体系探测工具大大简化了设计之中各个元素之间关系的分析与观察，设计之中的内部节点、信号、变量的值都可以在诸如波形编辑器、Watch 窗口、存储器观察器以及 Call Stack 之中进行观察分析，代码跟踪工具以及可选择的高级断点管理工具可以很好地控制代码的执行。

Active-HDL 的主界面如图 6-1 所示。

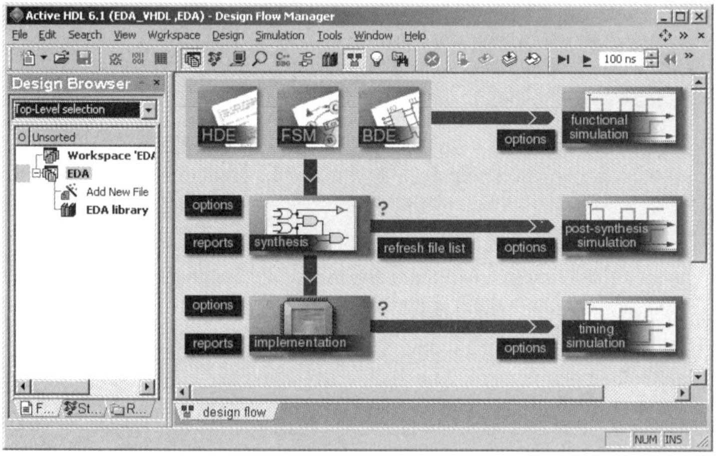

图 6-1 Active-HDL 主界面

Active-HDL 软件工具的基本操作顺序如下：

- 创建新的设计
- 录入
- 编译
- 仿真验证

6.2　创建新的设计（Create new workspace）

（1）打开 Active-HDL。

如果用户是安装好 Active-HDL 后第一次使用，运行软件后首先进入如图 6-2 所示的界面。

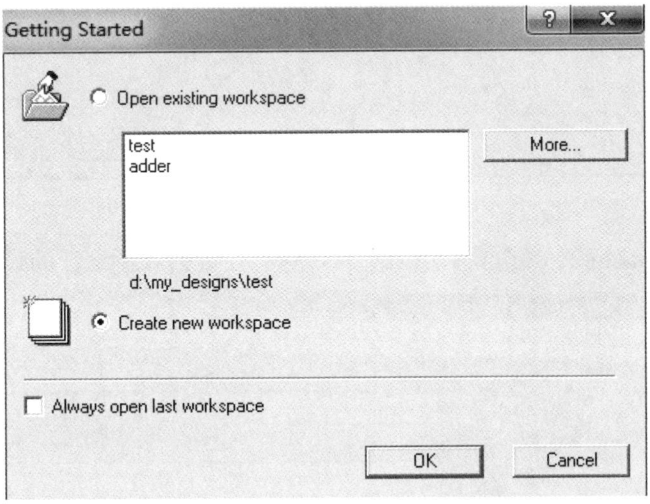

图 6-2　运行 Active-HDL 软件后的初始界面

（2）创建新的设计。

在图 6-2 中选择“Create new workspace”项，点击“OK”，在图 6-3 中输入 workspace 名，比如命名为“test”。

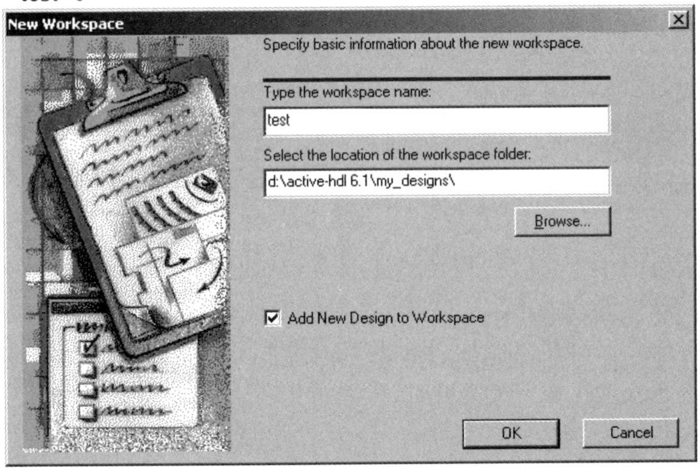

图 6-3　输入 workspace 名

点击“OK”后，即进入新设计向导页面，如图 6-4 所示。

图 6-4　新设计向导首页面

选择“Create an empty design”，点击“下一步”，即进入新设计的设置，如图 6-5 所示。

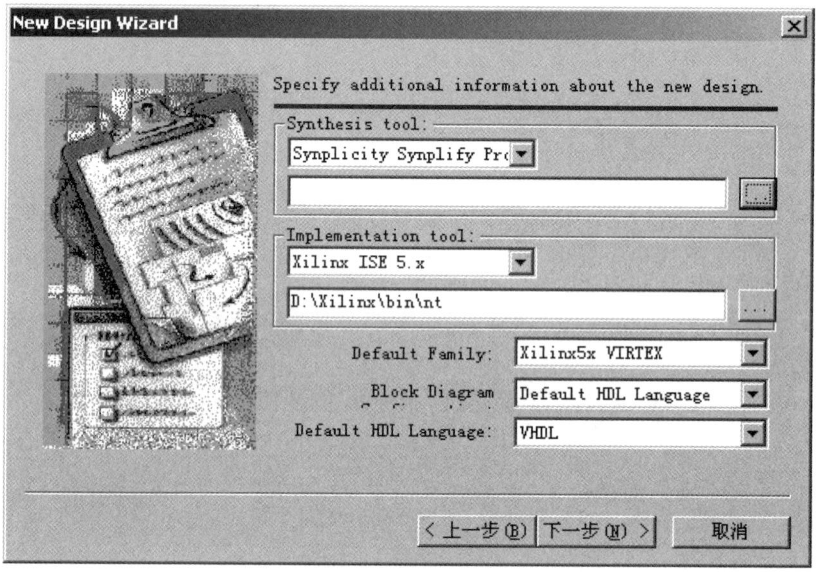

图 6-5　新设计的设置

在新设计设置页面中可选择设置综合工具和后端物理实现工具，如果暂时不关心后期设计工具的选择，可直接点击“下一步”，进入新设计命名页面，如图 6-6 所示。

在图 6-6 中为新设计命名，比如命名为“VHDL_study”，然后点击“下一步”，即完成新设计的创建。接下来就可以开始 VHDL 程序的录入。

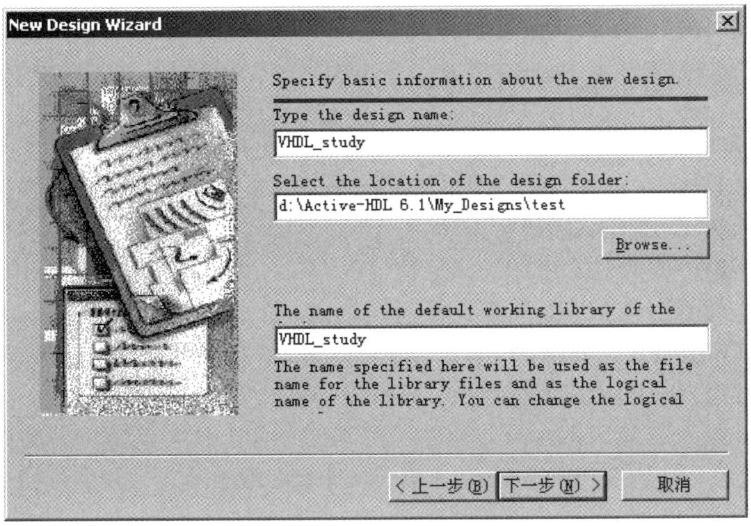

图 6-6 新设计的命名

6.3 设计录入

通常对于一个数字电子系统可以有多种描述或表征方式，例如：框图描述、状态机描述、VHDL 语句描述、电路图描述和网表描述，等等。EDA 工具对所述的这些描述方式都能进行处理。

例如：Active-HDL 工具（其软件平台构成如图 6-7 所示），由设计录入工具、仿真调试工具和控制管理工具三大部分组成。

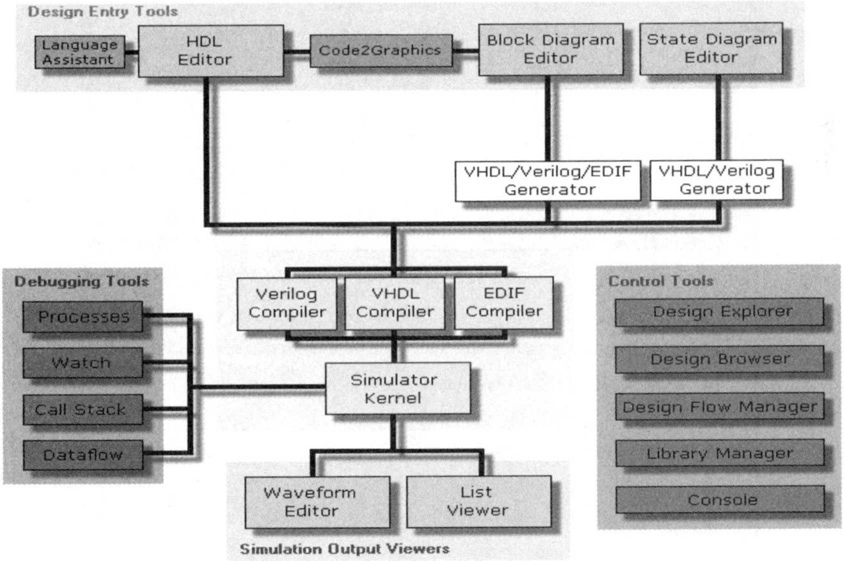

图 6-7 Active-HDL 工具的软件平台构成

如图 6-7 所示，其中设计录入方法主要有三种：HDE（HDL 编辑器——与 VHDL 语句描述方式相对应）、BDE（框图编辑器——与框图描述相对应）、FSM（状态图编辑器——

与状态机描述相对应）。

6.3.1 HDE（HDL 编辑器）录入方法

（1）HDL 编辑器录入

HDE（HDL Editor）录入方法，即采用 VHDL 或 Verilog HDL 等硬件描述语言进行源程序代码直接录入 Active-HDL 的设计方法。

下面以逢十进一的四位二进制同步计数器的设计为例来具体介绍 Active-HDL 的 HDE 录入方法。首先理清四位二进制同步计数器的端口，即有三个输入端口：clk、clr、en 和两个输出端口：q[3:0]、full。其中 en 为计数使能输入端口；clr 为复位输入端口；clk 为计数器的时钟输入端口；q[3:0]为四位二进制计数结果输出端口，full 为逢十进一标志位。

在进行设计录入之前，首先需要创建一个新的设计工程。创建好新的设计工程后，在 Active-HDL 主窗口工具栏，通过“File→New→VHDL Source”，即可启动 HDE 录入方法进行 VHDL 源程序编写，如图 6-8 所示。

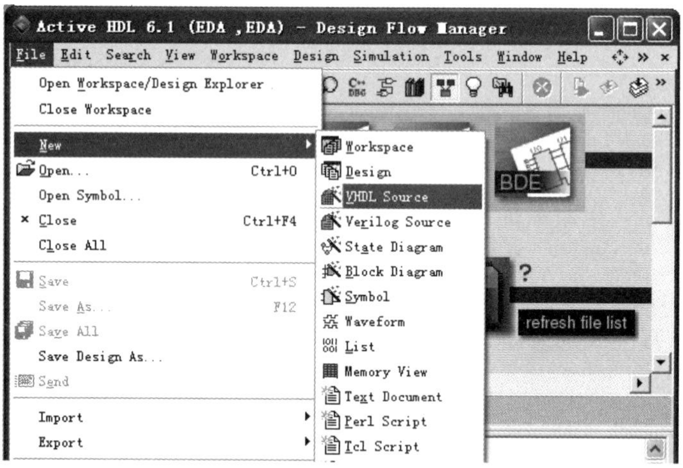

图 6-8 新建 VHDL 源文件

接着出现如图 6-9 所示的新源文件向导对话框。

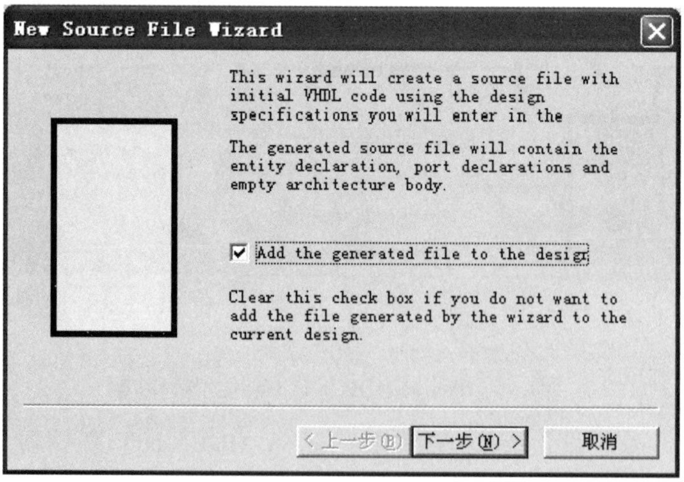

图 6-9 新源文件向导对话框

单击“下一步”，出现如图 6-10 所示的窗口。在输入文件名、实体名和构造体名后，单击“下一步 ”。

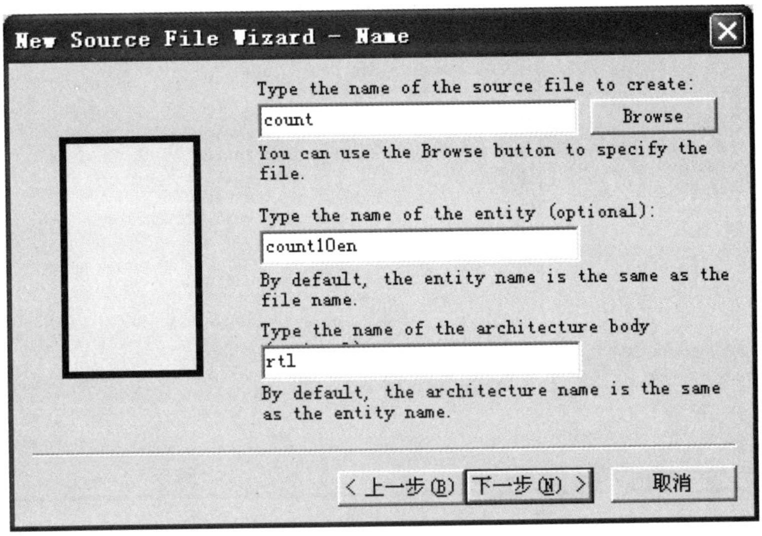

图 6-10　新文件的命名

在出现如图 6-11 所示的对话框中编辑实体的端口，点击“New”按钮新建一个端口，并在“Name”栏中填入端口名称，在“Port direction”栏中选好该端口的输入输出方向，点击“Type”按钮选择端口数据类型。若是向量端口，还需要在“Array”栏中选择向量位宽参数。编辑好后，单击“完成”，出现如图 6-12 所示的窗口。

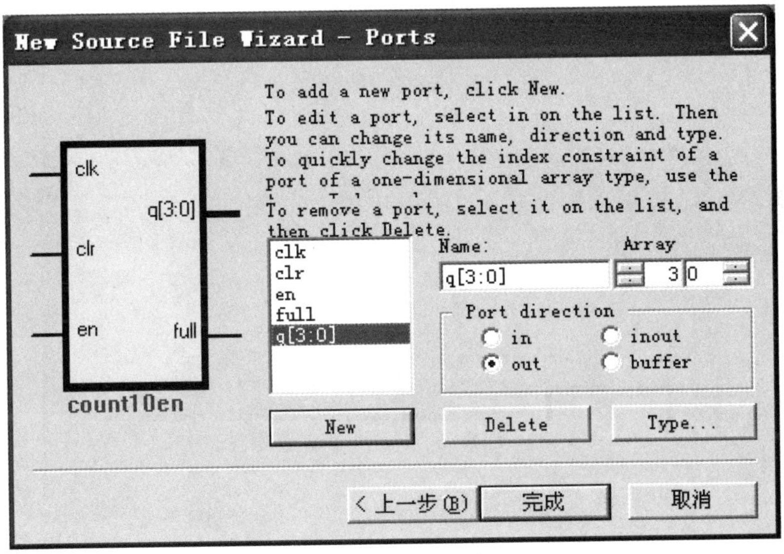

图 6-11　端口命名

由图 6-12 可以看到，Active-HDL 已经根据前面的定义自动生成了实体和构造体框架。现在只需要将构造体的核心源代码（参见例 6-1）输入即可完成录入工作。

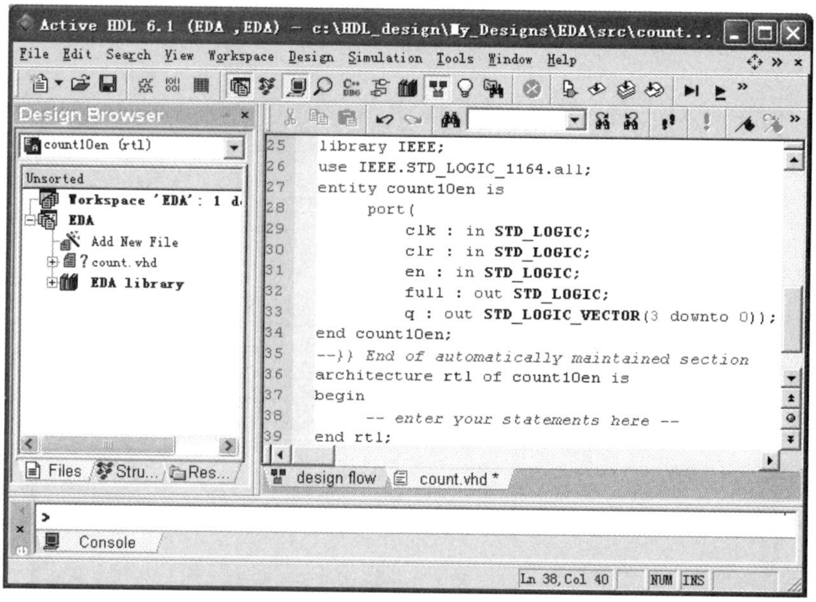

图 6-12 源程序框架已自动生成

【例 6-1】 计数器的 VHDL 源代码。

```
LIBRARY    IEEE ;
USE IEEE.STD_LOGIC_1164.ALL ;
USE IEEE.STD_LOGIC_UNSIGNED.ALL ;

ENTITY count10en IS
    PORT(clk, clr, en: IN STD_LOGIC ;
                full: OUT STD_LOGIC ;
                    q: OUT STD_LOGIC_VECTOR(3 downto 0)) ;
END count10en ;

ARCHITECTURE rtl OF count10en IS
SIGNAL count_4: STD_LOGIC_VECTOR(3 downto 0) ;
BEGIN
PROCESS(clk, clr)
BEGIN
   IF(clr= '1') THEN
        count_4<= "0000" ;
        full <= '0' ;
   ELSIF (clk' EVENT AND clk= '1') THEN
         IF(en= '1')THEN
            IF(count_4= "1001")THEN        --若累加到"1001"
                count_4<= "0000" ;         --则 count_4 被重新置为"0000"
```

```
                    full <= '1' ;
                ELSE
                    count_4<= count_4+ '1' ;      -- count_4 每次加 '1'
                    full <= '0' ;
                END IF ;
            END IF ;
    END IF ;
  END PROCESS ;
  q <= count_4 ;
  END rtl ;
```

（2）编译 VHDL 程序

完成 VHDL 程序的录入后并保存，就可以进行编译操作，编译可以检查出源程序的语法错误。如图 6-13 所示，可点击快捷按钮进行编译操作；或者点击主界面菜单栏上的“Design”，通过“Design→Compile”进行编译操作；还可以通过快捷按键“F11”来进行编译操作。在编译之前，Design Browser 窗口中同步计数器的 VHDL 程序文件名 count.vhd 前面会以蓝色小问号“?”标识。

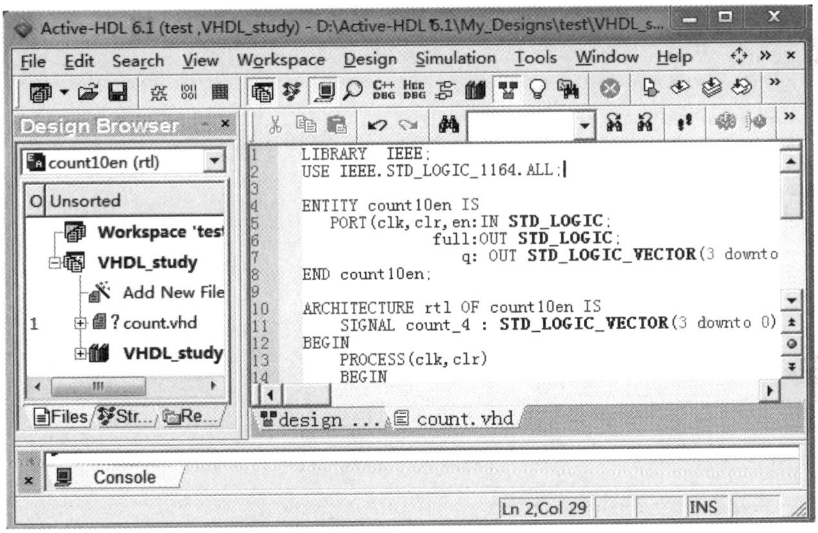

图 6-13　VHDL 程序的编译

如果编译成功、没有错误，则如图 6-14 所示，Design Browser 窗口中同步计数器的 VHDL 源文件 count.vhd 前面会出现绿色小勾“√”。反之，如果编译错误，则如图 6-15 所示，VHDL 源文件 count.vhd 前面会出现红色小叉“x”；控制台（Console）子窗口中会提示有错误以及给出错误的位置；在源程序主编辑窗口中也会用红色波浪线指出错误的位置，使用鼠标指向该错误，Active-HDL 会提示出错类型及原因。

在本例中，错误提示信息为“+”操作符不可识别。需要在源程序中加入一条 USE 语句“USE IEEE.STD_LOGIC_UNSIGNED.ALL;”。再进行编译查错，反复修改直到编译成功为止。

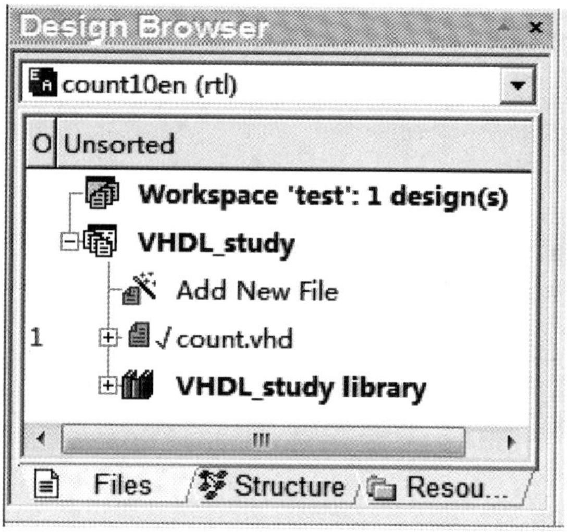

图 6-14　VHDL 程序编译正确后的结果

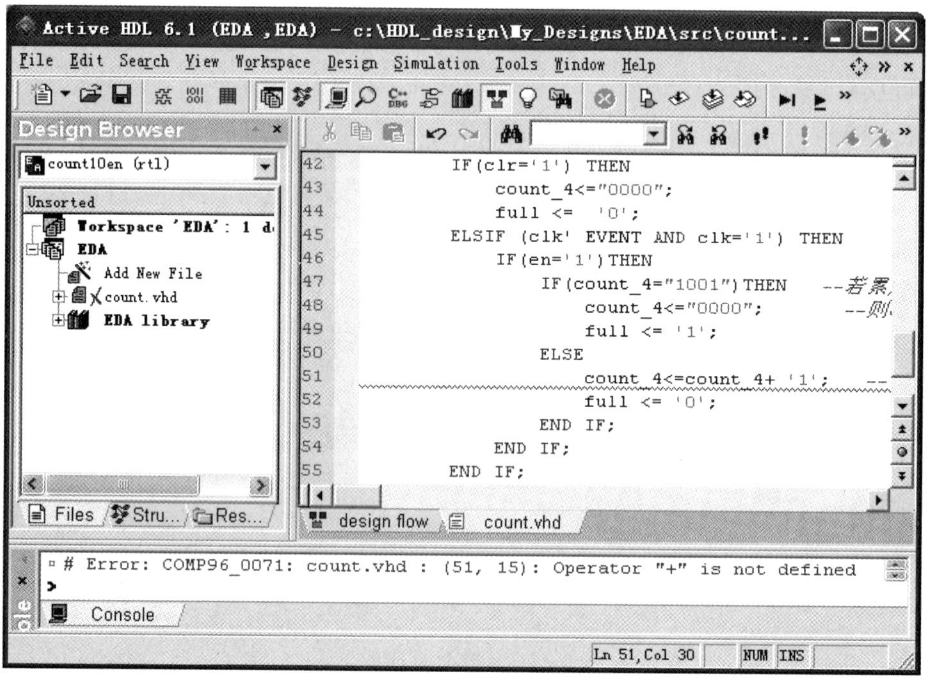

图 6-15　编译中发现错误

如果编译中没有发现错误，如图 6-16 所示，就会在控制台（Console）子窗口中给出绿色字体的“Compile success 0 Errors 0 Warnings”信息，此时表明编译成功。

至此，用 Active-HDL 工具，采用 HDE 录入方法进行 VHDL 源程序设计录入及编译的工作完成。

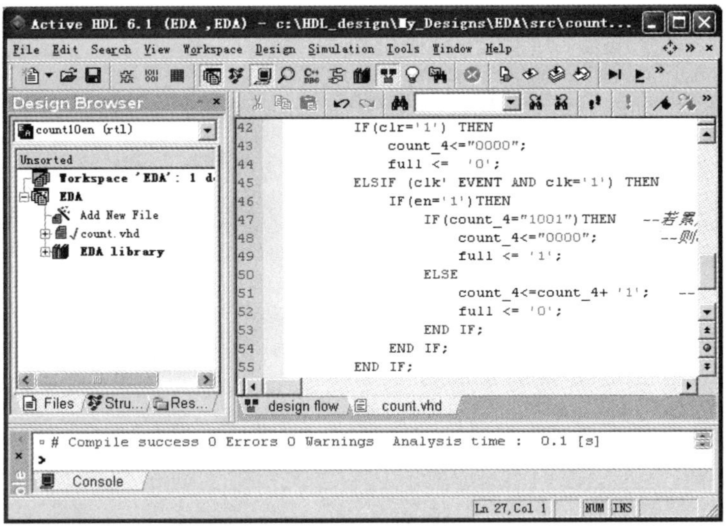

图 6-16　编译成功

6.3.2　BDE（框图编辑器）录入方法

BDE（Block Diagram Editor）即框图编辑器。采用 BDE 录入方法，可以以图形化方式方便地进行层次化设计，通过编译，Active-HDL 工具能够自动生成对应设计的 HDL 源代码。

下面以带四组 BCD 输出的同步计数器设计为例来具体介绍 Active-HDL 工具的 BDE 录入方法。带四组 BCD 输出的同步计数器以 6.3.1 节的逢十进一计数器为底层单元来构建，该 BCD 计数器由四个逢十进一计数器和三个与门构成。该计数器有三个输入端口：clk、clr、en 和四组输出端口：BCD_A、BCD_B、BCD_C、BCD_D。

在创建好的设计工程中，通过“File→New→Block Diagram”，即可启动 BDE 录入方法进行框图编辑设计，如图 6-17 所示。

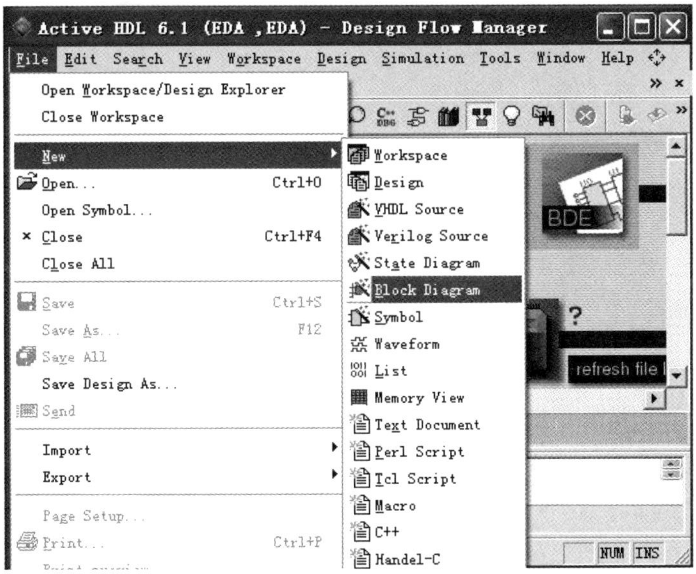

图 6-17　新建文件启动 BDE

接着出现如图 6-18 所示的新源文件向导对话框。

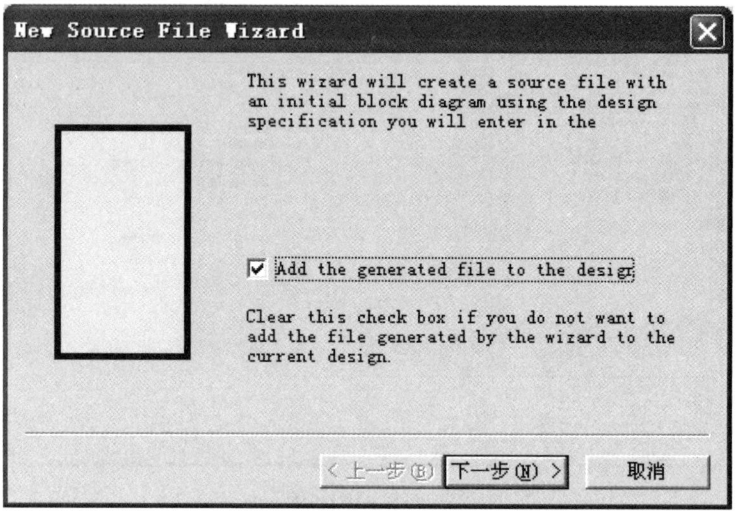

图 6-18　新源文件创建向导对话框

点击“下一步”进入如图 6-19 所示的语言选择窗口。本例中选择 VHDL，这将决定对应设计在编译后自动生成 VHDL 源代码。

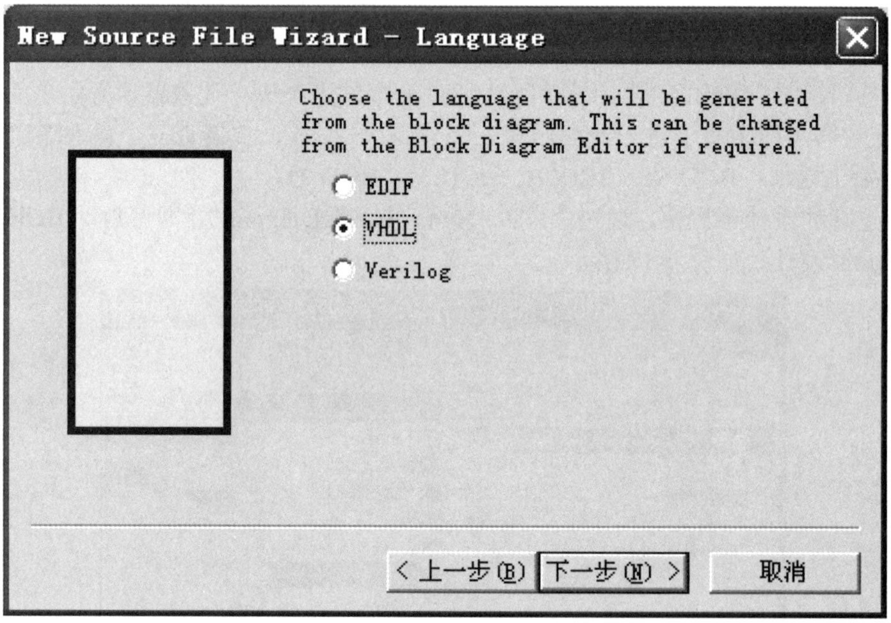

图 6-19　自动生成代码的语言类别选择

点击“下一步”进入如图 6-20 所示的命名窗口。在图中依次录入 BCD 计数器的文件名、实体名和构造体名。

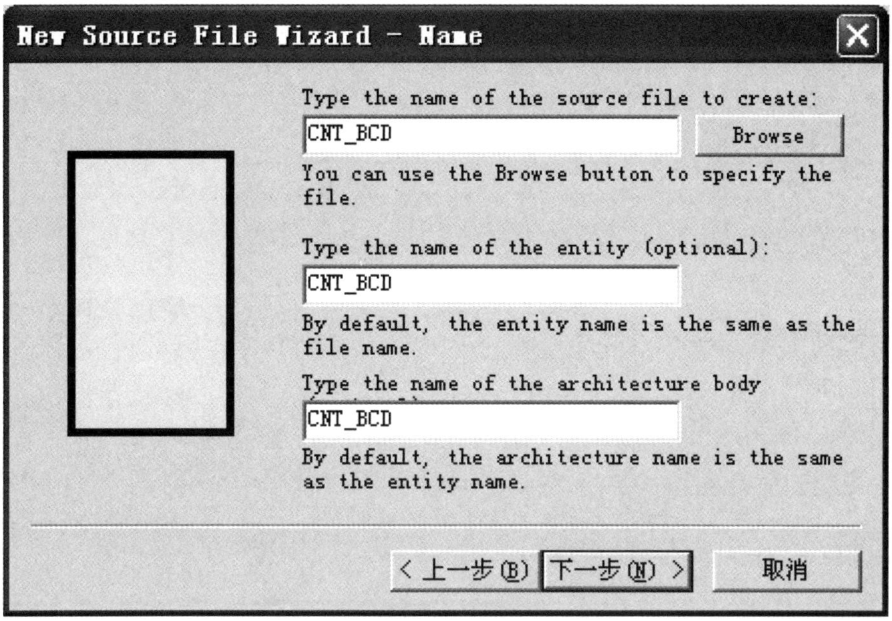

图 6-20 命名窗口

接下来进行端口定义，如图 6-21 所示。本设计共定义输入端口三个：clk、clr、en 和四组输出端口：BCD_A[3:0]、BCD_B[3:0]、BCD_C[3:0]、BCD_D[3:0]。

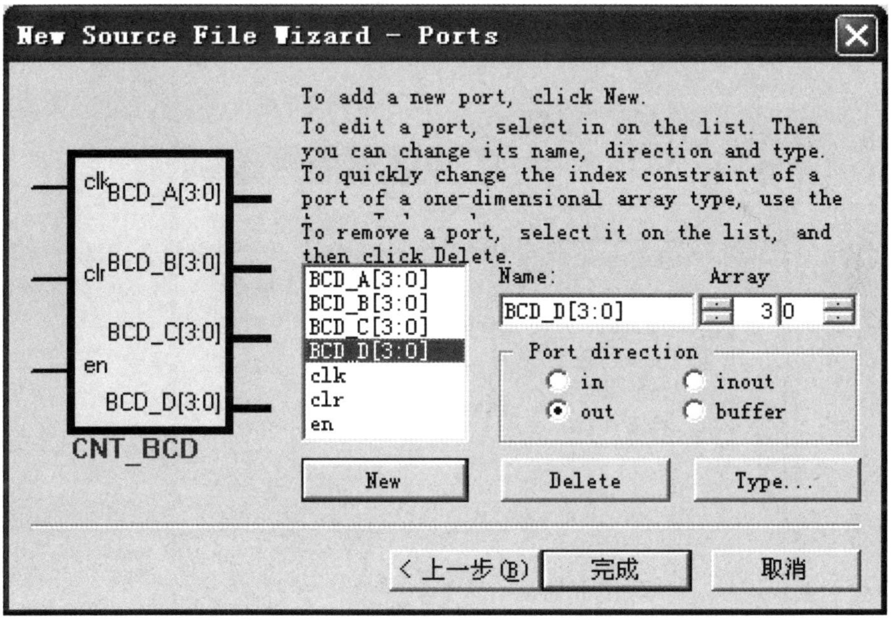

图 6-21 端口定义

点击“完成”，即进入如图 6-22 所示的 BDE 编辑窗口。

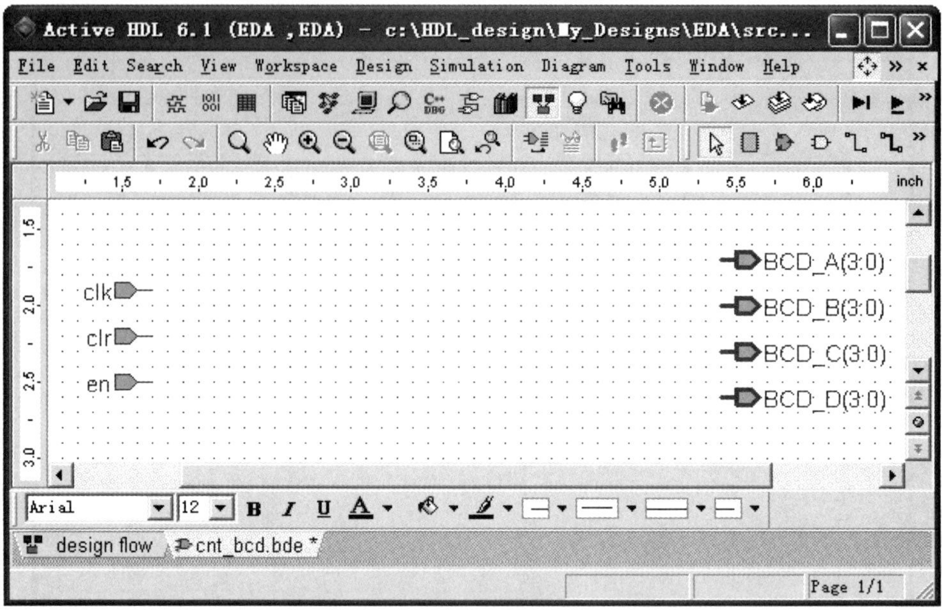

图 6-22　BDE 编辑器主窗口

通过“View→Symbols Toolbox”调出元件添加工具箱，如图 6-23 所示。

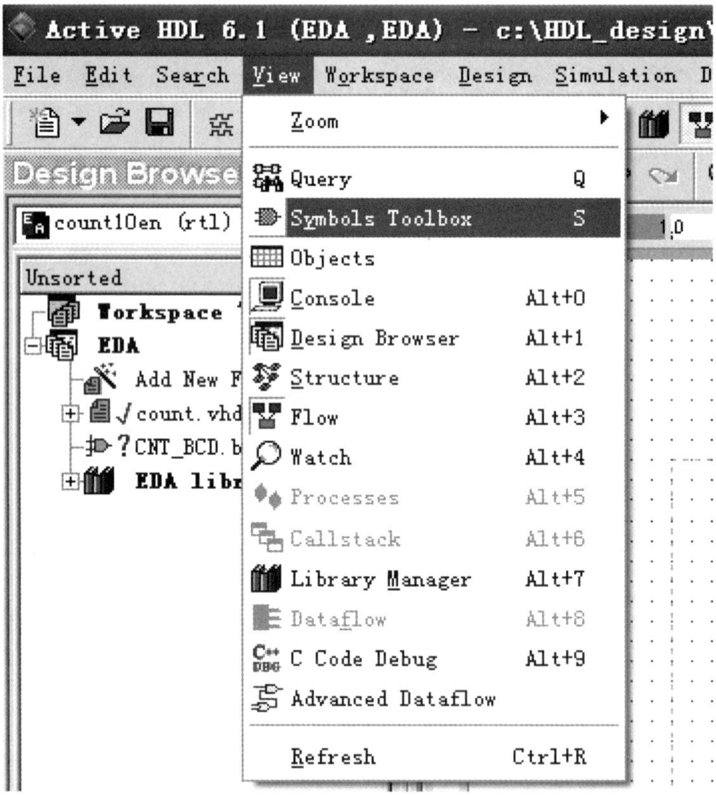

图 6-23　调出元件添加工具箱

如图 6-24 所示的元件添加工具箱，找到逢十进一计数器 count10en，用鼠标左键选中该元件的符号图，点住鼠标左键不放，直接将该计数器元件拖拽进 BDE 编辑窗口。

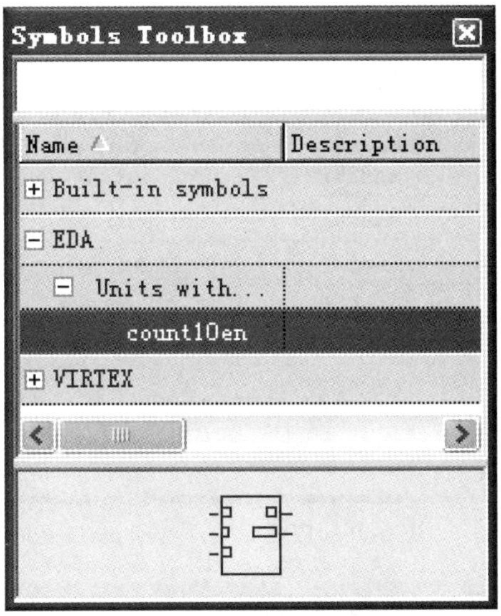

图 6-24　元件添加工具箱

将四个计数器(count10en)调入 BDE 编辑窗，如图 6-25 所示。

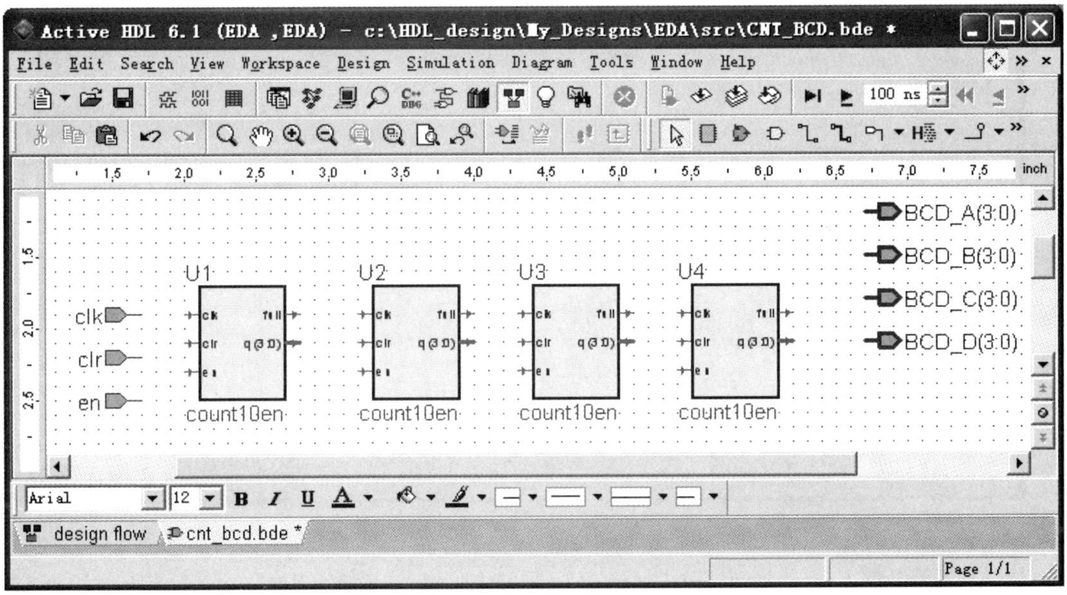

图 6-25　计数器 count10en 调入 BDE 编辑窗

采用同样的方法将内建元件二输入与门 and2 调入 BDE 编辑窗，分别如图 6-26 和图 6-27 所示。

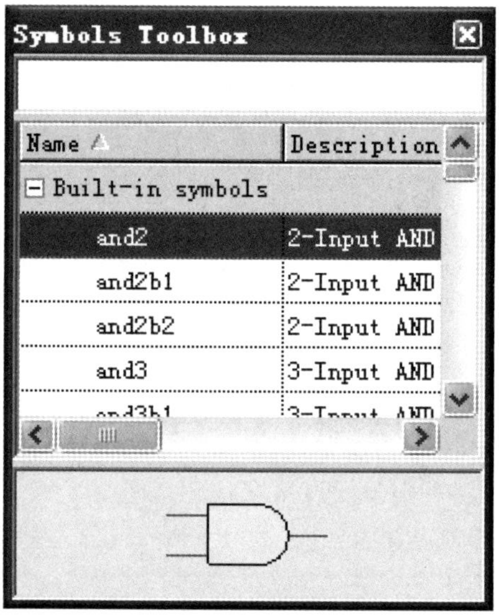

图 6-26　内建二输入与门 and2

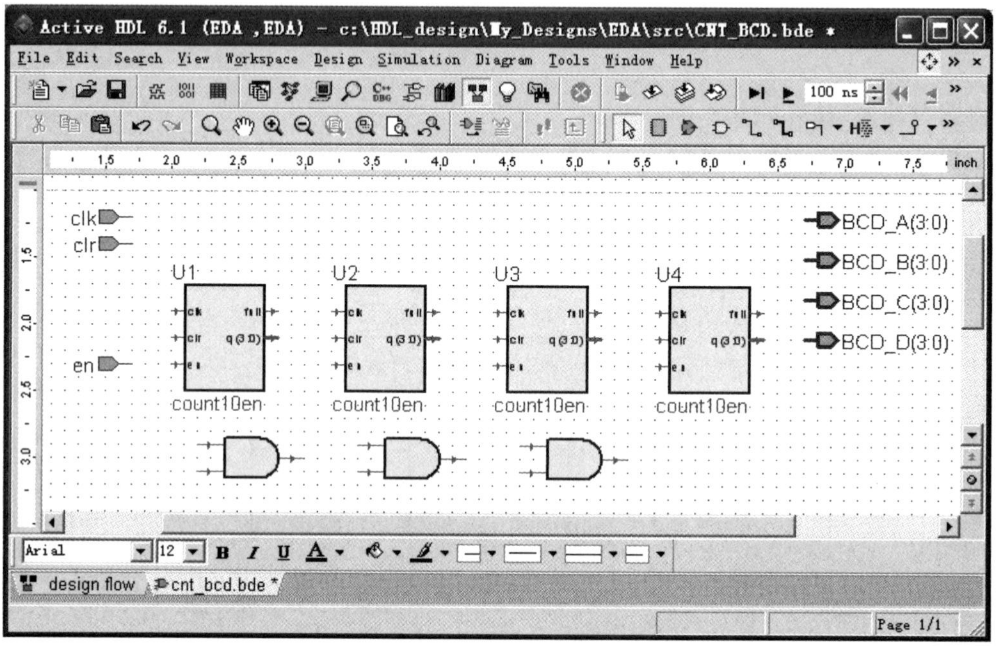

图 6-27　二输入与门 and2 调入 BDE 编辑窗

接下来需要将各元件按照端口对应关系连接起来。一位连线 Wire 可以通过快捷按键“W”调取，多位向量总线 Bus 可以通过快捷按键“B”调取。参考图 6-28 将元件连接起来。

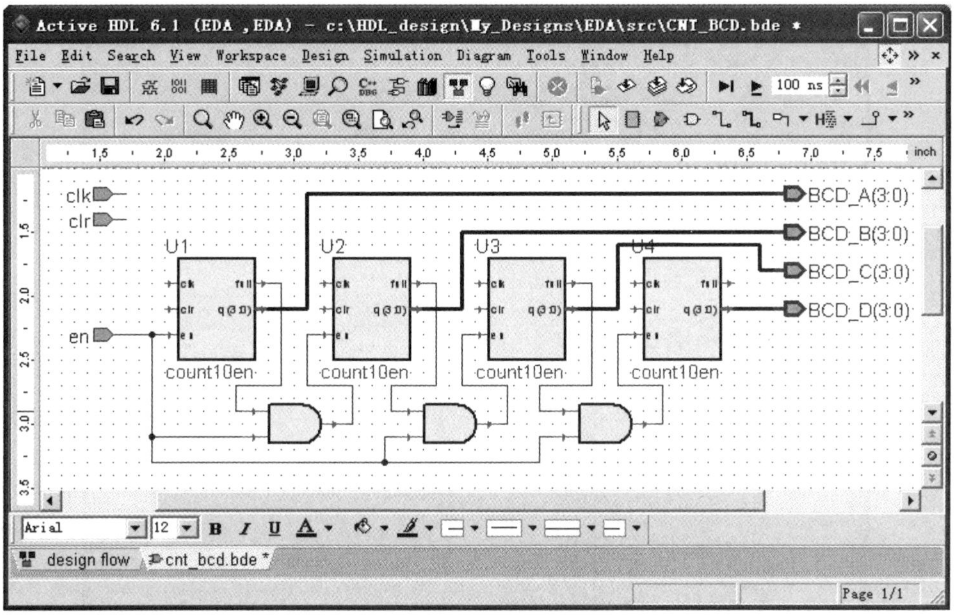

图 6-28　元件端口连线

如图 6-28 所示多个元件都有共节点端口 clk 和 clr，为了 BDE 界面的简洁，可以选用以名字关联的全局连线来建立虚拟连接。全局连线可通过“Diagram→Global Connector→Wire”调取，注意命名与全局连线节点同名。如图 6-29 所示。

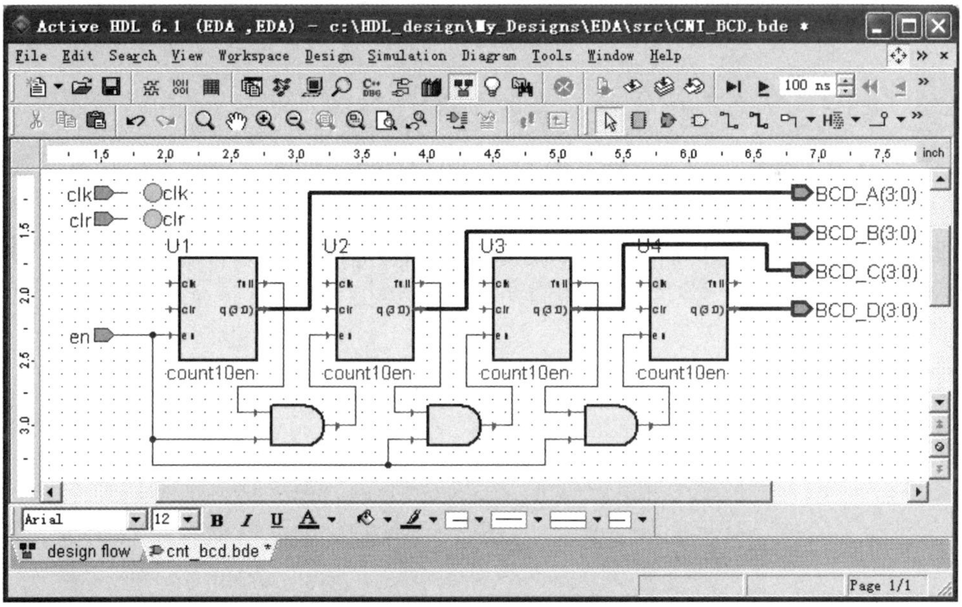

图 6-29　全局连线建立虚拟连接

最后，保存并编译。如果编译没有错误，Active-HDL 会自动生成 BCD 计数器对应的 VHDL 源代码，如图 6-30 所示。

由以上设计过程可以发现，BDE 录入方法以其直观的框图为特点，非常利于层次化设计，而且 BDE 录入方法能够自动生成 HDL 源代码，能够方便地进行跨平台移植。

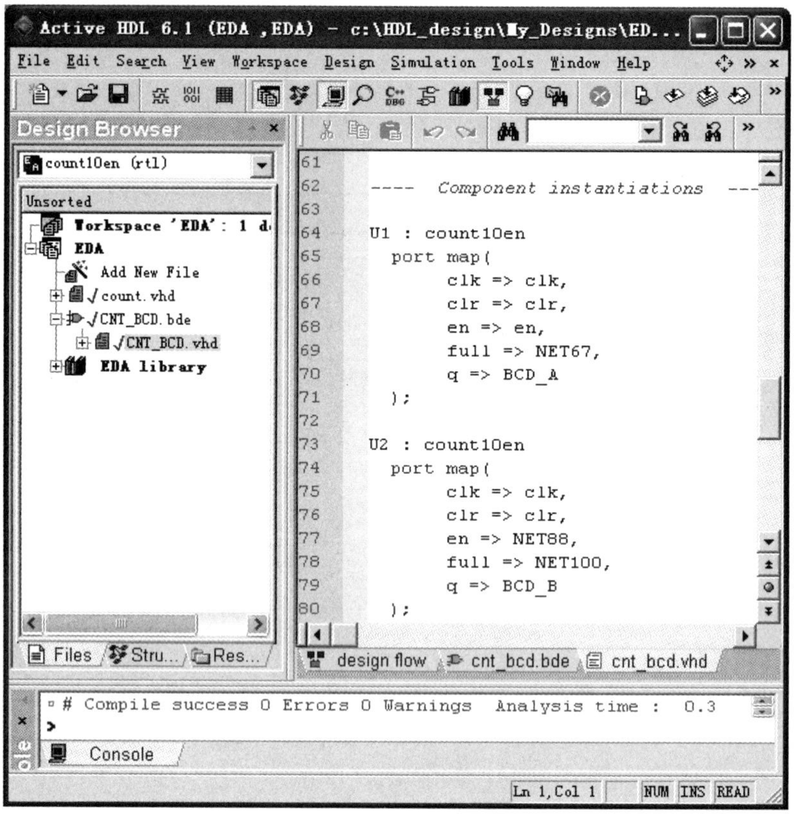

图 6-30　自动生成的 BCD 计数器 VHDL 源代码

6.3.3　FSM（状态图编辑器）录入方法

FSM 即有限状态机，状态图编辑器（State Diagram Editor）就是采用状态图方式进行 FSM 设计的工具。

下面以控制器的 FSM 设计为例来具体介绍 Active-HDL 的 FSM 录入方法。控制器有三个输入端口：start、reset、clk 和两个输出端口 en、end_reset。控制器的状态图如图 6-31 所示。

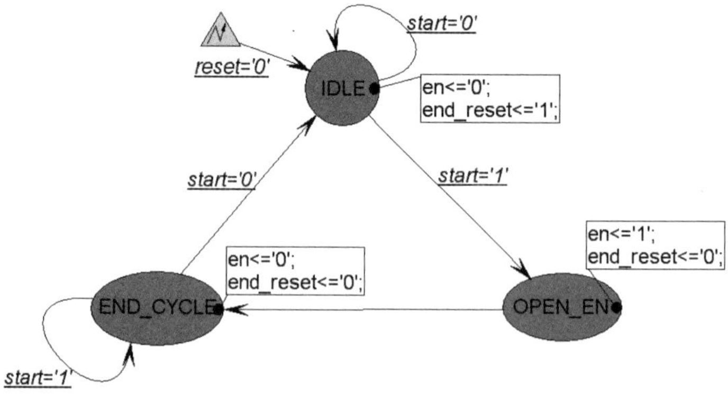

图 6-31　控制器状态机

在创建好的设计工程中，通过“File→New→State Diagram”，即可启动 FSM 录入方法进行状态机设计，如图 6-32 所示。

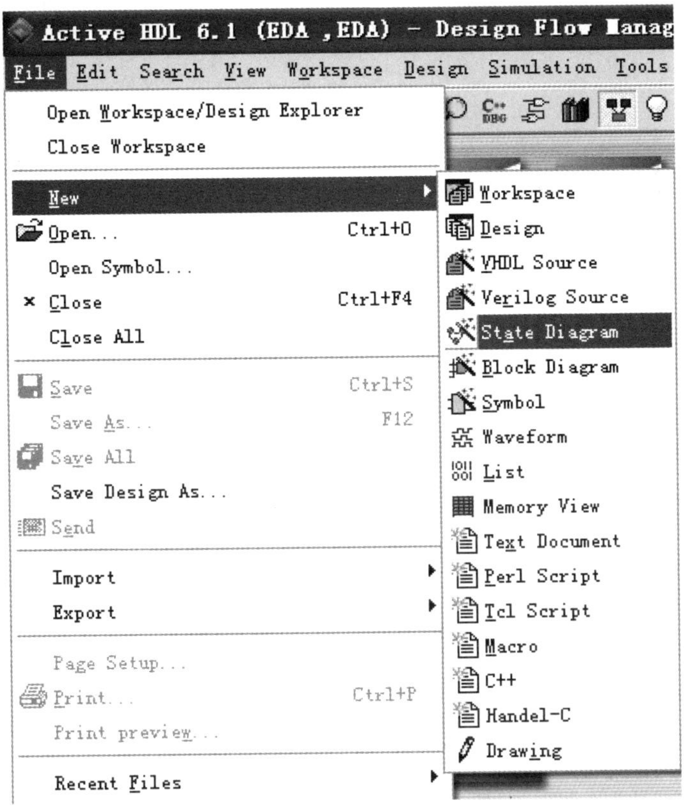

图 6-32　启动 FSM 编辑器

接着出现如图 6-33 所示的新源文件向导对话框。

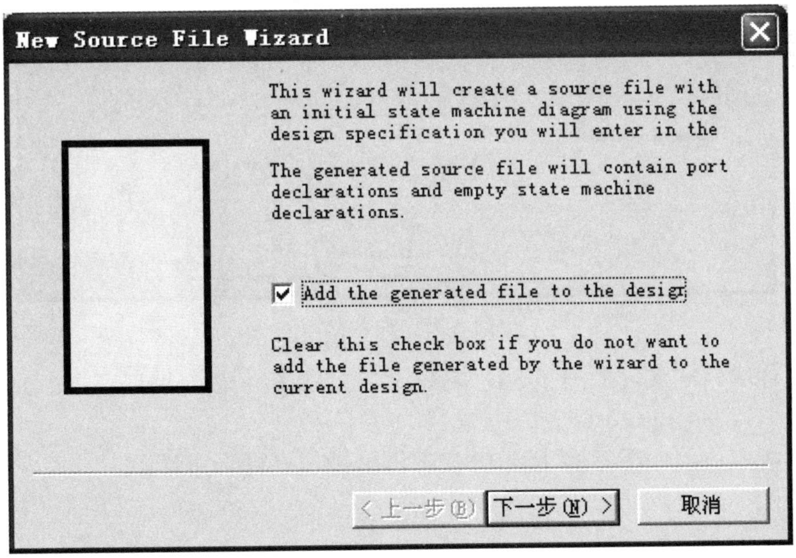

图 6-33　新源文件创建向导对话框

点击“下一步”进入如图 6-34 所示的语言选择窗口。本例中选择 VHDL，这将决定对应设计在编译后自动生成 VHDL 源代码。

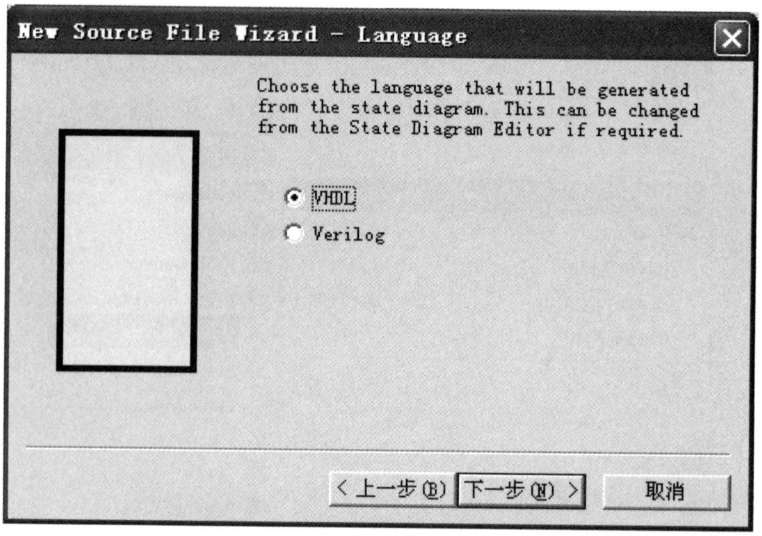

图 6-34　自动生成代码的语言类别选择

点击“下一步”进入如图 6-35 所示的命名窗口。在图中依次录入控制器 FSM 的文件名、实体名和构造体名。

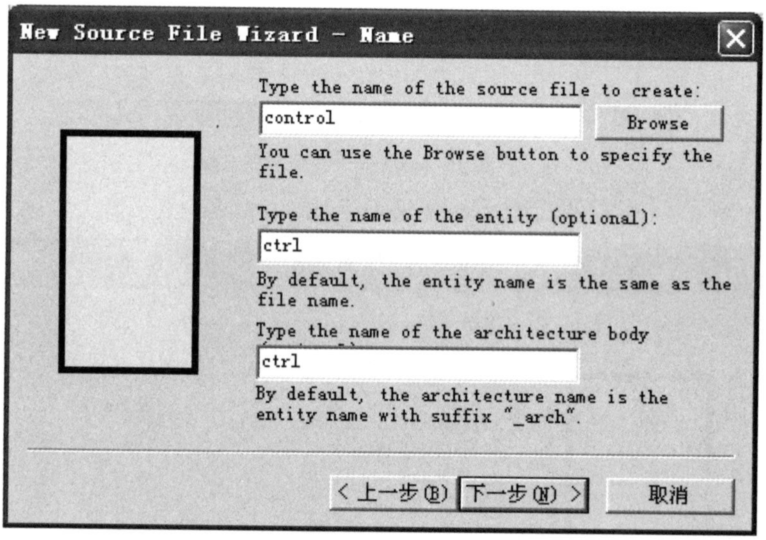

图 6-35　命名窗口

接下来进行端口定义，如图 6-36 所示。本设计共定义输入端口三个：clk、reset、start 和两个输出端口：end_reset、en。

点击“完成”进入如图 6-37 所示的状态机时钟选择提示对话框。

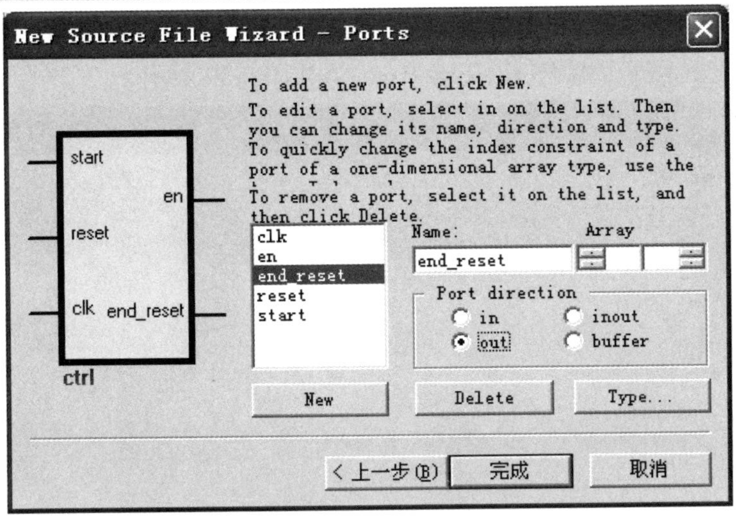

图 6-36　端口定义

图 6-37　状态机时钟选择

本例中选择“是（Y）”，随即进入如图 6-38 所示的 FSM 状态图编辑主窗口。

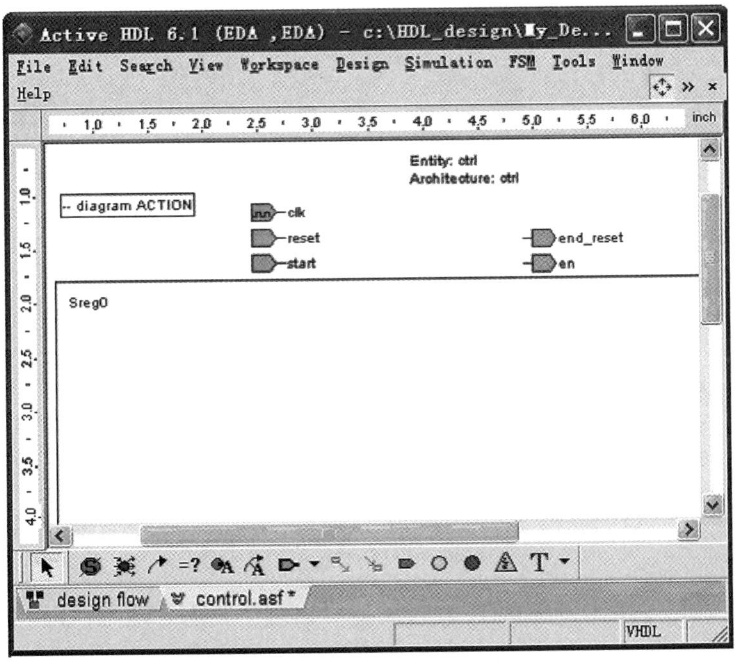

图 6-38　FSM 状态图编辑主窗口

在进行状态图编辑前还需要完成端口的属性设置。本例中需要将状态机的输出端口 end_reset 和 en 设置为寄存器类型（Registered），如图 6-39 所示。

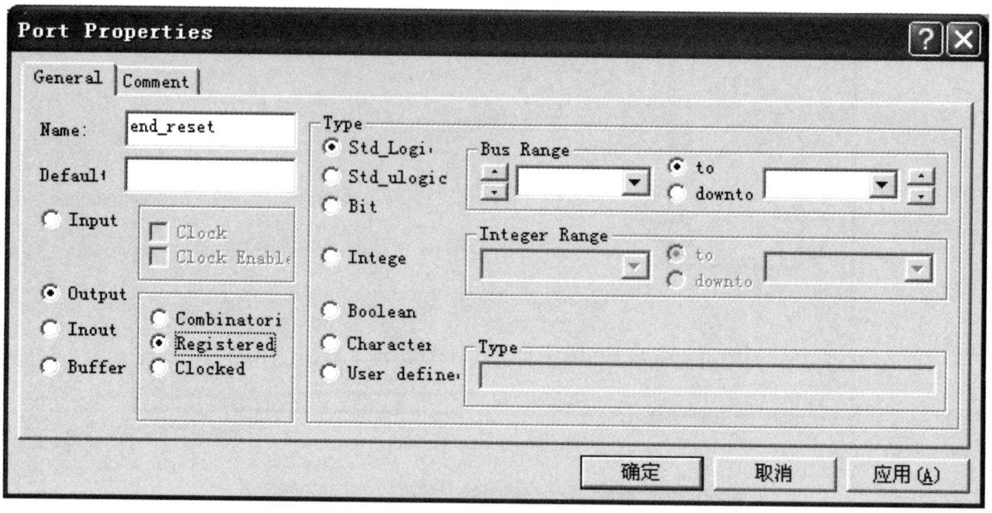

图 6-39　输出端口属性设置

端口属性设置完成后的效果如图 6-40 所示。

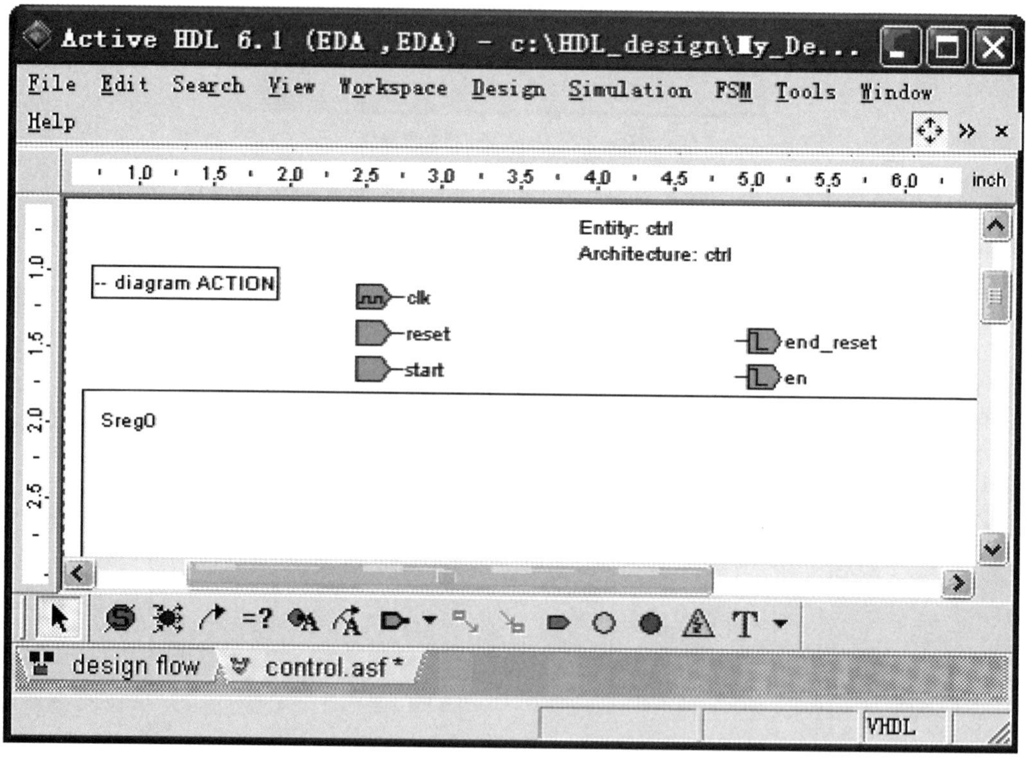

图 6-40　端口属性设置完成

本例控制器 FSM 状态图的编辑，首先需要画出三个状态。通过“FSM→State”即可进入状态绘制命令。如图 6-41 所示画出三个状态，并双击状态名将其修改成需要的命名。

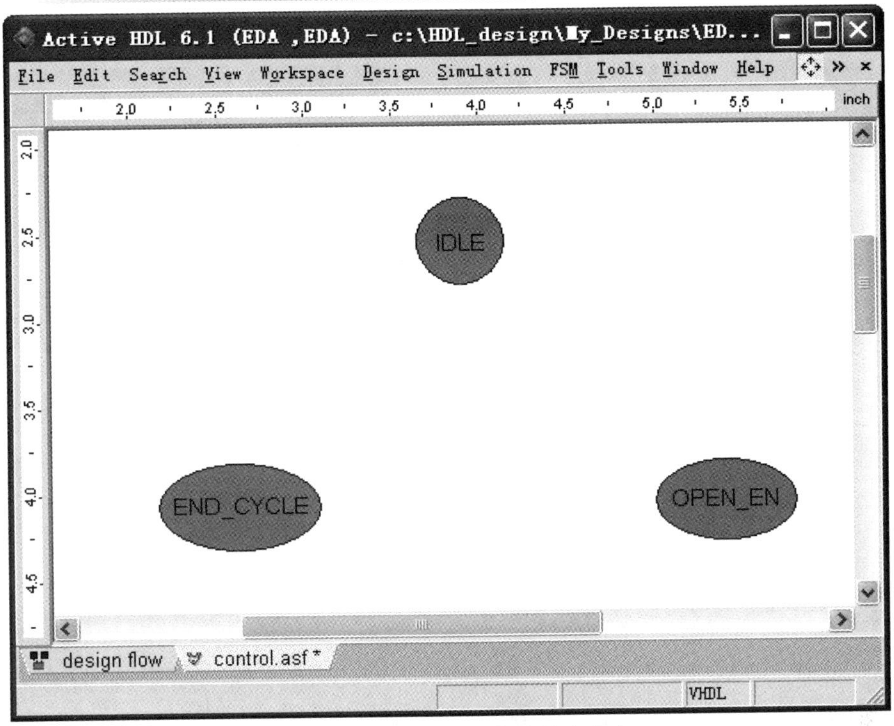

图 6-41　画出状态并完成状态命名

通过“FSM→Transition”进入状态转换关系绘制命令，如图 6-42 所示，绘出三个状态的转换关系。

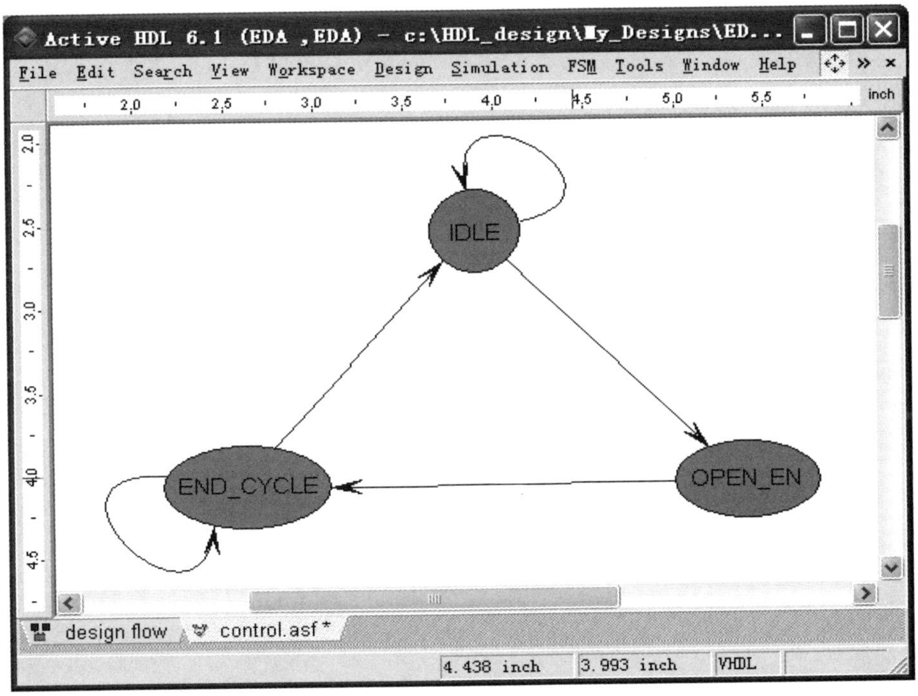

图 6-42　给出状态转换关系

通过“FSM→RESET”进入复位设置绘制命令，如图 6-43 所示，给出复位关系。

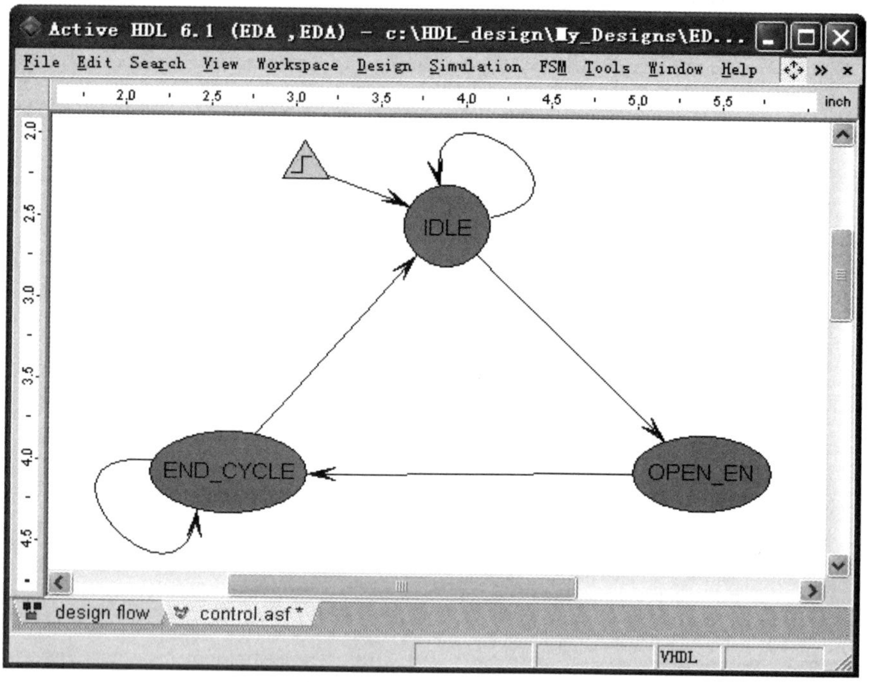

图 6-43　给出复位关系

在状态图编辑窗口点击鼠标右键，选择“Properties”进入图 6-44 所示的复位属性设置窗口，本例中设置 reset 类型为“Asynchronous”，reset 有效电平为“Low”。

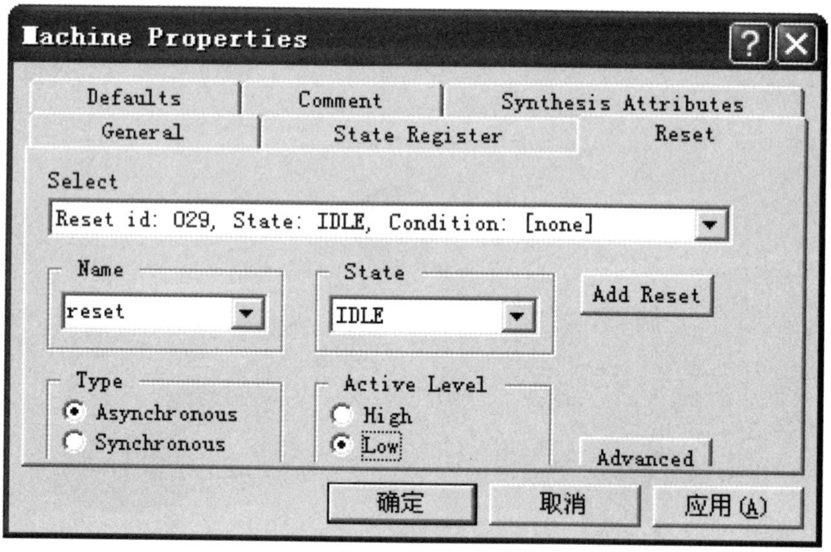

图 6-44　状态机属性设置窗口

通过“FSM→Condition”进入状态转换条件设置命令，如图 6-45 所示，给出每一个状态转换的条件。

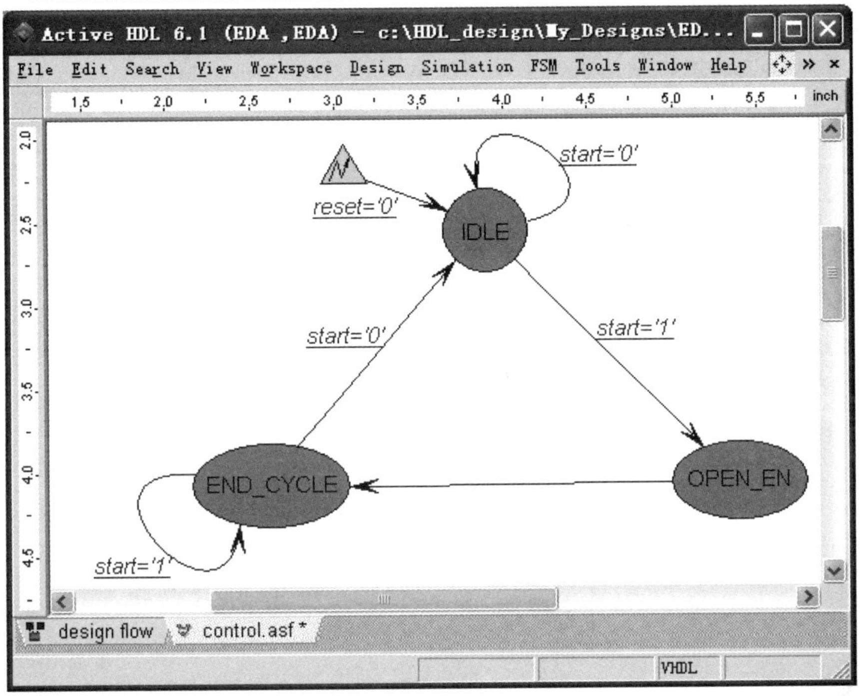

图 6-45　状态转换条件设置

最后需要进行状态动作的定义。通过“FSM→Action→State”进入状态动作设置命令，如图 6-46，给出每一个状态动作的源代码。

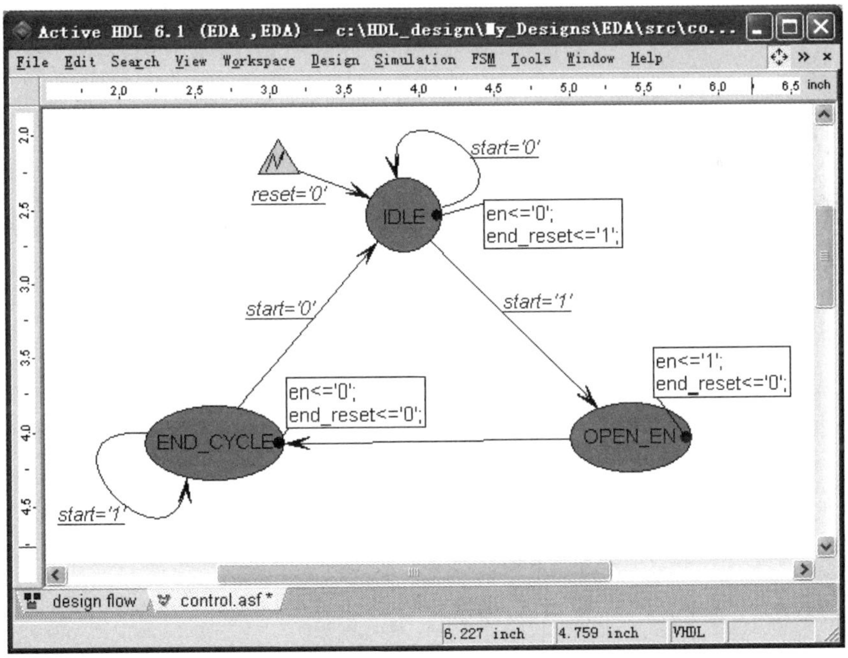

图 6-46　状态动作的定义

到此为止，FSM 状态图编辑全部完成。保存并编译，Active-HDL 会自动生成 VHDL 格式的控制器 FSM 源程序代码。如图 6-47 所示，给出了 FSM 源程序部分代码的截图。

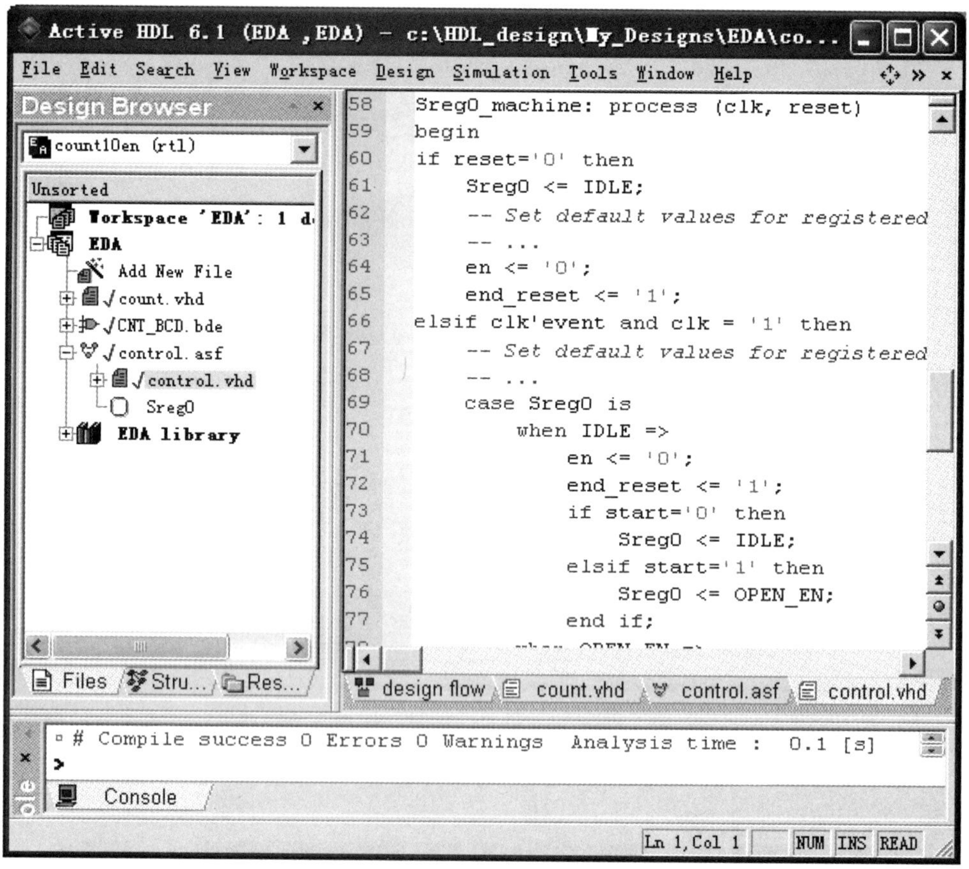

图 6-47　工具自动生成的控制器 FSM 的 VHDL 源代码

6.4　仿真

仿真，也称为模拟（Simulation）。对电路设计的逻辑行为和运行功能进行测试，可以获得许多对原设计进行排错、改进的信息。

在工程上，VHDL 仿真类型可分为行为仿真、功能仿真和时序仿真。行为仿真是对未经综合的文件进行仿真；功能仿真是在不考虑延迟的情况下，利用门级仿真获得仿真结果，即在未经布线前，使用 VHDL 源程序综合后的文件进行仿真；时序仿真则是将 VHDL 设计综合后，再由 FPGA 适配器映射于指定的 FPGA 型号，最后对得到的文件进行仿真。

要对一个编译成功的设计进行仿真，首先需要给被仿真的设计加仿真激励。根据加仿真激励方式的不同，采用 Active-HDL 进行仿真的方法有三种：图形化界面手动加激励仿真；编写宏文件（*.do）加激励仿真；编写测试平台（Testbench）加激励仿真。

6.4.1　图形化界面手动加激励仿真

（1）在 VHDL 设计编译通过后即可着手进行仿真。如图 6-48 所示，为“Design Browser”子窗口正常打开的界面。“Design Browser”子窗口里边所示的文件就是当前设计中所包含的所有文件，也包括库文件。

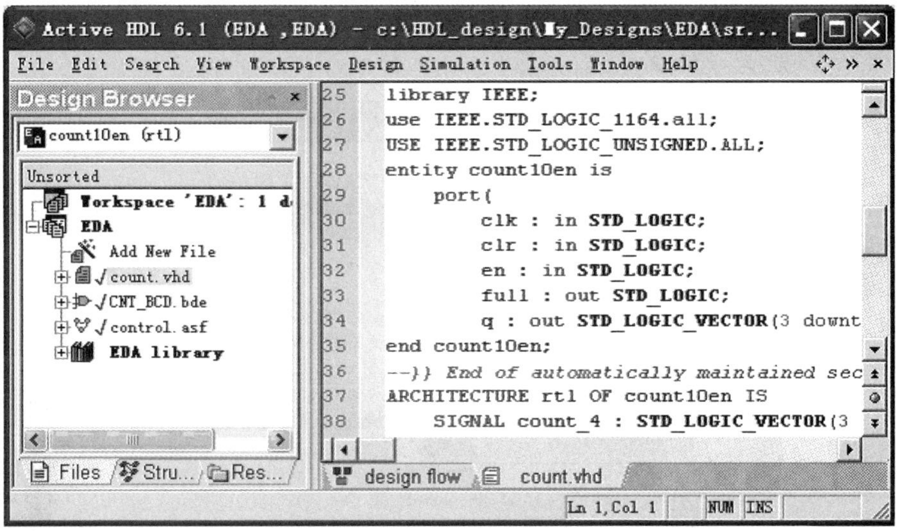

图 6-48　“Design Browser”子窗口正常打开的主界面

（2）设定仿真对象。在进行仿真前，必须设定仿真对象。单击图 6-48 中“Design Browser”子窗口已经编译通过的文件 count.vhd 前的小加号，出现一个子项，对应源文件中的实体和构造体，如图 6-49 所示，选中它，单击鼠标右键，在弹出菜单中选“Set as Top-level”设定为仿真对象。

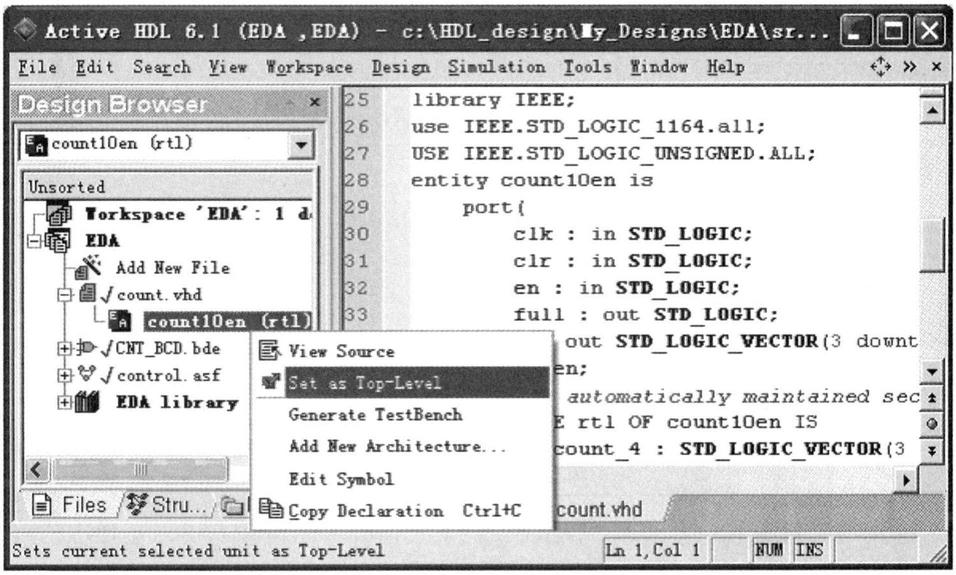

图 6-49　设定仿真对象

（3）通过“File→New→Waveform”或如图 6-50 所示，单击图中画圈的按钮，打开如图 6-51 所示的波形观测窗。

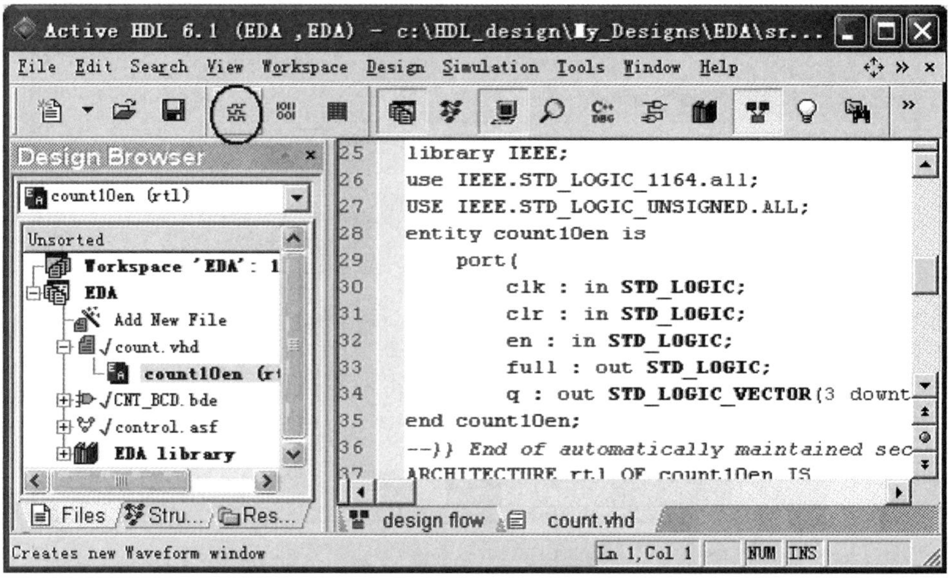

图 6-50　鼠标左键单击“波形观测窗”快捷按钮

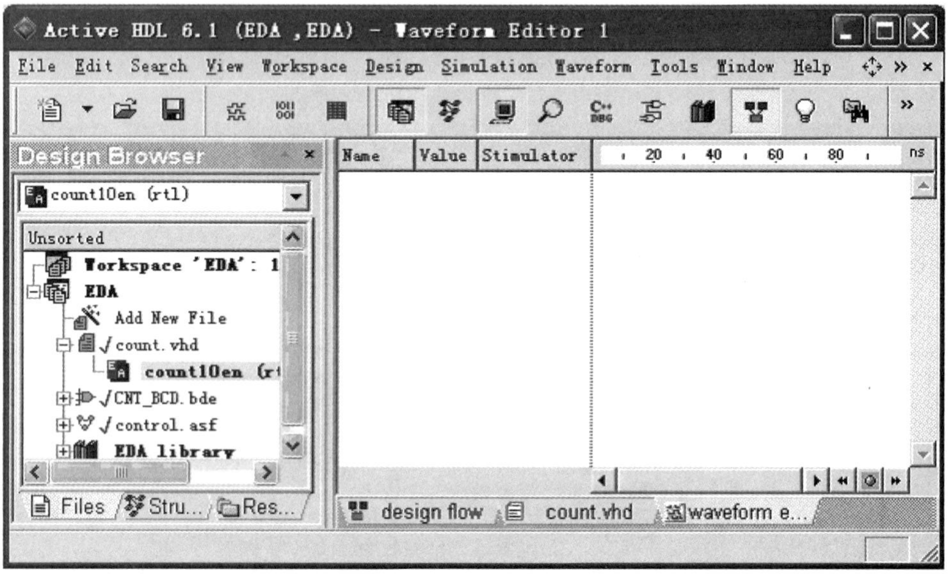

图 6-51　波形观测窗

（4）在波形观测窗的左半部即“Name”栏下空白处单击鼠标右键，在弹出的菜单中选择“Add Signals”，之后出现如图 6-52 所示的添加信号对话框窗口。

（5）在添加信号对话框窗口的右半部用鼠标选择需要在波形观测窗中观察的信号，单击“Add”按钮，最后单击“Close”按钮，这样信号就被添加到波形观测窗中。如图 6-53 所示。

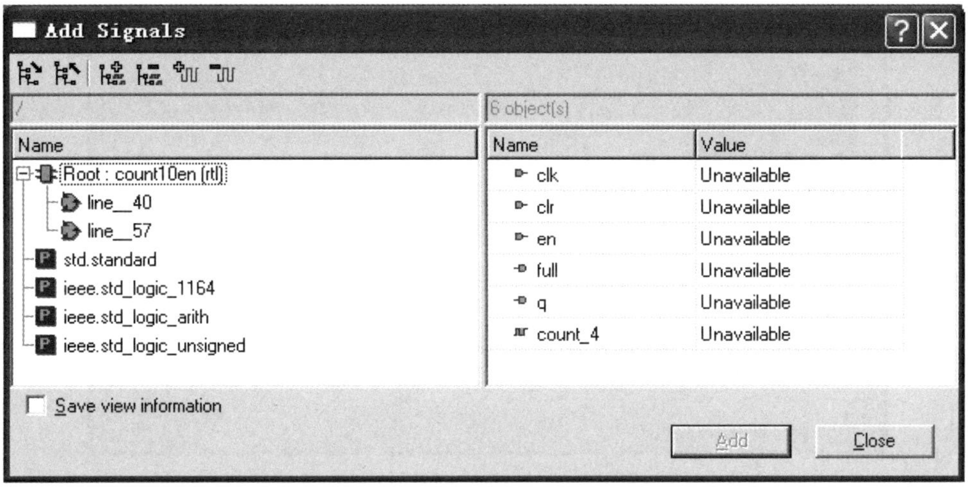

图 6-52　添加信号对话框窗口

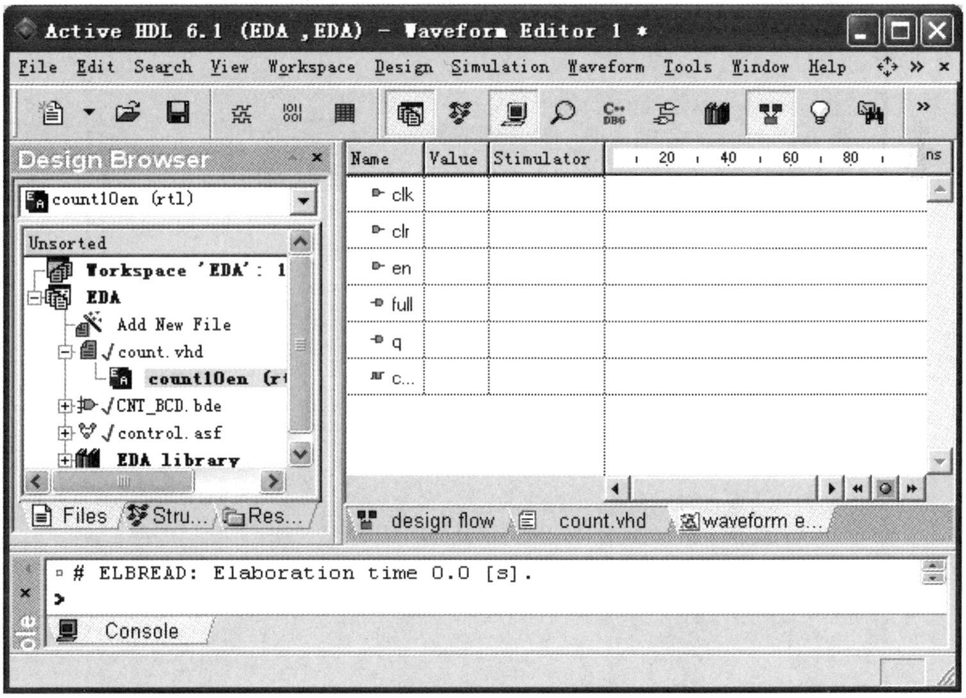

图 6-53　添加好信号的波形观测窗

（6）在图 6-53 中，用鼠标选中一个要加激励的信号，单击鼠标右键，在菜单中选择“Stimulators”，出现如图 6-54 所示的信号激励定义窗口。在“Signals”栏中显示出了当前要加激励的信号列表，在“Type”栏中选择要加激励的类型，在右边的小窗口中修改激励的数值，完成后点击“Apply”按钮，然后点击“Close”按钮关闭该窗口。图 6-54 中给出了“clk”信号激励的定义：“Clock”类型，周期为 100ns；图 6-55 中给出了“clr”信号激励的定义：“Formula”类型，0ns 时为“1”，200ns 时为“0”；图 6-56 中给出了“en”信号激励的定义：“Value”类型，值为“1”。到此为止，信号激励定义完成。

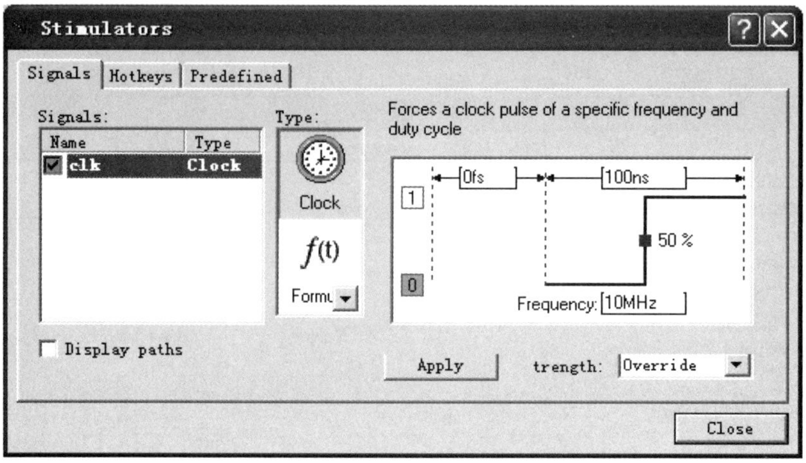

图 6-54　clk 信号的激励添加

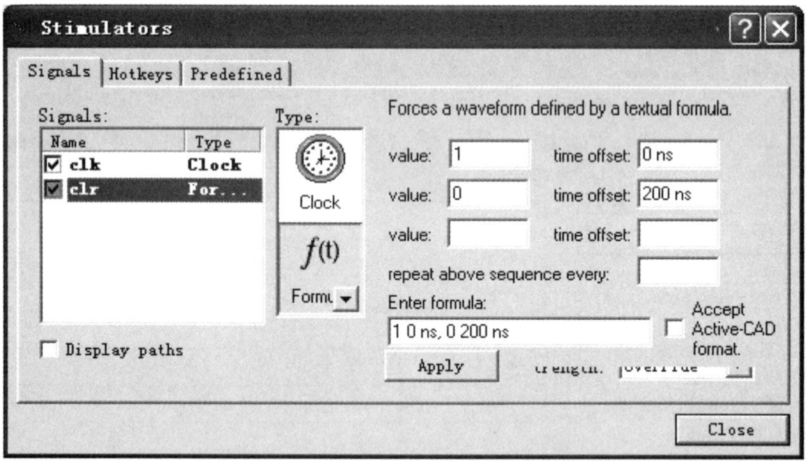

图 6-55　clr 信号的激励添加

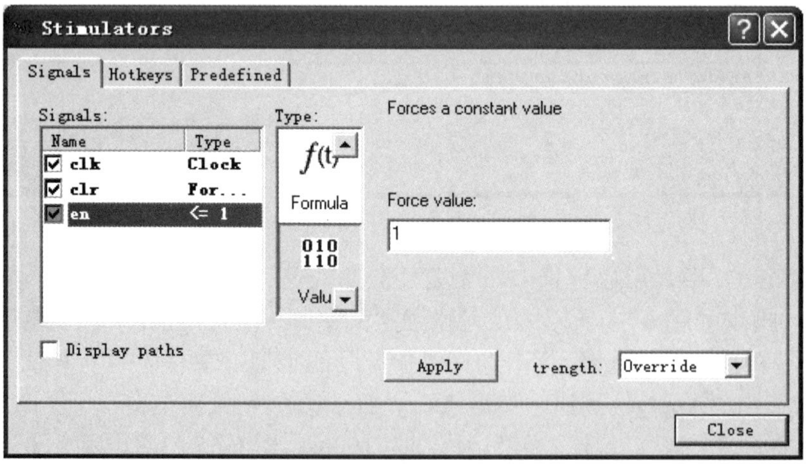

图 6-56　en 信号的激励添加

（7）返回到波形窗，单击仿真运行按钮，此按钮已在图 6-57 中用圈标出。

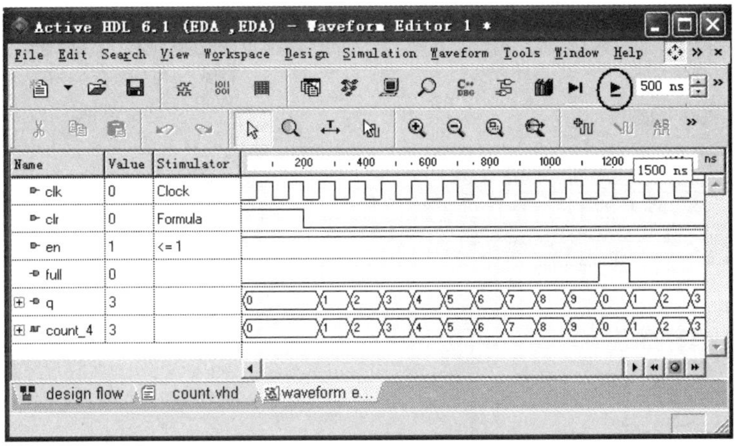

图 6-57　仿真运行及其运行结果

如图 6-57 所示在仿真运行按钮右边有数值栏，此数值是仿真所进行的时间，可以由用户任意变更，本例中变更为“500ns”，因此每按一下仿真运行按钮，实际仿真运行 500ns。根据本例计数器的功能判断，图 6-57 中给出的运行结果是符合设计预期的，故仿真通过。

6.4.2　编写宏文件（*.do）加激励仿真

很多 EDA 软件如 Active-HDL、ModelSim 和 Workview Office 都提供了编写宏文件(*.do)或命令文件（*.cmd）进行仿真的功能。其中 Active-HDL 就提供了编写宏文件(*.do)进行仿真的功能。宏文件可以使用任何 windows 操作系统中的文本编辑器软件来编辑，不过最后要保存成扩展名为“do”的文件，然后才可以在 Active-HDL 仿真中调用。我们在 Active-HDL 的编辑器中也可以编写宏文件，下面以例 6-1 的计数器为仿真对象介绍在 Active-HDL 中编写宏文件并调用其进行仿真的过程。

通过“File→New→Macro”新建宏文件，如图 6-58 所示。

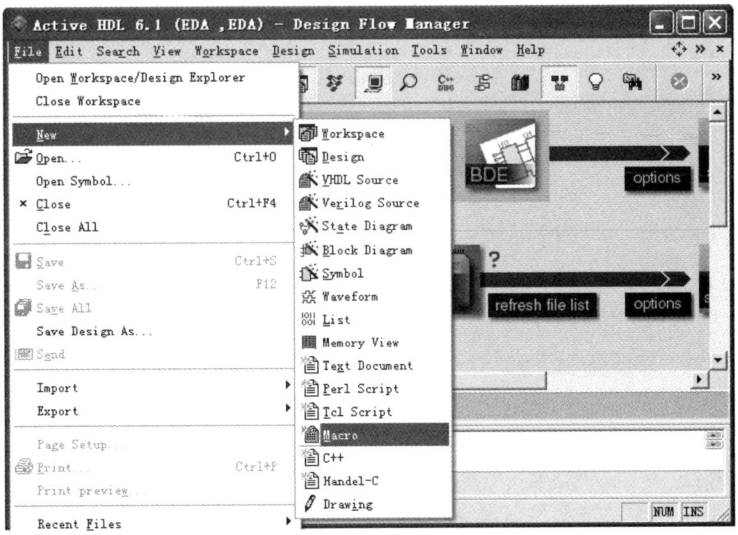

图 6-58　新建宏文件

新建的宏文件编辑窗口如图 6-59 所示。接下来需要编辑宏文件的具体内容。

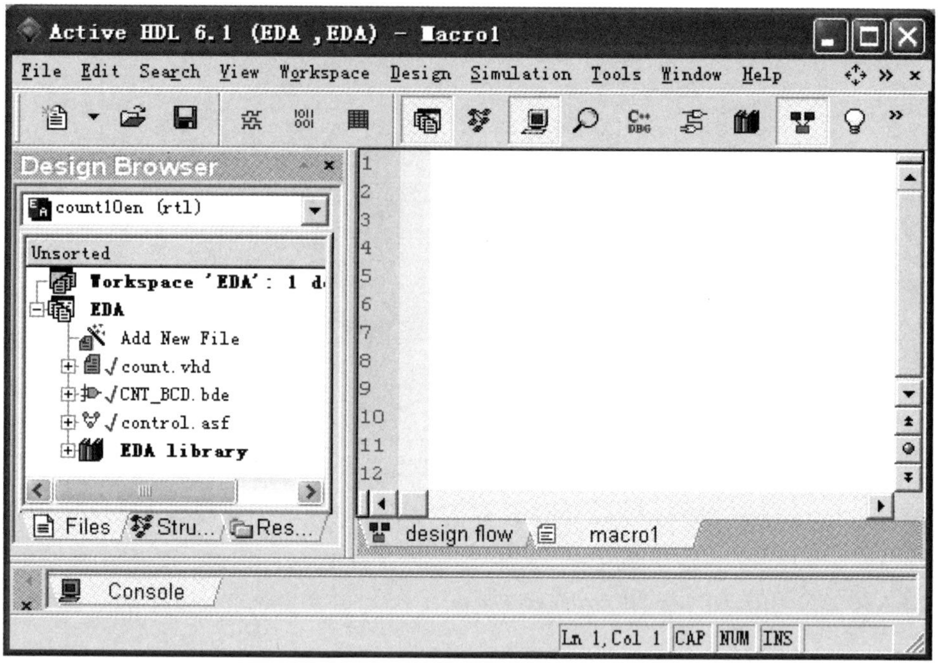

图 6-59　宏文件编辑窗口

在宏文件编辑窗口中写入如下命令行：

```
wave clk clr en full q
force clk 0 0ns, 1 50ns, -r 100ns
force clr 1 0ns, 0 100ns
force en 1 0ns
```

其中，“wave”命令为添加信号到波形观测窗口，其基本格式为：

```
wave <信号名 1> <信号名 2> <信号名 3> <信号名 4>
```

如果用“wave”命令添加多个信号，只需用空格隔开，不需要标点符号。

“force”命令是给特定信号赋值或序列值，其基本格式为：

```
force <信号名> <信号值> <信号跳变的绝对时间> [,<信号值> <信号跳变的绝对时间>] [,-r <周期绝对时间>]
```

若该信号要连续赋值，则要有若干对<信号值>与<信号跳变的绝对时间>，他们之间用逗号隔开，但最后一对<信号值>与<信号跳变的绝对时间>之后不需要任何标点符号。如果是周期信号，则需要在最后用“-r <周期绝对时间>”注明。

如果还需要用到其他的宏文件命令，基本格式请读者自行查阅 Active-HDL 的帮助文档。

编辑好宏文件后保存备用。如图 6-60，宏文件保存，本例中命名为 count.do。

在执行宏文件之前，需要设定仿真对象。本例中的仿真对象为 count 计数器，如图 6-61 所示完成设置。

接下来执行宏文件，启动仿真。如图 6-62 所示，在“Design Browser”子窗口中选中已经编辑好的宏文件“count.do”，单击鼠标右键，选择“Execute”。

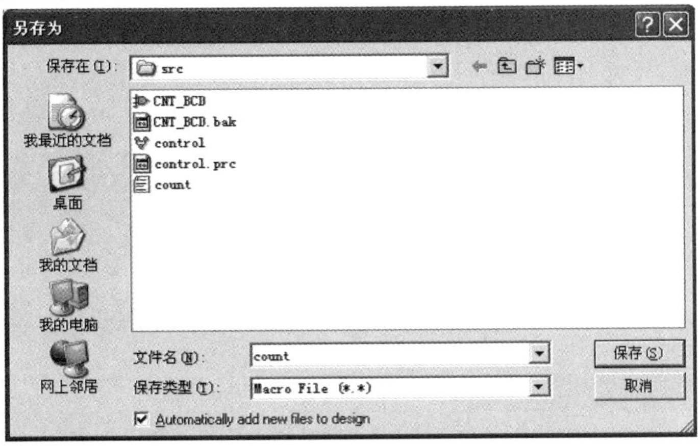

图 6-60　宏文件保存

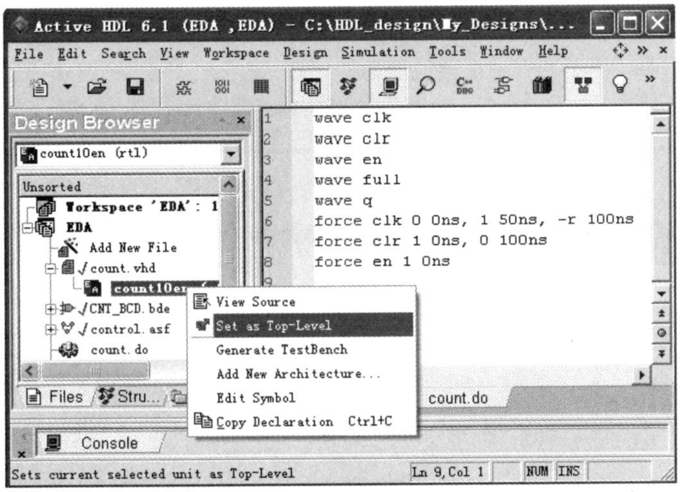

图 6-61　设定仿真对象

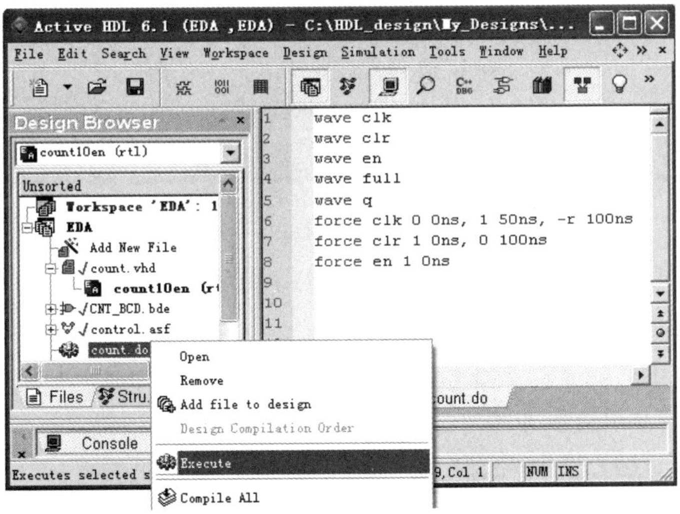

图 6-62　执行宏文件

宏文件执行后，波形观测窗会自动调出，如图 6-63 所示。

在波形观测窗口中单击仿真运行按钮即可完成仿真，得到的最终仿真波形如图 6-64 所示。

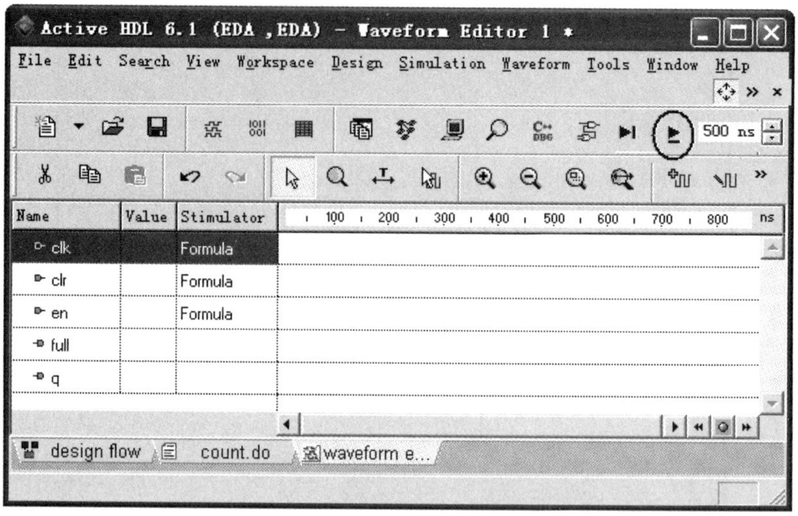

图 6-63 波形观测窗自动调出

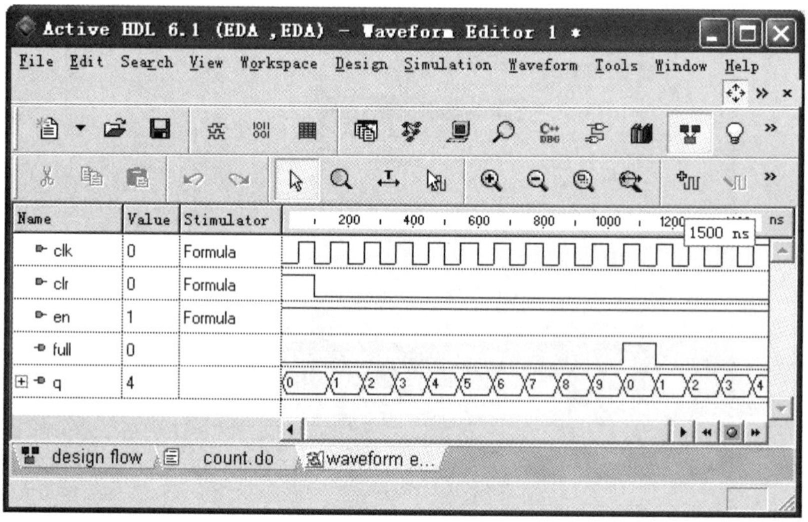

图 6-64 仿真结果

6.4.3 编写测试平台（Test Bench）加激励仿真

编写测试平台(Test Bench)进行仿真是工程应用中最常用的仿真方法。测试平台(Test Bench)文件是用通用的标准语言编写，可移植性强，能够在不同工具中直接调用。

Active-HDL 工具可以很方便地自动生成测试平台文件的框架，然后由用户编写录入关键的测试激励语句，即可完成测试平台文件的编写。其操作如下：

（1）在 VHDL 源文件编译完成后，如图 6-65 所示，单击 “Design Browser” 窗口中的刚刚编译过的文件 count.vhd 前的小加号，出现一个子项，这就是源文件中的实体和构造体。

选中它，单击鼠标右键，在弹出窗口中选“Generate Test Bench”。

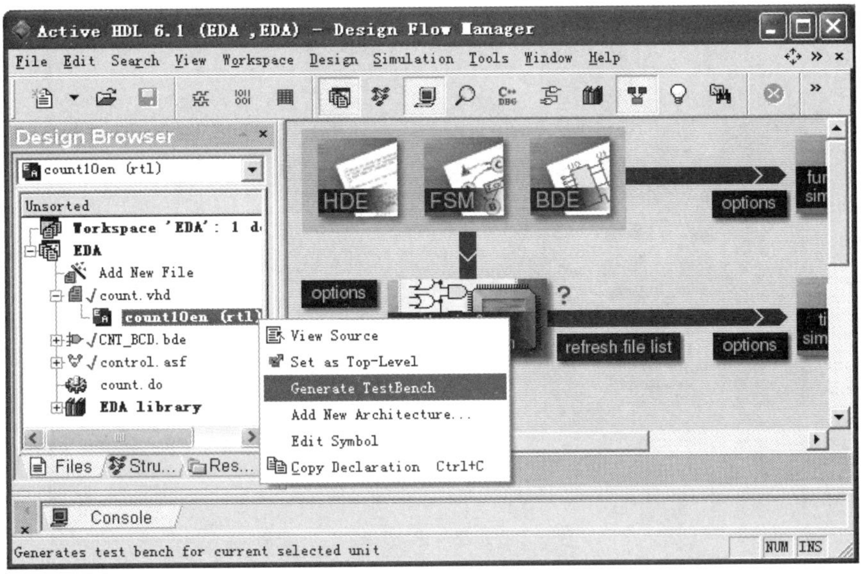

图 6-65　产生 Test Bench

（2）接下来出现如图 6-66 所示的 Test Bench 产生向导对话框。在此框中已经自动填好了实体名和构造体名。可选的 Test Bench 类型有两种：单进程、基于波形文件，用 VHDL 编写 Test Bench 时直接选择“单进程”。

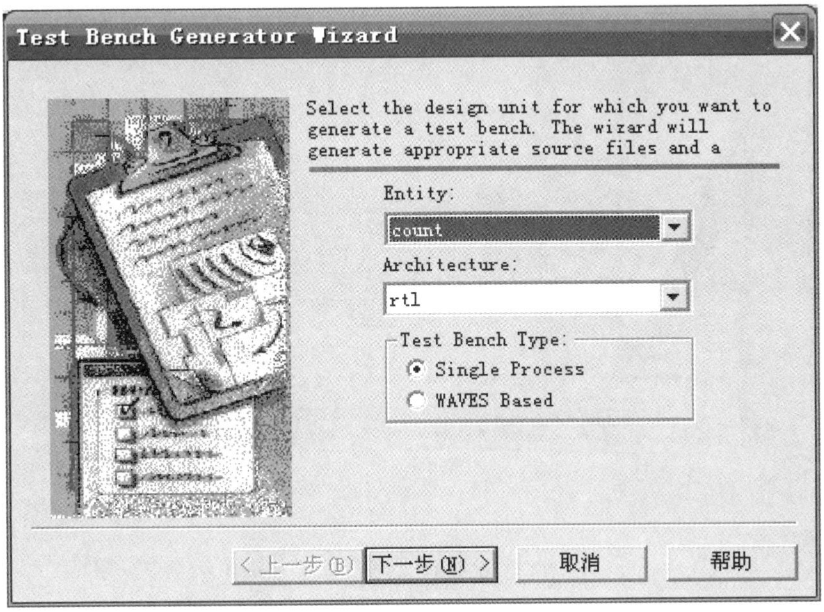

图 6-66　Test Bench 产生向导对话框

单击“下一步”，出现如图 6-67 所示对话框。在此对话框中，若在上面的小方框中打钩，则需要从已经存在的一个外部文件中引入测试向量。如果不需要引入外部测试向量则直接单击“下一步”。

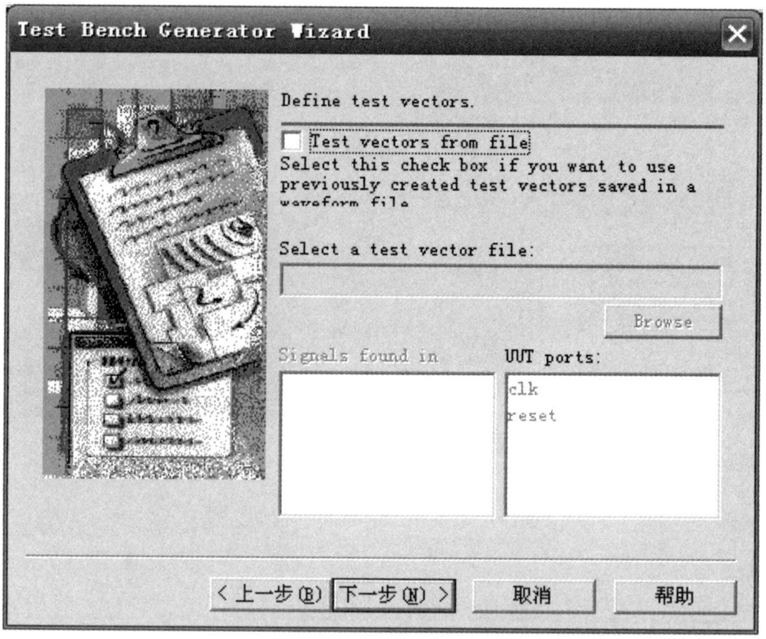

图 6-67 Test Bench 测试向量定义对话框

（3）接下来出现如图 6-68 所示对话框，里面一切已自动填好，读者只需单击“下一步”。

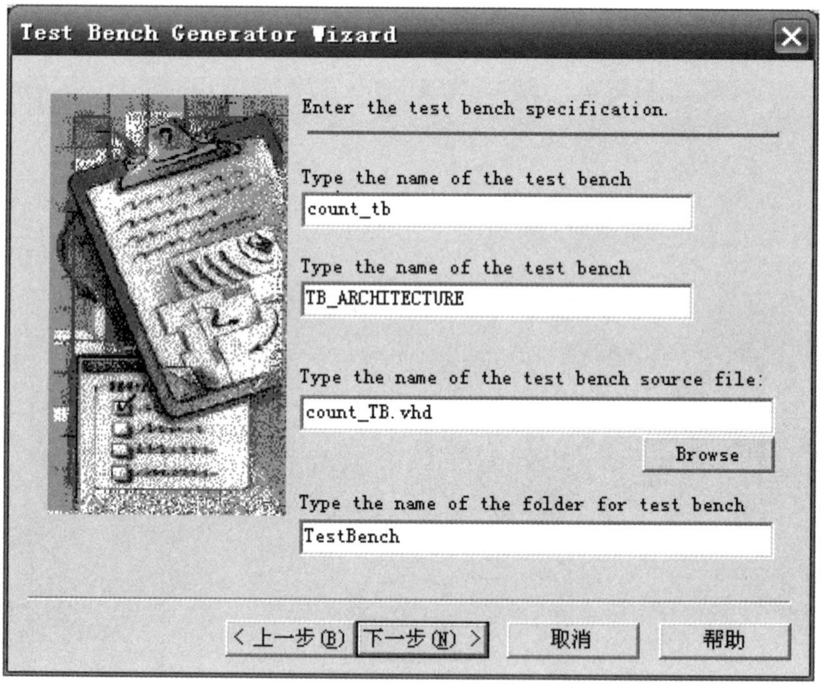

图 6-68 Test Bench 文件定义

（4）出现图 6-69 所示对话框，单击“完成”即可。

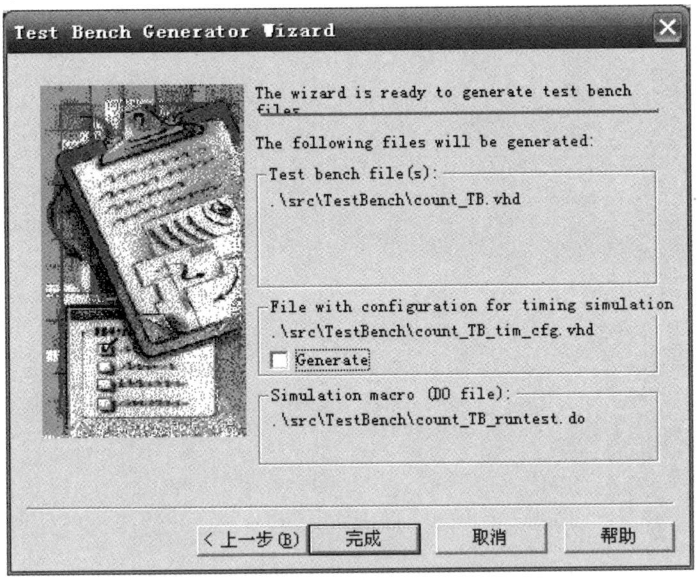

图 6-69 产生 Test Bench 向导对话框

（5）如图 6-70 所示，Active-HDL 已经自动产生了 Test Bench 的基本框架。在“Design Browser”中自动创建了一个 TestBench 文件夹，该文件夹内已经添加了一个 Test Bench 文件“count10en_TB.vhd”和一个宏文件“count10en_TB_runtest.do”。如图 6-70 所示的 Test Bench 文件源代码并不完整，尚需要加入用户自己的激励语句，激励语句添加到图中“Add your stimulus here…”标出的位置。

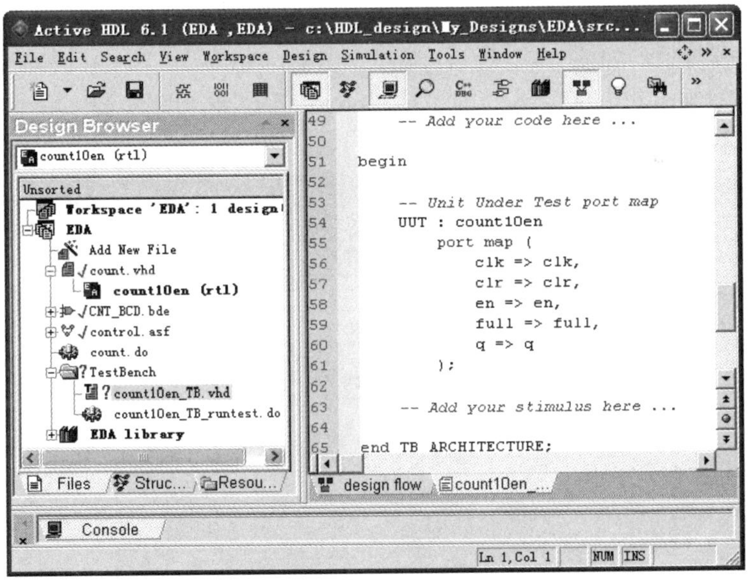

图 6-70 Test Bench 文件框架已产生

在图 6-70 中“Add your stimulus here…”标出的位置加入如下激励语句：

```
PROCESS
BEGIN
```

```
        clk<= '1' ;                       -- 将时钟信号 clk 赋值为 ‘1’
        WAIT FOR clk_cycle/2 ;            -- 等待半个时钟周期
        clk<= '0' ;                       -- 将 clk 置为’0’
        WAIT FOR clk_cycle/2 ;            -- 等待半个时钟周期
    END PROCESS ;

    PROCESS
    BEGIN
        clr<= '1' ;                       -- 将清零信号 clr 置成’1’
        en<= '1' ;                        -- 将使能信号 en 置成’1’
        WAIT FOR clk_cycle*1.2 ;          -- 等待 1.2 个时钟周期
        clr<= '0' ;                       -- 将清零信号 clr 置成’0’
        WAIT FOR clk_cycle*10 ;           -- 等待十个时钟周期
        en<= '0' ;                        -- 将使能信号 en 置成’0’
        WAIT FOR clk_cycle*3 ;            -- 等待三个时钟周期
        en<= '1' ;                        -- 将使能信号 en 置成’1’
        WAIT ;                            -- 将仿真永远挂起
    END PROCESS ;
```

由于在上段语句中使用了一个变量“clk_cycle ”，此变量还需要在构造体中声明，所以只需要将声明语句“constant clk_cycle:TIME:=20ns;”添加到构造体的变量声明部分就可以了，然后编译该 Test Bench 文件。

（6）编译成功后，如图 6-71 所示，在“Design Browser ”栏中，选中“TestBench”目录中 “count10en_TB.vhd”下面的子项“count10en_tb（tb_architecture）”，单击鼠标右键，在弹出菜单中选择“Set as Top-Level”。

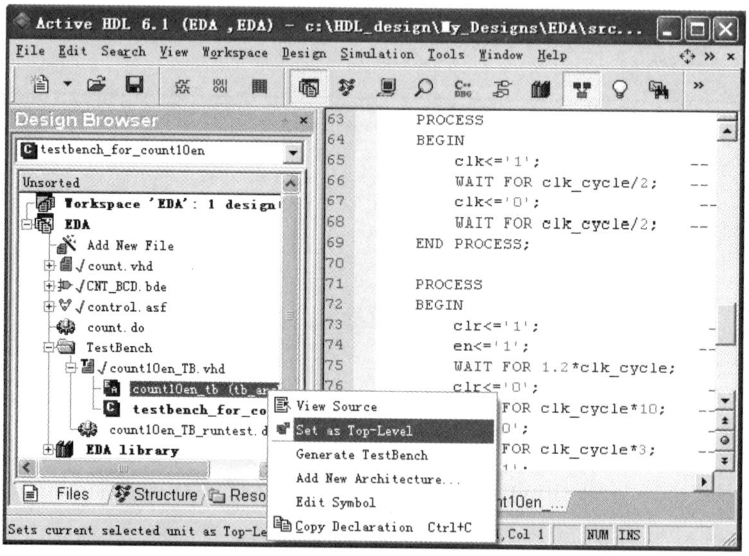

图 6-71 设置测试基准

（7）如图 6-72 所示，在“Design Browser ”栏中，选中“TestBench”目录中“count10en_TB_runtest.do”单击鼠标右键，在弹出菜单中选择“Execute”。宏文件执行后，波形观测窗会自动调出。

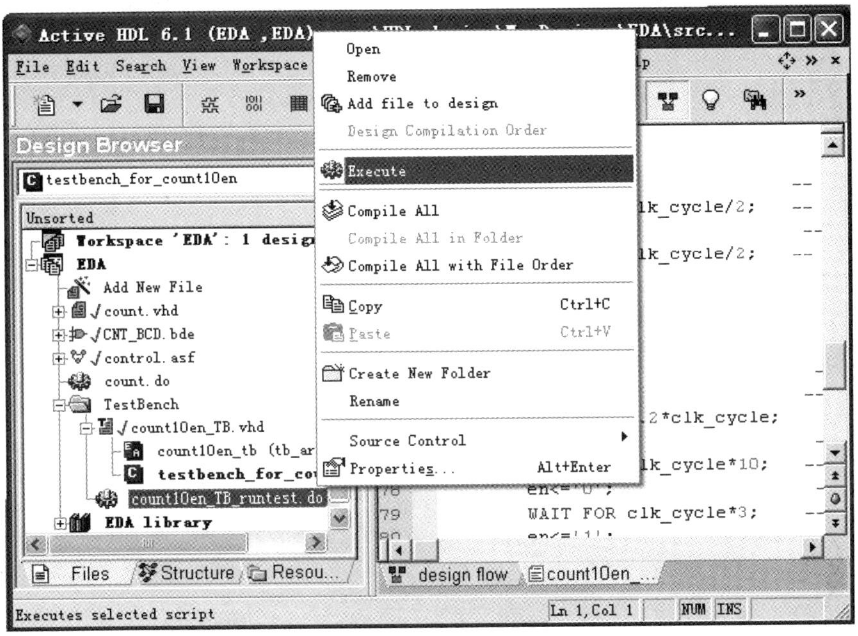

图 6-72 执行宏文件

（8）在波形观测窗口中单击仿真运行按钮即可完成仿真，得到的最终仿真波形如图 6-73 所示。

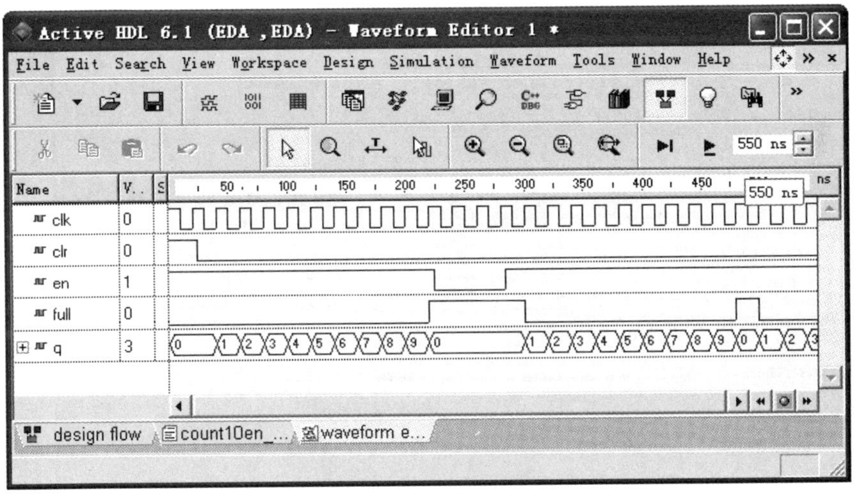

图 6-73 仿真波形图

（9）如果要重新开始仿真，则首先要使当前的仿真结束，单击工具栏上的“Simulation”按钮，在其下拉菜单中选择“End Simulation”，如图 6-74 所示。

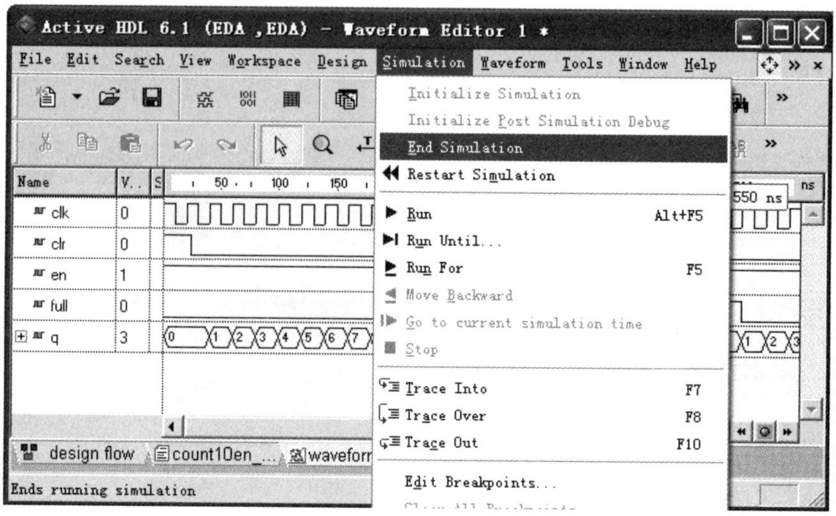

图 6-74 结束仿真

（10）如图 6-75 所示，点击工具栏上的“waveform”按钮，在其下拉菜单中选择“clear all waveforms”即可清除所有波形，然后可以开始重新仿真。

特别提示：在仿真中有一个小问题需要读者注意一下，相信读者已经了解了什么是“竞争冒险”现象，所以在仿真过程中，给信号加激励时，应该尽量避免两个或若干输入信号同时动作的现象，使其动作发生的时间相互错开不失为一个好办法。

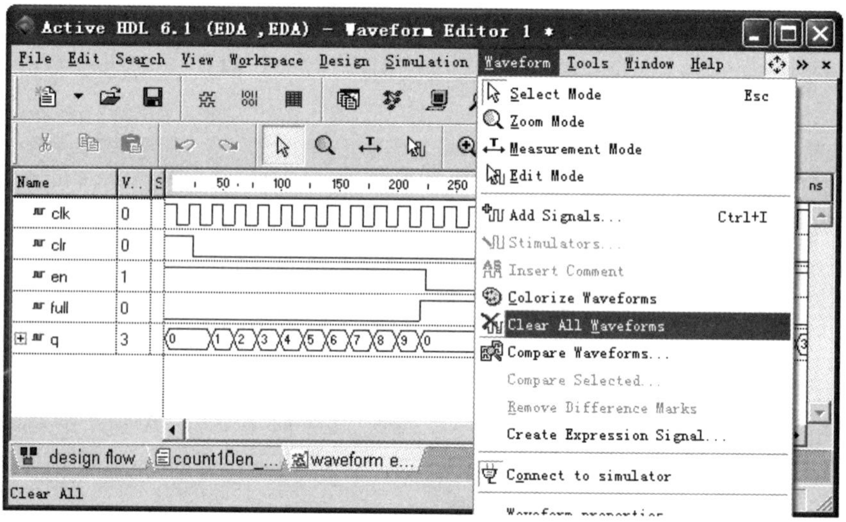

图 6-75 清除波形的操作

习 题

1．Active-HDL 工具的 VHDL 设计录入方法有哪几种？

2．根据仿真加激励的方式不同，Active-HDL 有哪几种仿真方法？

3．试设计一个 8 进制的加 1 计数器，并且用三种不同的仿真方法进行验证。

第 7 章　组合逻辑电路设计

本章导读

通过前面几章的学习，读者已经对 VHDL 的语句、语法及利用 VHDL 设计逻辑电路的基本方法有了充分的认识。在此基础上学习本章的内容，读者更能深入理解使用 VHDL 设计组合逻辑电路的具体步骤和方法。本章拥有大量的基本组合逻辑电路设计实例，学习和理解这些基本模块，将为设计更加复杂的数字电路打下基础。

7.1　组合逻辑电路

在数字电路中，根据逻辑功能的不同，可以把数字电路分为两大类：组合逻辑电路和时序逻辑电路。所谓组合逻辑电路就是指数字电路在任何时刻的输出仅仅取决于该时刻数字电路的输入，而与历史输入无关。

用 VHDL 描述组合逻辑电路有两种方法：使用并行语句或使用进程。使用进程可以大大提高程序的可读性，特别是在算法比较复杂的情况下，例如乘法器，通常只有使用进程才能够处理。但是使用进程时必须注意源代码的书写风格，若逻辑综合后形成时序电路，会增加电路规模。

本章将要介绍的组合逻辑电路包括：基本门电路、编/译码器、多路选择器、比较器、减法器、乘法器、交通信号灯监测电路和存储器等。

7.2　基本门电路

门电路是构成所有组合逻辑电路的基本单元，因此在进行比较复杂的组合逻辑电路设计之前，先要掌握这些基本电路的 VHDL 描述。基本门电路主要包括非门、与门、与非门、或门、或非门、异或门等。下面我们就用 VHDL 对一些常用的门电路进行描述。

7.2.1　二输入与门

二输入与门的逻辑电路图如图 7-1 所示，其真值表如表 7-1 所示。

表 7-1　二输入与门真值表

a	b	y
0	0	0
0	1	0
1	0	0
1	1	1

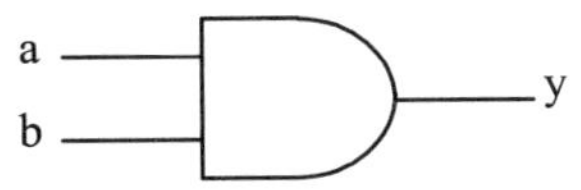

图 7-1　二输入与门逻辑符号

二输入与门电路的逻辑表达式为 y = a • b。

利用 VHDL 描述二输入与门有多种形式，现举两个例子加以说明。

【例 7-1】 二输入与门程序（一）。

```
LIBRARY IEEE ;
USE IEEE.STD_LOGIC_1164.ALL ;
ENTITY and2 IS
  PORT(a, b: IN STD_LOGIC ;
           y: OUT STD_LOGIC) ;
END and2 ;
ARCHITECTURE and2_arc1 OF and2 IS
  BEGIN
  y <= a AND b ;
END and2_arc1 ;
```

【例 7-2】 二输入与门程序（二）。

```
LIBRARY IEEE ;
USE IEEE.STD_LOGIC_1164.ALL ;
ENTITY and2 IS
  PORT(a, b: IN STD_LOGIC ;
           y: OUT STD_LOGIC) ;
END and2 ;
ARCHITECTURE and2_arc2 OF and2 IS
  BEGIN
    PROCESS(a, b)
    VARIABLE comb: STD_LOGIC_VECTOR(1 DOWNTO 0) ;
      BEGIN
       comb:= a&b ;
       CASE comb IS
         WHEN "00" => y <= '0' ;
         WHEN "01" => y <= '0' ;
         WHEN "10" => y <= '0' ;
         WHEN "11" => y <= '1' ;
         WHEN OTHERS => y <= 'X' ;
       END CASE ;
    END PROCESS ;
END and2_arc2 ;
```

例 7-1 是根据二输入与门电路的逻辑表达式，使用并行语句描述的二输入与门。例 7-2 则是根据二输入与门电路的真值表，使用进程语句描述的二输入与门。

7.2.2　二输入或门

二输入或门的逻辑电路图如图 7-2 所示，其真值表如表 7-2 所示。

表 7-2　二输入或门真值表

a	b	y
0	0	0
0	1	1
1	0	1
1	1	1

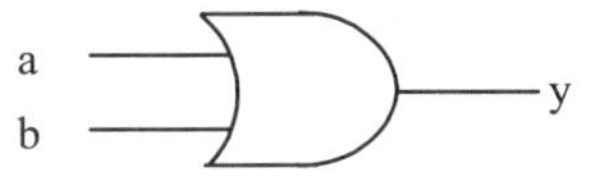

图 7-2　二输入或门逻辑符号

二输入或门电路的逻辑表达式为 $y = a + b$。

下面利用 VHDL 描述二输入或门，根据逻辑表达式给出例 7-3，根据逻辑真值表给出例 7-4。

【例 7-3】 二输入或门程序（一）。

```
LIBRARY IEEE ;
USE IEEE.STD_LOGIC_1164.ALL ;
ENTITY or2 IS
  PORT(a, b: IN STD_LOGIC ;
           y: OUT STD_LOGIC) ;
END or2 ;
ARCHITECTURE or2_arc1 OF or2 IS
  BEGIN
    y <= a OR b ;
END or2_arc1 ;
```

【例 7-4】 二输入或门程序（二）。

```
LIBRARY IEEE ;
USE IEEE.STD_LOGIC_1164.ALL ;
ENTITY or2 IS
  PORT(a, b: IN STD_LOGIC ;
           y: OUT STD_LOGIC) ;
END or2 ;
ARCHITECTURE or2_arc2 OF or2 IS
  BEGIN
  PROCESS(a, b)
```

```
        VARIABLE comb: STD_LOGIC_VECTOR(1 DOWNTO 0) ;
        BEGIN
          comb:= a&b ;
          CASE comb IS
            WHEN "00" => y <= '0' ;
            WHEN "01" => y <= '1' ;
            WHEN "10" => y <= '1' ;
            WHEN "11" => y <= '1' ;
            WHEN OTHERS => y <= 'X' ;
          END CASE ;
      END PROCESS ;
END or2_arc2 ;
```

7.2.3 二输入与非门

二输入与非门的逻辑电路图如图 7-3 所示，其真值表如表 7-3 所示。

表 7-3 二输入与非门真值表

a	b	y
0	0	1
0	1	1
1	0	1
1	1	0

图 7-3 二输入与非门逻辑符号

二输入与非门电路的逻辑表达式为 $y=\overline{(a\cdot b)}$ 。

下面利用 VHDL 描述二输入与非门，根据逻辑表达式给出例 7-5，根据逻辑真值表给出例 7-6。

【例 7-5】 二输入与非门程序（一）。

```
LIBRARY IEEE ;
USE IEEE.STD_LOGIC_1164.ALL ;
ENTITY nand2 IS
   PORT(a, b: IN STD_LOGIC ;
              y: OUT STD_LOGIC) ;
END nand2 ;
ARCHITECTURE nand2_arc1 OF nand2 IS
```

```
  BEGIN
    y <= a NAND b ;
  END nand2_arc1 ;
```

【例 7-6】 二输入与非门程序（二）。

```
LIBRARY IEEE ;
USE IEEE.STD_LOGIC_1164.ALL ;
ENTITY nand2 IS
  PORT(a, b: IN STD_LOGIC ;
           y: OUT STD_LOGIC) ;
END nand2 ;
ARCHITECTURE nand2_arc2 OF nand2 IS
  BEGIN
    PROCESS(a, b)
    VARIABLE comb: STD_LOGIC_VECTOR(1 DOWNTO 0) ;
    BEGIN
    comb:= a&b ;
    CASE comb IS
      WHEN "00" => y <= '1' ;
      WHEN "01" => y <= '1' ;
      WHEN "10" => y <= '1' ;
      WHEN "11" => y <= '0' ;
      WHEN OTHERS => y <= 'X' ;
    END CASE ;
  END PROCESS ;
END nand2_arc2 ;
```

7.2.4　二输入或非门

二输入或非门的逻辑电路图如图 7-4 所示，其真值表如表 7-4 所示。

二输入或非门电路的逻辑表达式为 $y=\overline{(a+b)}$ 。

表 7-4　二输入或非门真值表

a	b	y
0	0	1
0	1	0
1	0	0
1	1	0

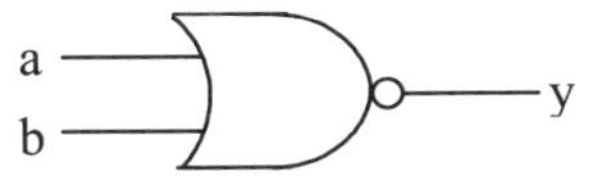

图 7-4　二输入或非门逻辑符号

下面利用 VHDL 描述二输入或非门，根据逻辑表达式给出例 7-7，根据逻辑真值表给出例 7-8。

【例 7-7】 二输入或非门程序（一）。

```
LIBRARY IEEE ;
USE IEEE.STD_LOGIC_1164.ALL ;
ENTITY nor2 IS
  PORT(a, b: IN STD_LOGIC ;
            y: OUT STD_LOGIC) ;
END nor2 ;
ARCHITECTURE nor2_arc1 OF nor2 IS
BEGIN
  y <= a NOR b ;
END nor2_arc1 ;
```

【例 7-8】 二输入或非门程序（二）。

```
LIBRARY IEEE ;
USE IEEE.STD_LOGIC_1164.ALL ;
ENTITY nor2 IS
  PORT(a, b: IN STD_LOGIC ;
            y: OUT STD_LOGIC) ;
END nor2 ;
ARCHITECTURE nor2_arc2 OF nor2 IS
  BEGIN
  PROCESS(a, b)
    VARIABLE comb: STD_LOGIC_VECTOR(1 DOWNTO 0) ;
  BEGIN
  comb:= a&b ;
  CASE comb IS
    WHEN "00" => y <= '1' ;
    WHEN "01" => y <= '0' ;
    WHEN "10" => y <= '0' ;
    WHEN "11" => y <= '0' ;
    WHEN OTHERS => y <= 'X' ;
  END CASE ;
END PROCESS ;
END nor2_arc2 ;
```

7.2.5 非门

非门即倒相器，其逻辑电路图如图 7-5 所示，其真值表如表 7-5 所示。

表 7-5　非门真值表

a	y
0	1
1	0

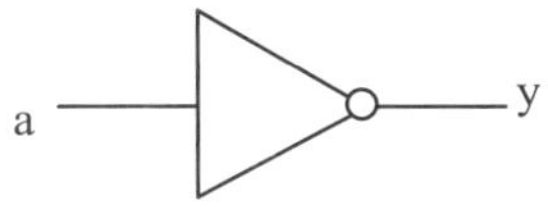

图 7-5　非门逻辑符号

非门电路的逻辑表达式为 $y=\overline{a}$ 。

下面利用 VHDL 描述非门，根据逻辑表达式给出例 7-9，根据逻辑真值表给出例 7-10。

【例 7-9】 非门程序（一）。

```
LIBRARY IEEE ;
USE IEEE.STD_LOGIC_1164.ALL ;
ENTITY inverter IS
PORT(a: IN STD_LOGIC ;
        y: OUT STD_LOGIC) ;
END inverter ;
ARCHITECTURE inverter_arc1 OF inverter IS
  BEGIN
    y <= NOT a ;
END inverter_arc1 ;
```

【例 7-10】 非门程序（二）。

```
LIBRARY IEEE ;
USE IEEE.STD_LOGIC_1164.ALL ;
ENTITY inverter IS
PORT(a: IN STD_LOGIC ;
        y: OUT STD_LOGIC) ;
END inverter ;
ARCHITECTURE inverter_arc2 OF inverter IS
BEGIN
PROCESS(a)
BEGIN
IF (a = '1') THEN
  y <= '0' ;
ELSE
  y <= '1' ;
END IF ;
```

```
END PROCESS ;
END inverter_arc2 ;
```

7.2.6　二输入异或门

二输入异或门的逻辑电路图如图 7-6 所示，其真值表如表 7-6 所示。

表 7-6　二输入异或门真值表

a	b	y
0	0	0
0	1	1
1	0	1
1	1	0

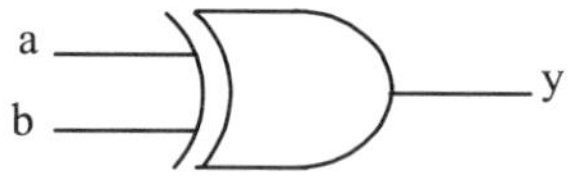

图 7-6　二输入异或门逻辑符号

二输入异或门电路的逻辑表达式为 $y = a \oplus b$。

下面利用 VHDL 描述二输入异或门，根据逻辑表达式给出例 7-11，根据逻辑真值表给出例 7-12。

【例 7-11】 二输入异或门程序（一）。

```
LIBRARY IEEE ;
USE IEEE.STD_LOGIC_1164.ALL ;
ENTITY xor2 IS
PORT(a, b: IN STD_LOGIC ;
          y: OUT STD_LOGIC) ;
END xor2 ;
ARCHITECTURE xor2_arc1 OF xor2 IS
BEGIN
  y <= a XOR b ;
END xor2_arc1 ;
```

【例 7-12】 二输入异或门程序（二）。

```
LIBRARY IEEE ;
USE IEEE.STD_LOGIC_1164.ALL ;
ENTITY xor2 IS
PORT(a, b: IN STD_LOGIC ;
         y: OUT STD_LOGIC) ;
END xor2 ;
ARCHITECTURE xor2_arc2 OF xor2 IS
```

```
BEGIN
PROCESS(a, b)
VARIABLE comb : STD_LOGIC_VECTOR(1 DOWNTO 0) ;
BEGIN
comb:= a&b ;
CASE comb IS
   WHEN "00" => y <= '0' ;
   WHEN "01" => y <= '1' ;
   WHEN "10" => y <= '1' ;
   WHEN "11" => y <= '0' ;
   WHEN OTHERS => y <= 'X' ;
END CASE ;
END PROCESS ;
END xor2_arc2 ;
```

7.2.7 多输入门电路

要构成一个如图 7-7 所示的多输入电路，可以通过调用已有的二输入与门模块，直接进行电路的设计。利用例 7-1 或例 7-2 设计好的二输入与门模块，构成如图 7-7 所示逻辑电路的 VHDL 程序如例 7-13 所示。

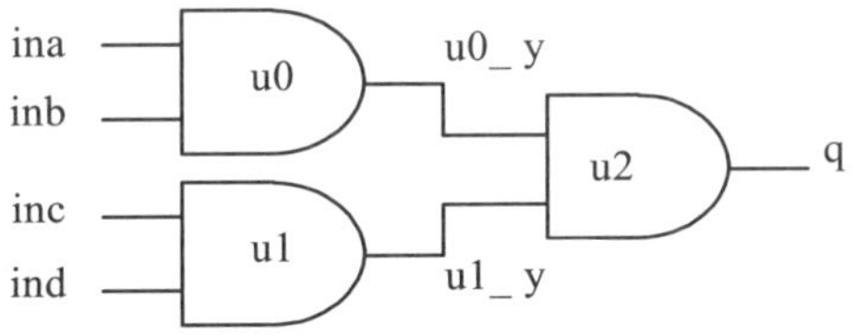

图 7-7　三个二输入与门构成的电路

【例 7-13】 由三个二输入与门构成电路的程序。

```
LIBRARY IEEE ;
USE IEEE.STD_LOGIC_1164.ALL ;
ENTITY and4 IS
      PORT(ina, inb, inc, ind: IN STD_LOGIC ;
                               q: OUT STD_LOGIC) ;
END and4 ;
ARCHITECTURE structure OF and4 IS
COMPONENT and2
PORT(a, b: IN STD_LOGIC ;
         y: OUT STD_LOGIC) ;
END COMPONENT ;
SIGNAL u0_ y, u1_ y: STD_LOGIC ;
```

```
BEGIN
u0: and2 PORT MAP(ina, inb, u0_ y) ;
u1: and2 PORT MAP(inc, ind, u1_ y) ;
u2: and2 PORT MAP(u0_ y, u1_ y, q) ;
END structure ;
```

三输入与门和二输入与门的差异仅在于多了一个输入引脚，在用 VHDL 编程时，在端口说明中应加一个输入端口 c。当然，根据逻辑表达式，该输入端口的信号 c 应与 a 和 b 一样，一起参与逻辑运算，以得到最后的输出 y。

三输入与门的逻辑电路图如图 7-8 所示，其真值表如表 7-7 所示。

表 7-7　三输入与门真值表

a	b	c	y
0	0	0	0
0	0	1	0
0	1	0	0
0	1	1	0
1	0	0	0
1	0	1	0
1	1	0	0
1	1	1	1

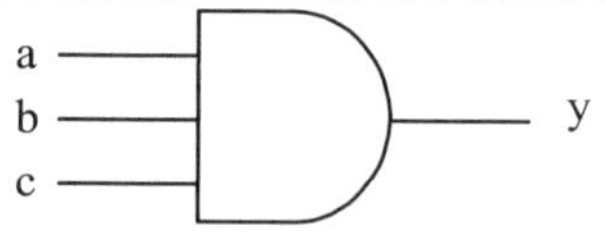

图 7-8　三输入与门逻辑符号

三输入与门电路的逻辑表达式为 $y = a \cdot b \cdot c$。

例 7-14 是利用逻辑表达式构建三输入与门的 VHDL 程序。

【例 7-14】 用逻辑表达式构建三输入与门。

```
LIBRARY IEEE ;
USE IEEE.STD_LOGIC_1164.ALL ;
ENTITY and3 IS
  PORT(a, b, c: IN STD_LOGIC ;
            y: OUT STD_LOGIC) ;
END and3 ;
ARCHITECTURE and3_1 OF and3 IS
BEGIN
  y <= (a AND b AND c) ;                    -- 利用逻辑表达式构建三输入与门
END and3_1 ;
```

例 7-15 是利用逻辑真值表构建三输入与门的 VHDL 程序。

【例 7-15】 用逻辑真值关系描述三输入与门。

```
LIBRARY IEEE ;
USE IEEE.STD_LOGIC_1164.ALL ;
ENTITY and3 IS
PORT (a, b, c: IN STD_LOGIC ;
        y: OUT STD_LOGIC) ;
END and3 ;
ARCHITECTURE and3_2 OF and3 IS
BEGIN
PROCESS(a, b, c)
VARIABLE comb: STD_LOGIC_VECTOR(2 DOWNTO 0) ;
BEGIN
comb:= a&b&c ;
CASE comb IS
  WHEN "000" => y <= '0' ;
  WHEN "001" => y <= '0' ;
  WHEN "010" => y <= '0' ;
  WHEN "011" => y <= '0' ;
  WHEN "100" => y <= '0' ;
  WHEN "101" => y <= '0' ;
  WHEN "110" => y <= '0' ;
  WHEN "111" => y <= '1' ;
  WHEN OTHERS=> y <= 'X' ;
END CASE ;
END PROCESS ;
END and3_2 ;
```

7.3 编/译码器

编/译码器是组合逻辑电路中较简单、较常用的电路。它们可以由简单的门电路组合连接而构成。如图 7-9 所示的 3-8 译码器电路（74LSl38）就是由 8 个 3 输入与非门、4 个非门和一个 3 输入或非门构成，如果事先不作说明，只给出电路，让读者来判读该电路的功能，那么毋庸置疑，要读通该电路就要花较多的时间，如果采用 VHDL，从行为、功能来对 3-8 译码器进行描述，不仅逻辑设计变得非常容易，而且阅读也会很方便。

7.3.1 3-8 译码器

常见的译码器用于将二进制表示的地址转成电线选择信号。3-8 译码器是最常用的一种小规模集成电路，它有 3 个二进制输入端 a、b、c 和 8 个译码输出端 y0～y7。对输入 a、b、c 的值进行译码，就可以确定输出端 y0～y7 的哪一个输出端变为有效（本例中为低电平），从而达到译码的目的。表 7-8 给出了 3-8 译码器的真值表。

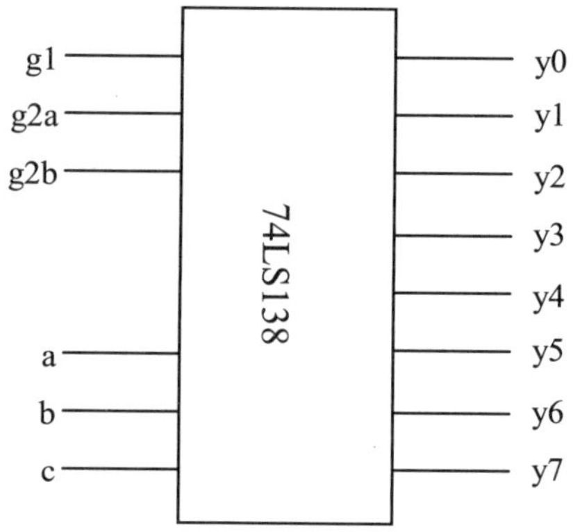

图 7-9 3-8 译码器（74LS138）

表 7-8 3-8 译码器的真值表

选通输入			二进制输入端			译码输出端							
g1	g2a	g2b	c	b	a	y0	y1	y2	y3	y4	y5	y6	y7
x	1	x	x	x	x	1	1	1	1	1	1	1	1
x	x	1	x	x	x	1	1	1	1	1	1	1	1
0	x	x	x	x	x	1	1	1	1	1	1	1	1
1	0	0	0	0	0	0	1	1	1	1	1	1	1
1	0	0	0	0	1	1	0	1	1	1	1	1	1
1	0	0	0	1	0	1	1	0	1	1	1	1	1
1	0	0	0	1	1	1	1	1	0	1	1	1	1
1	0	0	1	0	0	1	1	1	1	0	1	1	1
1	0	0	1	0	1	1	1	1	1	1	0	1	1
1	0	0	1	1	0	1	1	1	1	1	1	0	1
1	0	0	1	1	1	1	1	1	1	1	1	1	0

本例中的 3-8 译码器还有 3 个选通输入端 g1、g2a 和 g2b。只有在 g1=1，g2a=0，g2b=0 时，3-8 译码器才进行正常译码，否则 y0～y7 输出将均为高电平。

参考真值表，用 VHDL 描述的 3-8 译码器程序如例 7-16 所示。

【例 7-16】 3-8 译码器。

```
LIBRARY IEEE ;
USE IEEE.STD_LOGIC_1164.ALL ;
ENTITY decoder_3_to_8 IS
PORT(a, b, c, g1, g2a, g2b: IN STD_LOGIC ;
                    y: OUT STD_LOGIC_VECTOR(7 DOWNTO 0));
END decoder_3_to_8 ;
ARCHITECTURE rtl OF decoder_3_to_8 IS
SIGNAL indata: STD_LOGIC_VECTOR(2 DOWNTO 0) ;
BEGIN
```

```
indata<= c&b&a ;
PROCESS (indata, g1, g2a, g2b)
BEGIN
 IF(g1='1'AND g2a='0' AND g2b='0')THEN
  CASE indata IS
   WHEN "000" => y <="11111110" ;
   WHEN "001" => y <="11111101" ;
   WHEN "010" => y <="11111011" ;
   WHEN "011" => y <="11110111" ;
   WHEN "100" => y <="11101111" ;
   WHEN "101" => y <="11011111" ;
   WHEN "110" => y <="10111111" ;
   WHEN "111" => y <="01111111" ;
   WHEN OTHERS => y <="11111111" ;
  END CASE ;
 ELSE
  y <= "11111111" ;
 END IF ;
END PROCESS ;
END rtl ;
```

在例 7-16 中，y(0)对应真值表中的 y0，y(1)对应真值表中的 y1，以此类推。

7.3.2 优先级编码器

优先级编码器常用于中断的优先级控制。74LS148 就是一个 8 输入、3 位二进制码输出的优先级编码器。当其中某一个输入有效时，就可以输出一个对应的 3 位二进制编码。另外，当同时有几个输入有效时，将输出优先级最高的那个输入所对应的二进制编码。

图 7-10 给出了优先级编码器的引脚图，它有 7 个输入 input（0）～input（7）和 3 位二进制码输出 y0～y2。该优先级编码器的真值表如表 7-9 所示。表中的“x”项表示任意项，它可以是“0”也可以是“1”。input（0）的优先级最高，input（7）的优先级最低。

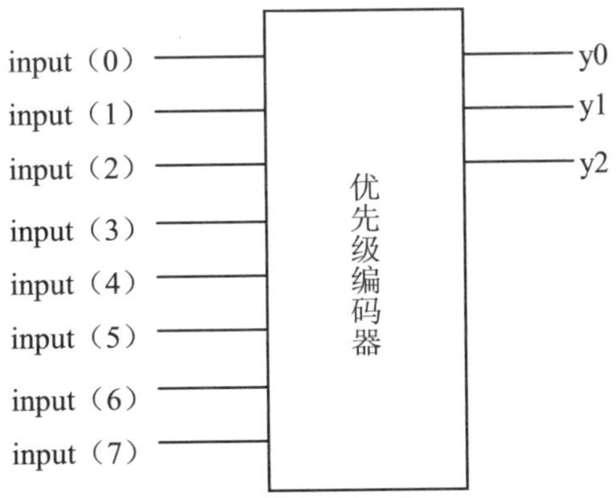

图 7-10 优先级编码器

表 7-9　优先级编码器真值表

输入								编码输出		
input(7)	input(6)	input(5)	input(4)	input(3)	input(2)	input(1)	input(0)	y2	y1	y0
x	x	x	x	x	x	x	0	1	1	1
x	x	x	x	x	x	0	1	1	1	0
x	x	x	x	1	0	1	1	1	0	1
x	x	x	x	0	1	1	1	1	0	0
x	x	x	0	1	1	1	1	0	1	1
x	x	0	1	1	1	1	1	0	1	0
x	0	1	1	1	1	1	1	0	0	1
x	1	1	1	1	1	1	1	0	0	0

参考真值表，用 VHDL 描述的优先级编码器程序如例 7-17 所示。

【例 7-17】 优先级编码器。

```
LIBRARY IEEE ;
USE IEEE.STD_LOGIC_1164.ALL ;
ENTITY priorityencoder IS
PORT(input: IN STD_LOGIC_VECTOR(7 DOWNTO 0) ;
        y: OUT STD_LOGIC_VECTOR(2 DOWNTO 0)) ;
END priorityencoder ;
ARCHITECTURE rt1 OF priorityencoder IS
BEGIN
PROCESS (input)
BEGIN
  IF(input(0) = '0')THEN      -- If 语句实现优先级，input(0)优先级最高
    y<= "111" ;
  ELSIF(input(1) = '0')THEN
    y<= "110" ;
  ELSIF(input(2) = '0')THEN
    y<="101" ;
  ELSIF(input(3) = '0')THEN
    y<="100" ;
  ELSIF(input(4) = '0')THEN
    y<="011" ;
  ELSIF(input(5) = '0')THEN
    y<="010" ;
  ELSIF(input(6) = '0')THEN
    y<="001" ;
```

```
    ELSE
      y<="000" ;
    END IF ;
  END PROCESS ;
  END rtl ;
```

由于 VHDL 中目前还不能描述任意项，所以不能用前面采用的 CASE 语句来描述，而是采用了 IF 语句。

7.4　多路选择器

多路选择器又称为数据选择器或多路开关，常用于信号的切换，其功能是把多路并行数据选通一路送到唯一的输出线上，以形成总线的传输。多路选择器有多条输入信号线，一条输出信号线，同时还有数据选择线。在输入信号中选择哪一路数据，要根据选择控制信号上的二进制信号来决定。所以多路选择器可以想象成具有二进制编码的可控开关，由编码控制选通输入信息。

四选一选择器就是典型的多路选择器，可用于 4 路信号的切换。用多片四选一选择器可以构成更大容量的多路选择器。四选一选择器有 4 个信号输入端 input（0）～input（3），两个信号选择端 a 和 b 及一个信号输出端 y。当 a、b 输入不同的选择信号时，就可以使 input（0）～input（3）中某个相应的输入信号与输出 y 端接通。例如，当 a=b=“0”时，input（0）就与 y 接通。其逻辑图如图 7-11 所示。

四选一选择器的功能表如表 7-10 所示。现用 VHDL 对它进行描述，可以得到如例 7-18 所示的程序。

表 7-10　四选一选择器功能表

a	b	y
0	0	input（0）
0	1	input（1）
1	0	input（2）
1	1	input（3）
X	X	Z

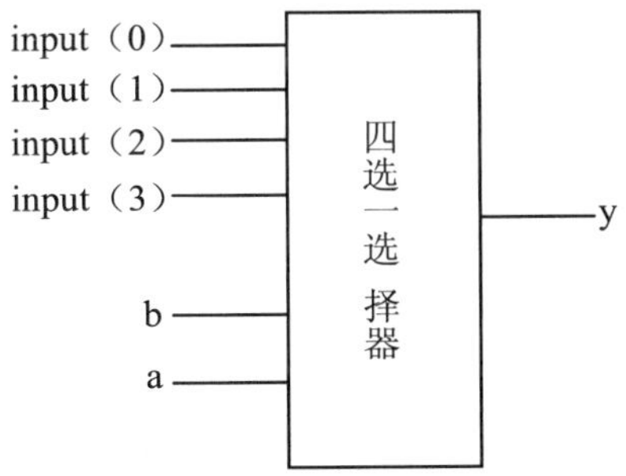

图 7-11　四选一选择器

【例 7-18】 四选一选择器。

```
LIBRARY IEEE ;
USE IEEE.STD_LOGIC_1164.ALL ;
ENTITY mux4 IS
   PORT(input: IN STD_LOGIC_VECTOR (3 DOWNTO 0) ;
              a, b: IN STD_LOGIC ;
                 y: OUT STD_LOGIC) ;
END mux4 ;
ARCHITECTURE rtl OF mux4 IS
SIGNAL sel: STD_LOGIC_VECTOR(1 DOWNTO 0) ;
BEGIN
sel<= b&a ;
PROCESS (input, sel)
BEGIN
   IF(sel= "00") THEN                -- 当 sel 为“00”则把 input(0)赋给 y
      y<= input(0) ;
   ELSIF(sel= "10") THEN
      y<= input(1) ;
   ELSIF(sel= "01") THEN
      y<= input(2) ;
   ELSIF(sel= "11") THEN
      y<= input(3) ;
   ELSE
      y<= 'Z' ;
   END IF ;
END PROCESS ;
END rtl ;
```

例 7-18 的四选一选择器是用 IF 语句描述的，程序中的 ELSE 项作为余下的条件，将选择 input(3)从 y 段输出，这种描述比较安全。当然，不用 ELSE 项也可以，这时必须列出 sel 的所有可能出现的情况，加以一一确认。

7.5 比较器

在计算机和数字系统设计中，经常需要比较两个输入数据的大小或相等，这时就需要比较器来实现该逻辑功能。

下面以一个四位比较器为例进行 VHDL 的设计实现。该比较器有两个四位的输入端口 a 和 b，三个输出端口 GT、EQ、LT。比较器对 a 和 b 进行比较，GT=1 表示 a>b；EQ=1 表示 a=b；LT=1 表示 a<b。四位比较器的电路图如图 7-12 所示，其功能表如表 7-11 所示。

表 7-11　四位比较器功能表

a 与 b 比较	GT	EQ	LT
a > b	1	0	0
a = b	0	1	0
a < b	0	0	1

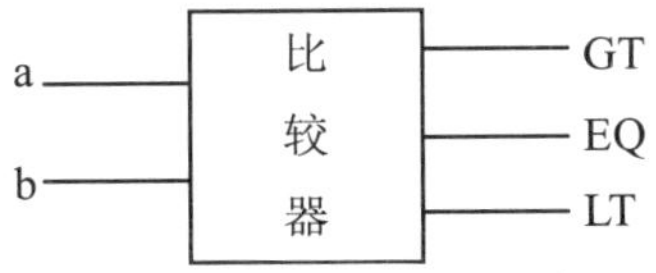

图 7-12　四位比较器

参考功能表，用 VHDL 描述的四位比较器程序如例 7-19 所示。

【例 7-19】 四位比较器。

```
LIBRARY IEEE ;
USE IEEE.STD_LOGIC_1164.ALL ;
ENTITY comp4 IS
  PORT(a, b: IN STD_LOGIC_VECTOR (3 DOWNTO 0) ;
          GT, EQ, LT: OUT STD_LOGIC) ;
END comp4 ;
ARCHITECTURE rtl OF comp4 IS
BEGIN
PROCESS (a, b)
BEGIN
  IF(a > b) THEN
    GT <= '1' ;  EQ <= '0' ;  LT <= '0' ;
  ELSIF(a = b) THEN
    GT <= '0' ;  EQ <= '1' ;  LT <= '0' ;
  ELSE
    GT <= '0' ;  EQ <= '0' ;  LT <= '1' ;
  END IF ;
END PROCESS ;
END rtl ;
```

7.6　减法器

在电子系统设计中，经常会遇到两个数字的算术运算问题。加法运算和减法运算是数字电路中最基本的算术运算。

前面章节已经介绍了一位全加器的设计，接下来再看看减法器的设计。减法器的外部配置和全加器相同，唯一的不同是运算结果变为了 x−y 的差。类似地，可以从一位减法器的真值表（表 7-12）中推导出一位减法器的逻辑表达式。

表 7-12　减法器真值表

减法器输入			减法器输出	
x	y	cin	sub	cout
0	0	0	0	0
0	0	1	1	1
0	1	0	1	1
0	1	1	0	1
1	0	0	1	0
1	0	1	0	0
1	1	0	0	0
1	1	1	1	1

sub = $x \oplus y \oplus cin$

cout =（NOT x AND y）OR（NOT x AND cin）OR（y AND cin）

其中 cin 代表上一级减法的借位，而 cout 代表这一级的减法运算是否发生借位。进一步地说，可以由 cout 的 0 或 1 值，知道减法的结果是正数还是负数。

参考减法器的逻辑表达式，用 VHDL 编写的一位减法器程序如例 7-20 所示。

【例 7-20】 一位减法器。

```
LIBRARY IEEE ;
USE IEEE.STD_LOGIC_1164.ALL ;
ENTITY subtracter IS
  PORT(x, y, cin: IN STD_LOGIC ;
          sub, cout: OUT STD_LOGIC) ;
END subtracter ;
ARCHITECTURE rtl OF subtracter IS
BEGIN
  sub <= x XOR y XOR cin ;
  cout<= (NOT x AND y) OR(NOT x AND cin)OR(y AND cin) ;
END rtl ;
```

7.7　乘法器

乘法运算也被频繁使用在数字信号处理和数字通信的各种算法中，并往往影响着整个系统的运行速度。所以如果能实现快速乘法器的设计，则可以提高整个系统的处理速度。

设两个 n 位二进制正数 X 和 Y，X 为乘数，Y 为被乘数。则 X 和 Y 的乘积 Z 有 2n 位。

当两个四位二进制数 X 和 Y 相乘时，其计算过程如下：

被乘数：					x_3	x_2	x_1	x_0
×）乘数：					y_3	y_2	y_1	y_0
					y_0x_3	y_0x_2	y_0x_1	y_0x_0
				y_1x_3	y_1x_2	y_1x_1	y_1x_0	
			y_2x_3	y_2x_2	y_2x_1	y_2x_0		
		y_3x_3	y_3x_2	y_3x_1	y_3x_0			
乘积：	z_7	z_6	z_5	z_4	z_3	z_2	z_1	z_0

四位乘法器的程序如例 7-21 所示。

【例 7-21】 四位乘法器。

```
LIBRARY IEEE ;
USE IEEE.STD_LOGIC_1164.ALL ;
USE IEEE.numeric_std.all ;
ENTITY multi_vhdl_pure_comb IS
      PORT(
            x: IN UNSIGNED(3 DOWNTO 0) ;
            y: IN UNSIGNED(3 DOWNTO 0) ;
            z: OUT UNSIGNED(7 DOWNTO 0)) ;
END multi_vhdl_pure_comb ;
ARCHITECTURE behav OF multi_vhdl_pure_comb IS
BEGIN
    PROCESS(y, x)
      TYPE accum IS ARRAY (0 to 3) OF UNSIGNED(3 DOWNTO 0) ;
      TYPE accum2 IS ARRAY (0 to 3) OF UNSIGNED(7 DOWNTO 0) ;
      VARIABLE temp: accum ;
      VARIABLE tmp: accum2 ;
    BEGIN
     IF y(0)= '0' THEN
       temp(0):= (OTHERS=> '0') ;
     ELSE
       temp(0):= x ;
     END IF ;
     IF y(1)= '0' THEN
       temp(1):= (OTHERS=>'0') ;
     ELSE
       temp(1):= x ;
     END IF ;
```

```
            IF y(2)= '0' THEN
               temp(2):= (OTHERS=>'0') ;
            ELSE
               temp(2):= x ;
            END IF ;
            IF y(3)= '0' THEN
               temp(3):=(OTHERS=>'0') ;
            ELSE
               temp(3):= x ;
            END IF ;
         tmp(0):= "0000"&temp(0) ;
         tmp(1):= "000"&temp(1)&'0' ;
         tmp(2):= "00"&temp(2)&"00" ;
         tmp(3):= '0'&temp(3)&"000" ;
         z<= tmp(0)+tmp(1)+tmp(2)+tmp(3) ;
         END PROSESS ;
   END behav ;
```

7.8　交通信号灯监测电路

设计一个监测信号灯工作状态的逻辑电路。每组信号灯由红、黄、绿三盏灯组成。如图 7-13 所示，正常情况下，任何时刻点亮的状态只能是红、黄、绿当中的一种，而当出现其他状态时，表明电路发生故障，要求逻辑电路发出故障信号，以提醒维护人员前去修理。

图 7-13　交通信号灯正常工作状态

通过对设计要求的分析，可以看出只有红、黄、绿三种颜色的灯中的一种亮时，为交通灯正常，一共有三种情况，除此之外均应发出故障信号。据此，可编写 RTL 描述程序，如例 7-22 所示。

【例 7-22】 交通信号灯监测电路的 VHDL 程序。

```
   LIBRARY   IEEE ;
   USE IEEE.STD_LOGIC_1164.ALL ;
   ENTITY rgy  IS
      PORT (red, green, yellow: IN STD_LOGIC ;
                              error: OUT STD_LOGIC) ;
   END rgy ;
```

```
ARCHITECTURE rtl OF rgy IS
BEGIN
  PROCESS (red, green, yellow)
    VARIABLE internal: STD_LOGIC_VECTOR (2 DOWNTO 0) ;
  BEGIN
    internal:= red&green&yellow ; -- 把端口信号 red，green 和 yellow 并置起来赋给
                                    internal
    CASE internal IS
      WHEN "001"=>error<= '0' ;   -- 若 red，green 和 yellow 分别为'0'、'0'、'1'则 error
                                    为'0'
      WHEN "010"=>error<= '0' ;
      WHEN "100"=>error<= '0' ;
      WHEN OTHERS=>error<= '1' ;-- 其他的情况时，error 赋值为'1'
    END CASE ;
  END PROCESS ;
END rtl ;
```

对上述 RTL 描述的设计进行仿真，其波形如图 7-14 所示。

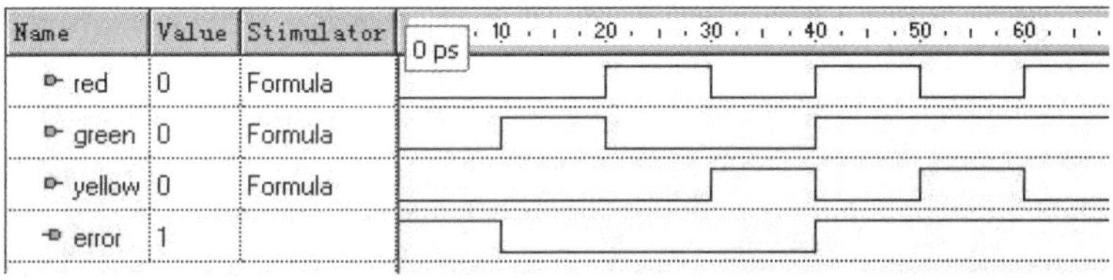

图 7-14 交通信号灯监测电路仿真波形

图 7-14 右侧的顶端显示的是时间轴，我们可以看到从 0ns 到 10ns 由于 red、green 和 yellow 信号都为“0”，所以此时输出信号 error 为高电平“1”。而从 10 ns 到 40 ns 三个输入信号仅有一个处在高电平，所以输出信号 error 变为低电平。

本例典型地说明了采用 VHDL 进行 TOP-DOWN 电路设计方法的优越性。

首先，有时（如此例）我们甚至不需要写出电路的完全的真值表即可写出描述该电路的 VHDL 程序。

其次，我们所编写的 RTL 描述是可综合的，通过综合可以得到可实现的电路图，接下去我们可以通过物理实现，最终将设计下载到 FPGA 进行实物验证。由此，可体会出电子设计自动化 EDA 的含义。

最后，从本例可以看出基于 VHDL 程序的 EDA 设计方法省去了写出逻辑函数和逻辑函数化简这两个通常十分繁杂的步骤，大大加快了电路设计的速度。

7.9 存储器

只读存储器（ROM）和随机存储器（RAM）是两种十分重要的存储器。它们的功能有

很大的区别，因此在描述上也有诸多不同。尽管如此，它们仍有许多相同之处，在分别详述它们的各自特性以前，先就共性问题作一些说明。

存储器实际上是存储单元的一个阵列，每个单元由若干个二进制位构成，以表示单元中存放的数据值。所以一个存储器可以用一个数组来代表，每个单元代表数组中的一个元素，数组中的元素序号和存储器中的单元序号相对应。每个存储单元所存放的数可以用整数或位矢量来描述，如：

```
TYPE memory IS ARRAY (INTEGER RANGE< >) OF INTEGER ;
```

定义了一个名为 memory 的数组，此数组中的元素都是整数类型，数组元素的序号也用整数来表示。

```
SUBTYPE word IS STD_LOGIC_VECTOR (k-1 DOWNTO 0) ;
```

定义了 word 用位矢量表示的数组，k 表示存储单元二进制位数。

```
TYPE memory IS ARRAY (0 TO 2* w-1) OF word ;
```

定义了一个名为 memory 的数组，数组中的元素都是 word 类型，数组的元素个数为 2×w 个。

7.9.1 存储器的初始化

在用 VHDL 描述 ROM 时，ROM 的内容应该在仿真前预先读到 ROM 中，这就是所谓存储器的初始化。存储器的初始化要依赖于外部文件的读取。下面是对 ROM 进行初始化的实例。

变量说明：

```
VARIABLE str: BOOLEAN:= TRUE ;
VARIABLE i: LINE ;
VARIABLE h: INTEGER ;
VARIABLE rom: memory ;
FILE romfile: TEXT IS IN "romtxt.in" ;
```

初始化程序：

```
IF str THEN
   FOR i IN rom'RANGE   LOOP
      READLINE (romtxt, i) ;
      READ (i, rom(h)) ;
   END   LOOP ;
END IF ;
```

ROM 初始化在系统加电之后只执行一次。

采用与上述相同的方法，也可以实现 RAM 的初始化，这在 RAM 设计的仿真时有用，能实现 RAM 的初始化赋值。

7.9.2 ROM 的描述

一种容量为 256×4 的 ROM 存储器的引脚图如图 7-15 所示。

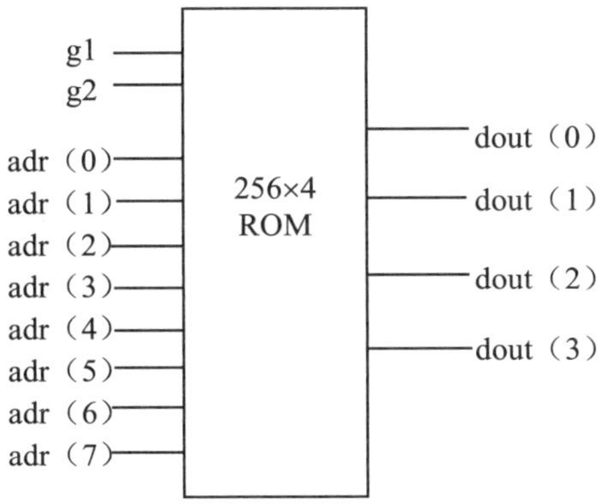

图 7-15　ROM 存储器

该 ROM 有 8 位地址线 adr（0）～adr（7）、4 位数据输出线 dout（0）～dout（3）及 2 位选择控制输入 g1 和 g2。当 g1=1，g2=1 时，由 adr（0）～adr（7）选中某一 ROM 单元，该单元中的 4 位数据就从 dout（0）～dout（3）输出;否则 dout（0）～dout（3）将呈现高阻状态。据此就可以用 VHDL 写出对 ROM 的描述程序，如例 7-23 所示。

【例 7-23】 ROM 存储器（256×4 阵列）。

```
LIBRARY IEEE ;
USE IEEE.STD_LOGIC_1164.ALL ;
USE IEEE.STD_LOGIC_UNSIGNED.ALL ;
USE IEEE.STD_LOGIC_TEXTIO.ALL ;
USE STD.TEXTIO.ALL ;
ENTITY rom256_4 IS
    PORT(g1, g2: IN STD_LOGIC ;
adr: IN STD_LOGIC_VECTOR(7 DOWNTO 0) ;
dout: OUT STD_LOGIC_VECTOR(3 DOWNTO 0)) ;
END rom256_4 ;
ARCHITECTURE behav OF rom256_4 IS
   SUBTYPE word IS STD_LOGIC_VECTOR(3 DOWNTO 0) ;
                -- 上一语句定义了 word 为位矢量的一个子类型，它是四位的位矢量类型
TYPE memory IS ARRAY(0 TO 255)OF word ;
                -- 上一语句定义了 memory 为一个数组类型，拥有 256 个元素，每个元素
                   都是 word 类型的，即每个元素都是四位的位矢量类型的。这样我们就
                   定义了一个 256×4 的二维数组类型
SIGNAL adr_in: INTEGER RANGE 0 TO 255 ;
FILE romin: TEXT IS IN "rom256_4.in" ;
BEGIN
   PROCESS(g1, g2, adr)
      VARIABLE rom: memory ;
```

```
                -- 将变量 rom 定义为 memory 类型，即 256×4 的二维数组类型
    VARIABLE startup : BOOLEAN:= TRUE ;
    VARIABLE l : LINE ;
    VARIABLE j : INTEGER ;
  BEGIN
    IF startup THEN                           -- 初始化开始
      FOR  j  IN  0 to 255  LOOP
        READLINE(romin, l) ;                  -- 从文件变量 romin 所指的文件
                                                 （rom256_4.in）中读入一行数据到 l
        READ(l, rom(j)) ;                     -- 从刚才读到 l 的一行数据中依次读出每
                                                 个数据，分别存入 rom（j）中
      END LOOP ;
      startup:= FALSE ;
    END IF ;                                  -- 初始化完毕
adr_in<=CONV_INTEGER(adr) ;         -- 调用了函数，此函数的输入参数为 adr
    IF (g1= '1' AND g2= '1') THEN
dout<=rom(adr_in) ;
    ELSE
dout<= "ZZZZ" ;
    END IF ;
  END PROCESS ;
END behav ;
```

例 7-23 中的程序包括两个部分，其中的初始化部分描述的是将一个包含 ASCII 码的文件 rom256_4.in“装入”rom 的过程，在“装入”之后，程序的后半部分描述的是 rom 的“读出”过程。当 g1=1，g2=1 时，从外部输入地址信号 adr（0）～adr（7），就可以把地址信号指向的地址内的数据送到输出端口 dout（0）～dout（3）。

此例中的 CONV_INTEGER（）是一个将位矢量转换成整数的函数，在 IEEE 的标准程序包中可以找到，在这里直接引用了该函数。

7.9.3 RAM 的描述

RAM 和 ROM 有一定的区别，主要是其描述上有读和写两种操作模式，而且在读、写上对时间有较严格的要求。例 7-24 给出了一个 32×4 RAM 的 VHDL 源程序。cs 是片选信号，高电平有效，rd 是读控制线，wr 是写控制线，data 是数据输入线，address 是地址线。进程的敏感信号是 cs，若 cs 是高电平，此时 rd 和 wr 有一个是高电平，则进行相应的操作。若 cs 是低电平，则数据线全被置成“ZZZZ”，即高阻态。在此段程序中用到了数据类型的转换，即将 address 由 STD_LOGIC_VECTOR(4 DOWNTO 0)转换成了整数。

【例 7-24】 RAM 存储器（32×4 阵列）。

```
LIBRARY IEEE ;
USE IEEE.STD_LOGIC_1164.ALL ;
```

```
USE IEEE.STD_LOGIC_ARITH.ALL ;        -- 由于调用了函数，所以要使库可见
                                      -- 该库存在于 Active-HDL 软件的编译器中
USE IEEE.STD_LOGIC_UNSIGNED.ALL ;-- 该库存在于 Active-HDL 软件的编译器中
ENTITY ram IS
  PORT (rd, wr, cs: IN STD_LOGIC ;
          address: IN STD_LOGIC_VECTOR(4 DOWNTO 0) ;
            data: INOUT STD_LOGIC_VECTOR(3 DOWNTO 0)) ;
END ram ;
ARCHITECTURE behav OF ram IS
                    -- 下面一条语句定义了一个32×4数组的数据类型，名为memory
TYPE memory IS ARRAY (0 TO 31) OF STD_LOGIC_VECTOR(3 DOWNTO 0);
    SIGNAL mem: memory ;                      -- mem 为一个 32×4 数组
BEGIN
    PROCESS(rd, wr, cs, address, data)
    BEGIN
       IF cs= '1' THEN
          IF wr= '1' THEN
            -- 下面一条语句调用了函数 CONV_INTEGER（），把输入信号 address
            --转换成了整数类型，作为数组 mem 的地址
              mem(CONV_INTEGER (address))<=data   after 4ns ;
          ELSIF rd= '1' THEN
              data<=mem(CONV_INTEGER (address))   after 4ns ;
          END IF ;
       ELSE data<= "ZZZZ" AFTER 4ns ;
        END IF ;
    END PROCESS ;
END behav ;
```

图 7-16 是 RAM 的“写”过程的仿真波形。

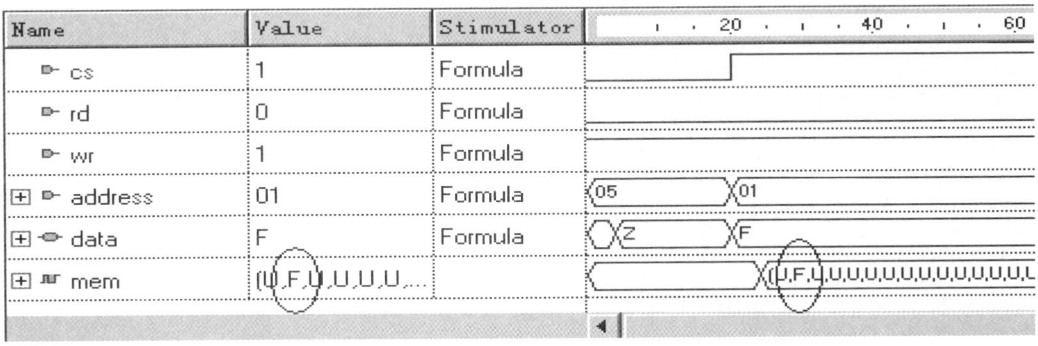

图 7-16　RAM“写”过程的仿真波形

我们仿真时所编写的激励宏文件（*.do）中的激励命令如下：

```
FORCE        cs 0
RUN          20 ns
FORCE        cs 1
FORCE        rd 0
FORCE        wr 1
FORCE        data       1111
FORCE        address    00001
RUN          50ns
```

这些宏命令的意思是：先使 cs 置成“0”，仿真 20ns，再使 cs，rd，wr，data，address 分别置成“1”，“0”，“1”，“1111”和“00001”。编写宏文件进行仿真的具体方法在第 6 章中有详细讲述。

从图 7-16 中可以看到，wr 信号被置成高电平，此时为“写”状态，于是输入信号分别是 address 和 data。cs 信号在第 20ns 时跳变成高电平，此时地址信号被置成“01”，也就是第二个存储单元被选中，而此时 data 信号被置成“1111”即“F”，于是第二个存储单元在延时 4ns 后被自动存入“F”，这一点在图中已经用圆圈标出。而另一方面，在 20ns 之前，由于 cs 是低电平，所以 data 信号输出为“Z”。可见此功能仿真通过。

在这里要注意一点，所有的数字系统，在开始仿真时一定要先初始化，例如将高电平有效的“使能”信号先置为“0”，将高电平有效的清除输出端的“清除”信号先置为“1”，即进行清零操作。仿真运行一小段时间后（比如一个时钟周期），才开始系统的其他功能的仿真。

习　　题

1. 什么是组合逻辑？其 VHDL 程序设计有何特点？
2. 设计一个四输入与门。
3. 利用三输入或非门的真值表设计编写三输入或非门的 VHDL 程序代码。
4. 请用 IF 语句设计一个三输入表决器。
5. 请用 CASE 语句设计一个三输入表决器。
6. 请用 IF 语句设计一个八选一的选择器。
7. 请用 CASE 语句设计一个八选一的选择器。
8. 请编写一个编码器，将 4 位二进制数转化为 16 进制数据。
9. 某计数器以二进制递增形式计数，其输出是 4 位二进制码，为了方便硬件调试，请设计一译码器，将计数结果显示在七段共阴极型 LED 数码管上。
10. 在某一家电芯片中有一个存储运行指令的 4*12 的 ROM，4 位地址线为 adr（3）～adr（0）、12 位数据输出线为 dout（11）～dout（0），当读使能信号 rd 为低时，将 adr 地址指向的存储单元内的 12 位数据输出至 dout 总线，否则 dout 总线始终保持高阻状态。请用 VHDL 描述该 ROM。

第 8 章　时序逻辑电路设计

本章导读

通过本章的学习，读者能在掌握上一章组合逻辑设计的基础上，进一步掌握用 VHDL 设计各种典型时序逻辑电路的方法。本章拥有大量的时序逻辑电路设计实例，通过对这些基本时序逻辑电路模块的学习和理解，读者将初步具备使用 VHDL 语言设计数字电路的能力。

8.1　时序逻辑电路

所谓时序逻辑电路就是指数字电路在任何时刻的输出不仅取决于该时刻数字电路的输入，而且还取决于电路原来的状态，或者说还与历史输入有关。从定义可以看出，时序逻辑电路具有“记忆”功能，因此时序逻辑电路在数字系统中应用十分广泛。

用 VHDL 描述时序逻辑电路必须使用进程。

本章将要介绍的时序逻辑电路包括：触发器、寄存器、计数器、分频器等。

8.2　时序逻辑设计基础

8.2.1　时钟信号描述

众所周知，在时序逻辑电路中，所有状态的变化是以时钟作为基准的。时序逻辑电路只有在时钟信号边沿到来时，它的状态才会发生改变。因此，在时序逻辑电路中时钟信号是非常重要的，它是时序逻辑电路的执行条件和同步信号。

由于时钟在时序逻辑电路中的重要性，因此在用 VHDL 描述时序逻辑电路的时候，时钟信号的描述就显得十分重要。时序逻辑电路常常采用时钟进程的形式来进行描述，也就是说，在时序逻辑电路中进程的敏感信号是时钟信号。

1．时钟作为敏感信号的描述方式

在用 VHDL 描述时序逻辑电路的时候，时钟作为敏感信号的描述方式有两种：在进程的敏感信号表中列出或在 WAIT 语句中描述。

（1）时钟信号直接在进程的敏感信号表中列出

在这种情况下，时钟信号应作为敏感信号，显式地出现在 PROCESS 语句后面的敏感信号表括号中，如例 8-1 所示出现在 PROCESS 语句后面的敏感信号表括号中。

【例 8-1】 时钟信号在进程的敏感信号表中列出。

```
PROCESS(clk)
BEGIN
  …
END PROCESS ;
```

（2）时钟信号在 WAIT 语句中描述，在进程的敏感信号表中不列出

在这种情况下，描述时序电路的进程将没有敏感信号表，而是用 WAIT 语句来控制进程的执行。也就是说，进程通常停留在 WAIT 语句上，只有在时钟信号到来，且满足边沿条件时，进程才继续往下执行。例 8-2 给出了 WAIT 语句带时钟的几种描述方式。

【例 8-2】 时钟信号在 WAIT 语句中的描述。

描述方式一：

```
PROCESS
BEGIN
    WAIT UNTIL clk = '1' ;
    …
END PROCESS ;
```

描述方式二：

```
PROCESS
BEGIN
    WAIT ON c1k UNTIL clk = '1' ;
    …
END PROCESS ;
```

描述方式三：

```
PROCESS
BEGIN
    WAIT UNTIL clk'EVENT AND clk = '1' ;
    …
END PROCESS ;
```

2．时钟边沿的描述

在时序逻辑电路中，时钟是采用边沿来触发的，因此 VHDL 对时钟边沿的描述就非常重要。时钟边沿的描述通常采用 VHDL 中的预定义属性来完成。时钟边沿分为上升沿和下降沿。

（1）时钟的上升沿描述

时钟上升沿的物理意义是指时钟信号的逻辑从“0”变到“1”。时钟上升沿波形与时钟信号属性的描述关系如图 8-1 所示。

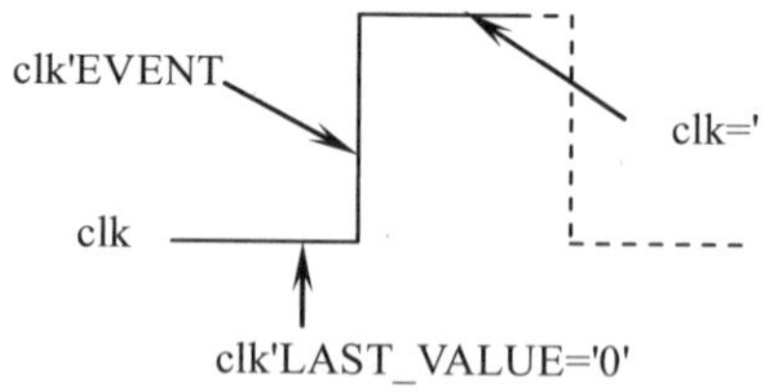

图 8-1　时钟上升沿及其属性

从图 8-1 中可以看到，时钟信号起始值为“0”，故其属性值 clk'LAST_VALUE='0'；上升沿的到来表示发生了一个事件，故用 clk'EVENT 表示；上升沿以后，时钟信号的值为“1”，故其当前值为 clk='1'。于是，表示上升沿到来的条件可写为：

```
IF clk'EVENT AND clk = '1' AND clk'LAST_VALUE = '0' ;
```

时钟上升沿的描述有多种形式，集中列举如例 8-3 所示。

【例 8-3】 时钟上升沿的描述。

描述方式一：

```
PROCESS(clk)
BEGIN
    IF(clk'EVENT AND clk = '1') THEN
        …  -- 时序电路语句
    END IF ;
END PROCESS ;
```

描述方式二：

```
PROCESS(clk)
BEGIN
    IF(clk'EVENT AND clk = '1' AND clk'LAST_VALUE = '0') THEN
      …      -- 时序电路语句
    END IF ;
END PROCESS ;
```

描述方式三：

```
PROCESS(clk)
BEGIN
    IF RISING_EDGE(clk) THEN
      …      -- 时序电路语句
    END IF ;
END PROCESS ;
```

描述方式四：

```
PROCESS
BEGIN
    WAIT UNTIL clk = '1' ;
    …  -- 时序电路语句
END PROCESS ;
```

描述方式五：

```
PROCESS
BEGIN
    WAIT UNTIL clk'EVENT AND clk = '1' ;
    …  -- 时序电路语句
END PROCESS ;
```

（2）时钟脉冲下降沿描述

时钟下降沿的物理意义是指时钟信号的逻辑从“1”变到“0”。时钟脉冲下降沿波形与时钟信号属性的描述关系如图 8-2 所示。此时 clk'LAST_VALUE='1'；时钟信号当前值为 clk='0'；下降沿到来的事件为 clk'EVENT。这样表示下降沿到来的条件可写为：

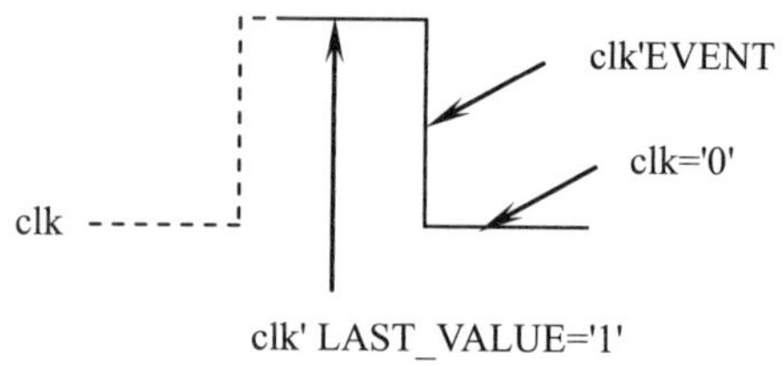

图 8-2　时钟下降沿及其属性

```
IF clk'EVENT AND clk = '0' AND clk'LAST_VALUE = '1' ;
```

时钟下降沿的描述同样有多种形式，集中列举如例 8-4 所示。

【例 8-4】 时钟下降沿的描述。

描述方式一：

```
PROCESS(clk)
BEGIN
    IF(clk'EVENT AND clk = '0') THEN
        …  -- 时序电路语句
    END IF ;
END PROCESS ;
```

描述方式二：

```
PROCESS(clk)
BEGIN
    IF(clk'EVENT AND clk = '0' AND clk'LAST_VALUE = '1') THEN
        …  -- 时序电路语句
    END IF ;
END PROCESS ;
```

描述方式三：

```
PROCESS(clk)
BEGIN
    IF FALLING_EDGE(clk) THEN
        …  -- 时序电路语句
    END IF ;
END PROCESS ;
```

描述方式四：

```
PROCESS
BEGIN
```

```
    WAIT UNTIL clk = '0' ;
    …                                      -- 时序电路语句
END PROCESS ;
```

描述方式五：

```
PROCESS
BEGIN
    WAIT UNTIL clk'EVENT AND clk = '0' ;
    …                                      -- 时序电路语句
END PROCESS ;
```

8.2.2　同步复位和异步复位

在时序逻辑电路中，复位信号保证了系统初始状态的确定性。当复位信号有效时，电路系统即恢复到初始状态，或叫复位状态。根据复位信号对电路系统复位的操作不同可分为同步复位和异步复位两种。所谓的“同步”或“异步”是相对于时钟信号而言，是指与时钟信号的“同步”或“异步”。

（1）同步复位

所谓同步复位，就是当复位信号有效且在给定的时钟边沿到来时，电路系统才被复位。实际上，同步复位是当复位信号有效时，通过一个时钟将复位值锁存进电路中以达到刷新电路进入初始状态。在用 VHDL 描述时，同步复位一定在以时钟为敏感信号的进程中定义，且用 IF 语句来描述必要的复位条件。例 8-5 与例 8-6 就是同步复位方式的描述实例。

【例 8-5】 进程带敏感信号表的同步复位。

```
PROCESS (clk)
BEGIN
    IF (clk'EVENT AND clk = '1') THEN
        IF (clr = '0') THEN
            …                          -- 初始状态赋值语句
        ELSE
            …                          -- 时序电路语句
        END IF ;
    END IF ;
END PROCESS ;
```

【例 8-6】 进程带 WAIT 语句的同步复位。

```
PROCESS
BEGIN
    WAIT UNTIL clk'EVENT AND clk = '1' ;
    IF (clr = '0') THEN
        …                              -- 初始状态赋值语句
    ELSE
```

```
        …                                   -- 时序电路语句
    END IF ;
END PROCESS ;
```

例 8-5 和例 8-6 中的 clk 为时钟信号，clr 为复位信号。从例中可以看到，同步复位时的初始状态赋值必须在时钟信号有效边沿到来后才能进行。

（2）异步复位

所谓异步复位，就是一旦复位信号有效，不管时钟边沿是否到来，电路系统都将被复位。用 VHDL 描述异步复位时与同步方式不同：首先在进程的敏感信号中除时钟信号以外，还应加上复位信号；其次是用 IF 语句描述复位条件；最后在 ELSIF 段描述时钟边沿的条件。也就是说，对异步复位而言，复位事件的优先级高于时钟事件的优先级。异步复位描述方式如例 8-7 所示。

【例 8-7】 异步复位。

```
PROCESS (clk, clr)
BEGIN
    IF (clr = '0') THEN
        …                                   -- 初始状态赋值语句
    ELSIF (clk'EVENT AND clk = '1') THEN
        …                                   -- 时序电路语句
    END IF ;
END PROCESS ;
```

8.3 触发器

在复杂的数字电路系统中，除了对输入信号进行算术运算和逻辑运算外，还需要对信号或运算结果进行保存，因此，需要具有记忆功能的基本逻辑单元。触发器就是一个具有记忆功能的二进制信息存储器件，它是构成多种时序电路的最基本逻辑单元。触发器具有两个稳定状态，即“0”和“1”，在一定的外界信号作用下，可以从一个稳定状态翻转到另一个稳定状态。根据电路结构和控制方式的不同，可以将触发器分为 D 触发器、T 触发器、RS 触发器和 JK 触发器等类型。

8.3.1 D 触发器

触发器中最常用的是 D 触发器，几乎所有的数字逻辑电路都可由 D 触发器和组合逻辑电路构成。用 VHDL 描述数字逻辑电路时，VHDL 综合器通常将带时钟的触发器都描述成 D 触发器或 D 触发器外加组合逻辑电路。

（1）一般 D 触发器

一个基本的 D 触发器的电路符号如图 8-3 所示。它是一个上升沿触发的 D 触发器，有一个数据输入端 d，一个时钟输入端 clk 和一个数据输出端 q。D 触发器的真值表如表 8-1 所示。从表中可以看到，D 触发器的输出端只有在上升沿脉冲到来时，输入端 d 的数据才传递到输出端 q。用 VHDL 描述该 D 触发器的程序如例 8-8 和例 8-9 所示。

表 8-1　D 触发器真值表

d	clk	q
X	0	保持
X	1	保持
0	↑	0
1	↑	1

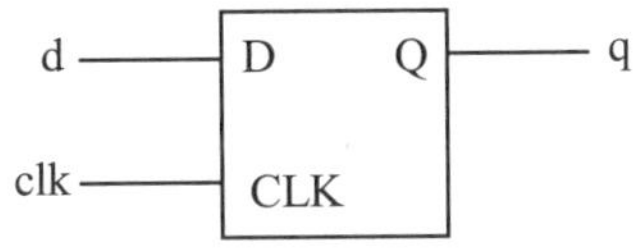

图 8-3　D 触发器

【例 8-8】 进程带敏感信号表的 D 触发器。

```
LIBRARY IEEE ;
USE IEEE.STD_LOGIC_1164.ALL ;
ENTITY dff1 IS
     PORT(clk, d: IN STD_LOGIC ;
                    q: OUT STD_LOGIC) ;
END dff1 ;
ARCHITECTURE rtl OF dff1 IS
BEGIN
     PROCESS(clk)
     BEGIN
          IF (clk'EVENT AND clk= '1') THEN                  -- 时钟上升沿触发
               q<= d ;
          END IF ;
     END PROCESS ;
END rtl;
```

【例 8-9】 进程带 WAIT 语句的 D 触发器。

```
LIBRARY IEEE ;
USE IEEE.STD_LOGIC_1164.ALL ;
ENTITY dff1 IS
     PORT(clk, d: IN STD_LOGIC ;
                    q: OUT STD_LOGIC) ;
END dff1 ;
ARCHITECTURE rtl OF dff1 IS
BEGIN
     PROCESS
     BEGIN
```

```
            WAIT UNTIL clk'EVENT AND clk= '1' ;    -- 时钟上升沿触发
            q<= d ;
        END PROCESS ;
    END rtl ;
```

例 8-8 和例 8-9 是对时钟信号边沿利用前述的不同方法描述所得到的两个不同的程序。程序中描述的是上升沿触发，如果要描述下降沿触发，只需将条件改成“clk'EVENT AND clk='0'”即可。

（2）异步复位 D 触发器

异步复位的 D 触发器的电路符号如图 8-4 所示。它和一般 D 触发器的区别是多了一个复位信号输入端 clr。当 clr=“0”时，其 q 端输出被强迫置为“0”。clr 又称为清零信号输入端。

用 VHDL 描述的异步复位 D 触发器如例 8-10 所示。

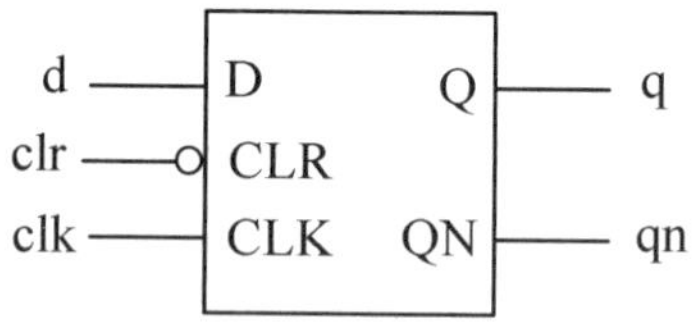

图 8-4 异步复位 D 触发器

【例 8-10】 异步复位 D 触发器。

```
LIBRARY IEEE ;
USE IEEE.STD_LOGIC_1164.ALL ;
ENTITY dff2 IS
PORT (clk, d, clr: IN STD_LOGIC ;
          q, qn: OUT STD_LOGIC) ;
END dff2 ;
ARCHITECTURE rtl OF dff2 IS
BEGIN
PROCESS(clk, clr)
BEGIN
  IF(clr= '0')THEN                    -- 异步复位，clr='0'有效
    q <= '0' ;
    qn<= '0' ;
  ELSIF(clk'EVENT AND clk= '1')THEN
    q <= d ;
    qn<= NOT d ;
  END IF ;
END PROCESS ;
END rtl ;
```

（3）异步复位/置位 D 触发器

异步复位/置位 D 触发器的电路符号如图 8-5 所示。除了前述的 d、clk 和 q 端外，还有复位信号 clr 和置位信号 set。当 set=“0”时置位，使 q=“1”；当 clr=“0”时复位，使 q=“0”。

用 VHDL 描述的异步复位/置位 D 触发器的程序如例 8-11 所示。

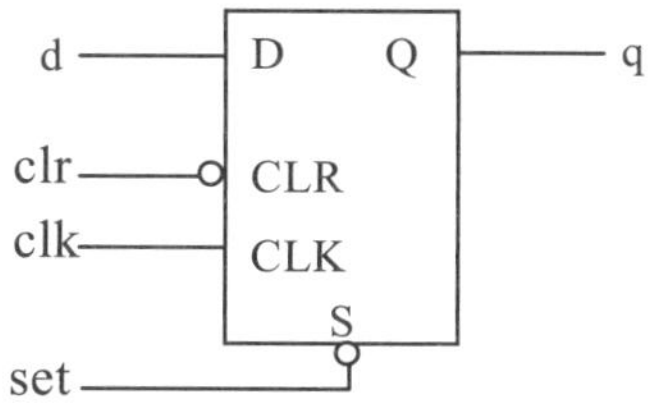

图 8-5　异步复位/置位 D 触发器

【例 8-11】 异步复位/置位 D 触发器。

```
LIBRARY IEEE ;
USE IEEE.STD_LOGIC_1164.ALL ;
ENTITY dff3 IS
  PORT(clk, d, clr, set: IN STD_LOGIC ;
                        q: OUT STD_LOGIC) ;
END dff3 ;
ARCHITECTURE rtl OF dff3 IS
BEGIN
    PROCESS(clk, set, clr)
    BEGIN
        IF(set= '0')THEN    -- set 的优先级最高
            q<= '1' ;
        ELSIF(clr= '0')THEN    -- clr 的优先级次高
            q<= '0' ;
        ELSIF(clk'EVENT AND clk= '1')THEN        -- clk 的优先级最低
            q<= d ;
        END IF ;
    END PROCESS ;
END rtl ;
```

从例 8-11 可以看到，置位的优先级最高，复位次之，时钟最低，这样，当 set=0 时，无论 clr 和 clk 是什么状态，q 一定被置为“1”。

（4）同步复位 D 触发器

同步复位 D 触发器的逻辑电路如图 8-6 所示。与异步复位方式不同的是，当复位信号有效（clr=“0”）以后，只是在有效时钟边沿到来时才能进行复位操作。图中 clr=“0”以后，在 clk 的上升沿到来时，q 输出才变为“0”。另外，从图中还可以看出复位信号 clr 的优先级比数据输入端 d 高，也就是说当 clr=“0”时，无论输入端 d 是什么信号，在 clk 的上升沿到来时，q 输出总是为“0”。

用 VHDL 描述的同步复位 D 触发器的程序实例如例 8-12 所示。

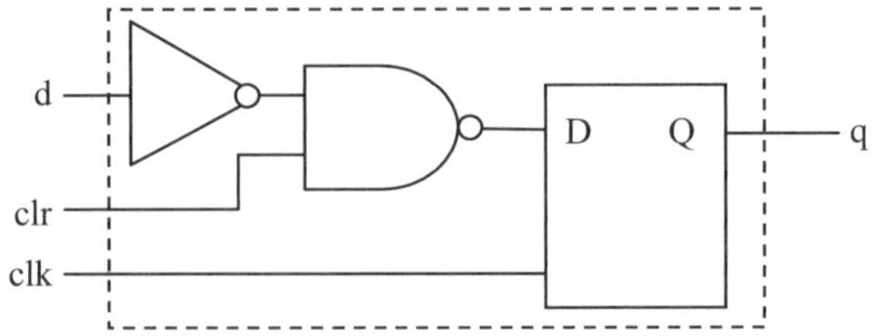

图 8-6　同步复位 D 触发器逻辑电路

【例 8-12】 同步复位 D 触发器。

```
LIBRARY IEEE ;
USE IEEE.STD_LOGIC_1164.ALL ;
ENTITY dff4 IS
    PORT(clk, clr, d: IN STD_LOGIC ;
                q: OUT STD_LOGIC) ;
END dff4 ;
ARCHITECTURE rtl OF dff4 IS
BEGIN
    PROCESS(clk)
    BEGIN
        IF (clk'EVENT AND clk= '1')THEN           -- 时钟上升沿触发
            IF (clr= '0')THEN                     -- 同步复位，clr='0'有效
              q<= '0' ;
            ELSE
              q<= d ;
            END IF ;
        END IF ;
    END PROCESS ;
END rtl ;
```

8.3.2　T 触发器

T 触发器又称为翻转型触发器，其电路符号图如图 8-7 所示。T 触发器的特点很明显：T=0 时，触发器由 CLK 脉冲触发后，状态保持不变；T=1 时，每来一个 CLK 脉冲，触发器状态就翻转一次。其真值表如表 8-2 所示。

表 8-2　T 触发器真值表

t	clk	q
0	X	保持
0	↑	保持
1	X	保持
1	↑	翻转

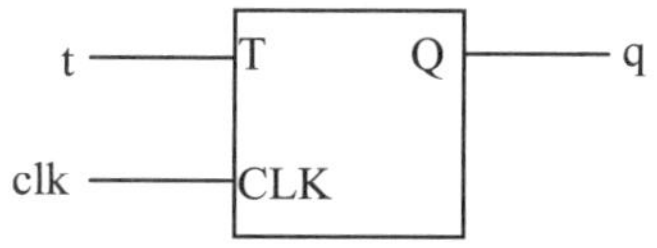

图 8-7　T 触发器

用 VHDL 描述的 T 触发器的程序实例如例 8-13 所示。

【例 8-13】 T 触发器（一）。

```
LIBRARY IEEE ;
USE IEEE.STD_LOGIC_1164.ALL ;
ENTITY tff1 IS
     PORT(clk, t: IN STD_LOGIC ;
                q: OUT STD_LOGIC) ;
END tff1 ;
ARCHITECTURE rtl OF tff1 IS
     SIGNAL q _temp: STD_LOGIC:= '0' ;
BEGIN
     PROCESS(clk)
     BEGIN
          IF (clk'EVENT AND clk= '1')THEN     -- 时钟上升沿触发
               IF (t = '1') THEN
                    q _temp<= NOT q _temp ;     --q _temp 翻转
               ELSE
                    q _temp<= q _temp ;
               END IF ;
          END IF ;
     END PROCESS ;
     q<= q _temp ;
END rtl ;
```

T 触发器还可以直接由一个 D 触发器和一个非门组成，其电路图如图 8-8 所示，其真值表如表 8-3 所示。

表 8-3　T 触发器真值表

clk	q
X	保持
↑	翻转

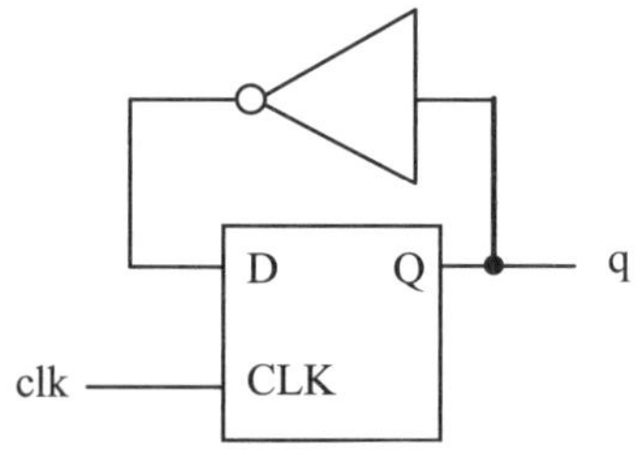

图 8-8　由 D 触发器构成的 T 触发器

用 VHDL 描述该 T 触发器的程序实例如例 8-14 所示。

【例 8-14】 T 触发器（二）。

```
LIBRARY IEEE ;
USE IEEE.STD_LOGIC_1164.ALL ;
ENTITY tff2 IS
    PORT(clk: IN STD_LOGIC ;
              q: OUT STD_LOGIC) ;
END tff2 ;
ARCHITECTURE rtl OF tff2 IS
    SIGNAL q _temp: STD_LOGIC:= '0' ;
BEGIN
    PROCESS(clk)
    BEGIN
        IF (clk'EVENT AND clk= '1')THEN      -- 时钟上升沿触发
            q _temp<= NOT q _temp ;     --q _temp 翻转
        END IF ;
    END PROCESS ;
    q<= q _temp ;
END rtl ;
```

T 触发器程序的仿真波形如图 8-9 所示。

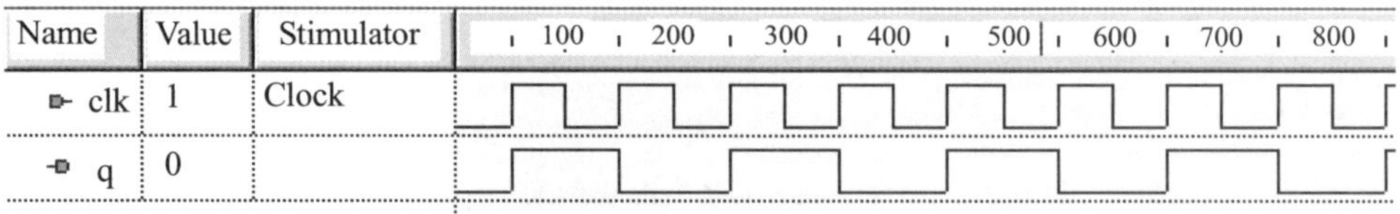

图 8-9　T 触发器程序的仿真波形

由 T 触发器程序的仿真波形图可见，输出信号 q 的周期是时钟信号 clk 的 2 倍，即 T 触发器可用作 2 分频电路。

8.3.3　RS 触发器

RS 触发器和前面介绍的 D 触发器和 T 触发器在决定输出状态的方式上有明显的不同。

因为 RS 触发器是以输入信号作触发条件，而 D 触发器和 T 触发器则是以时钟信号的边沿作触发条件的。

基本 RS 触发器具有置“0”、置“1”和“保持”三种功能。通常称 S 为置“1”端，R 为置“0”端。如果基本 RS 触发器用二个“或非门”交叉耦合构成，此时为高电平触发器，即 S=1 时触发器被置“1”，R=1 时触发器被置“0”，当 S=R=0 时状态保持。如果基本 RS 触发器用两个“与非门”交叉耦合构成，则此时为低电平触发器，即 S=0 时触发器被置“1”，R=0 时触发器被置“0”，当 S=R=1 时状态保持。

如图 8-10 所示为两个“或非门”交叉耦合构成的高电平触发型 RS 触发器，其真值表如表 8-4 所示。

表 8-4　RS 触发器真值表

S	R	q
0	0	保持
0	1	0
1	0	1
1	1	未定

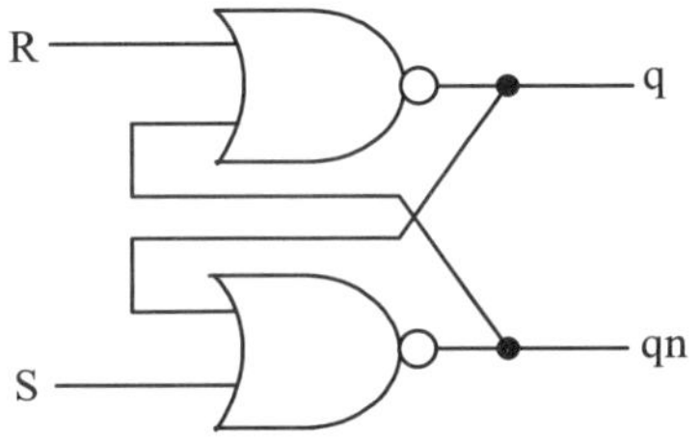

图 8-10　“或非门”型 RS 触发器

用 VHDL 描述该 RS 触发器的程序实例如例 8-15 所示。

【例 8-15】　“或非门”型 RS 触发器。

```
LIBRARY IEEE ;
USE IEEE.STD_LOGIC_1164.ALL ;
ENTITY rsff IS
    PORT(R, S: IN STD_LOGIC ;
         q, qn: OUT STD_LOGIC) ;
END rsff ;
ARCHITECTURE rtl OF rsff IS
    SIGNAL q_temp, qn_temp: STD_LOGIC ;
BEGIN
    q_temp<= R NOR qn_temp ;
    qn_temp<= S NOR q_temp ；--RS 触发器描述语句
    q<= q_temp ； -- 输出
```

```
    qn<= qn_temp ;
END rtl ;
```

8.4 寄存器

在数字系统中，寄存器最典型的特征是具有记忆功能，能够存储多位二进制代码，一般由多位触发器连接而成，属于同步时序逻辑电路。通常有锁存寄存器和移位寄存器之分。

8.4.1 锁存寄存器

锁存寄存器是能够用来存储一组二进制代码的同步时序逻辑电路，通常由 D 触发器构成。例 8-16 给出了一个带异步复位的 8 位锁存寄存器。

【例 8-16】 8 位锁存寄存器。

```
LIBRARY IEEE ;
USE IEEE.STD_LOGIC_1164.ALL ;
ENTITY register8 IS
    PORT(clk, reset: IN STD_LOGIC ;
                d: IN STD_LOGIC_VECTOR(7 DOWNTO 0) ;
                q: OUT STD_LOGIC_VECTOR(7 DOWNTO 0)) ;
END register8 ;
ARCHITECTURE rtl OF register8 IS
    SIGNAL q_temp: STD_LOGIC_VECTOR(7 DOWNTO 0) ;
BEGIN
    PROCESS(clk, reset)
    BEGIN
        IF (reset= '0')THEN
            q _temp<= "00000000" ;
        ELSIF (clk'EVENT AND clk= '1') THEN        -- 时钟上升沿触发
            q _temp<= d ;
        END IF ;
    END PROCESS ;
    q<= q_temp ;                           -- 输出
END rtl ;
```

8.4.2 移位寄存器

移位寄存器除了具有存储二进制码的功能外，还具有移位功能。所谓移位功能就是指寄存器里面存储的代码能够在时钟的作用下进行依次左移或者右移。因此移位寄存器既可以用来存储数据，也可以用来实现数据的串并转换、数值运算和数据处理等。

常见移位寄存器主要有串入/串出移位寄存器、串入/并出移位寄存器等。

（1）串入/串出移位寄存器

串入/串出移位寄存器就是指具有一个数据输入端、一个同步时钟输入端和一个数据输出端的移位寄存器。图 8-11 给出了一个 6 位串入/串出移位寄存器的电路原理图，该 6 位串入/串出移位寄存器由 6 个 D 触发器构成，当时钟信号边沿到来时，输入端的数据在时钟边沿的作用下逐级向后移动。

用 VHDL 实现 6 位串入/串出移位寄存器的结构化描述如例 8-17 所示。

【例 8-17】 6 位串入/串出移位寄存器的结构化描述。

```
LIBRARY IEEE ;
USE IEEE.STD_LOGIC_1164.ALL ;
ENTITY siso6 IS
  PORT (d, clk: IN STD_LOGIC ;
            q: OUT STD_LOGIC) ;
END siso6 ;
ARCHITECTURE rtl OF siso6 IS
  COMPONENT dff                                -- 调用触发器 dff 元件的说明
  PORT (d, clk: IN STD_LOGIC ;
            q: OUT STD_LOGIC) ;
  END COMPONENT ;
  SIGNAL z: STD_LOGIC_VECTOR (0 TO 6) ;
BEGIN
  z(0)<= d ;
  gl: FOR i IN 0 TO 5 GENERATE                 --i 从 0 到 5 变化，构成 D 触发器串联
      dffx: dff PORT MAP(z(i), clk, z(i+1)) ;  -- 元件例示语句
    END GENERATE ;
q <= z(6) ;
END rtl ;
```

用 VHDL 实现 6 位串入/串出移位寄存器的行为描述如例 8-18 所示。

【例 8-18】 6 位串入/串出移位寄存器的行为级描述。

```
LIBRARY IEEE ;
USE IEEE.STD_LOGIC_1164.ALL ;
ENTITY siso6_2 IS
  PORT (clk, data_in: IN STD_LOGIC ;
            data_out: OUT STD_LOGIC) ;
END siso6_2 ;
ARCHITECTURE rtl OF siso6_2 IS
 SIGNAL temp: STD_LOGIC_VECTOR (5 DOWNTO 0) ;
BEGIN
 PROCESS(clk)
 BEGIN
     IF rising_edge(clk) THEN
         temp(5)<= data_in ;
```

```
            temp(4 DOWNTO 0)<= temp(5 DOWNTO 1) ;
        END IF ;
    ENDPROCESS ;
    data_out<= temp(0) ;
END rtl ;
```

综合出的电路图如图 8-11 所示。

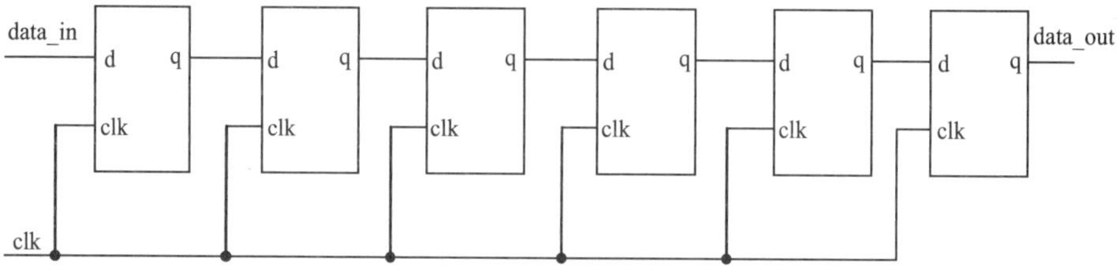

图 8-11　6 位串入/串出移位寄存器

（2）串入/并出移位寄存器

串入/并出移位寄存器就是指具有一个数据输入端、一个同步时钟输入端和多个数据输出端的移位寄存器。当时钟信号边沿到来时，输入端的数据在时钟边沿的作用下逐级向后移动，达到一定位数后并行输出。串入/并出移位寄存器的作用就是串并转换。

用 VHDL 实现 6 位串入/并出移位寄存器的源程序如例 8-19 所示。

【例 8-19】 6 位串入/并出移位寄存器。

```
LIBRARY IEEE ;
USE IEEE.STD_LOGIC_1164.ALL ;
ENTITY sipo6 IS
  PORT (d, clk: IN STD_LOGIC ;
             q: OUT STD_LOGIC_VECTOR (5 DOWNTO 0)) ;
END sipo6 ;
ARCHITECTURE rtl OF sipo6 IS
  COMPONENT dff                          -- 调用触发器 dff 元件的说明
PORT (d, clk: IN STD_LOGIC ;
           q: OUT STD_LOGIC) ;
  END COMPONENT ;
  SIGNAL z: STD_LOGIC_VECTOR (6 DOWNTO 0) ;
BEGIN
  z(0)<= d ;
  gl: FOR i IN 0 TO 5 GENERATE            --i 从 0 到 5 变化，构成 D 触发器串联
      dffx: dff PORT MAP(z(i), clk, z(i+1)) ;  -- 元件例示语句
    END GENERATE ;
q <= z(6 DOWNTO 1) ;
END rtl ;
```

8.5　计数器

计数器是数字系统中使用最多的时序逻辑电路，它是数字设备中的基本逻辑单元。计数器的基本功能是记忆时钟脉冲的个数，它是用几个触发器的状态，按照一定规律随时钟变化来记忆时钟脉冲的个数。

按照计数过程中的触发器是否同时翻转分类，可以把计数器分为同步计数器和异步计数器。按照计数过程中的数字增减分类，则可以把计数器分为加法计数器、减法计数器和可逆计数器。

8.5.1　同步计数器

同步计数器是指在时钟脉冲（clk）的控制下，构成计数器的各触发器状态同时发生变化的计数器。带异步复位、同步使能的四位二进制加“1”同步计数器电路框图如图 8-12 所示。

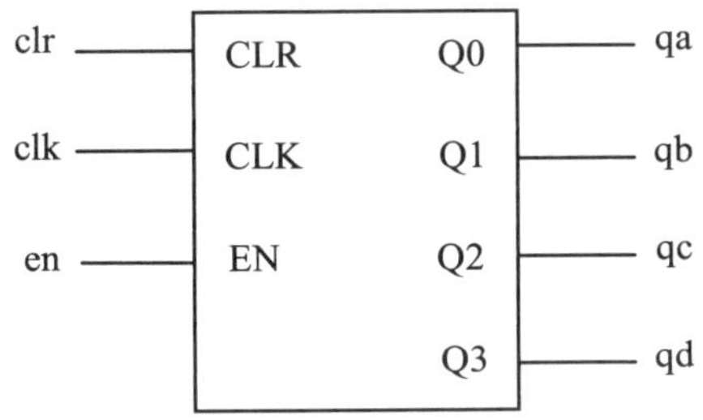

图 8-12　四位二进制加“1”同步计数器电路符号

用 VHDL 实现该同步计数器的源程序如例 8-20 所示。

【例 8-20】 四位 BCD 码加“1”同步计数器。

```
LIBRARY IEEE ;
USE IEEE.STD_LOGIC_1164.ALL ;
USE IEEE.STD_LOGIC_UNSIGNED.ALL ;
ENTITY count10en IS
   PORT(clk, clr, en: IN STD_LOGIC ;
        qa, qb, qc, qd: OUT STD_LOGIC) ;
END count10en ;
ARCHITECTURE rtl OF count10en IS
    SIGNAL count_4 : STD_LOGIC_VECTOR(3 DOWNTO 0) ;
BEGIN
    qa<= count_4(0) ;   -- count_4(0)赋值给端口信号 qa 输出
    qb<= count_4(1) ;   -- count_4(1)赋值给端口信号 qb 输出
    qc<= count_4(2) ;   -- count_4(2)赋值给端口信号 qc 输出
    qd<= count_4(3) ;   -- count_4(3)赋值给端口信号 qd 输出
PROCESS(clk,clr)
```

```
BEGIN
IF(clr= '1') THEN
  count_4<= "0000" ;
ELSIF (clk'EVENT AND clk= '1') THEN
   IF(en= '1') THEN
     IF(count_4= "1001")THEN  -- 若累加到"1001"
       count_4<= "0000" ;     -- 则 count_4 被重新置为"0000"
     ELSE
       count_4<= count_4+1 ;  --count_4 每次加‘1’
     END IF ;
   END IF ;
END IF ;
END PROCESS ;
END rtl ;
```

8.5.2 同步可逆计数器

在时钟脉冲（clk）的控制下，既可递增计数又可递减计数的计数器称为可逆计数器。可逆计数器的计数方向可以由特殊的控制端 updown 来控制。当 updown 为 1 时，计数器递增计数；当 updown 为 0 时，计数器递减计数。例 8-21 给出了带异步复位的四位二进制同步可逆计数器的 VHDL 源程序。

【例 8-21】 四位二进制同步可逆计数器。

```
LIBRARY IEEE ;
USE IEEE.STD_LOGIC_1164.ALL ;
USE IEEE.STD_LOGIC_UNSIGNED.ALL ;
ENTITY counter IS
   PORT(clk, clr, updown: IN STD_LOGIC ;
             qa, qb, qc, qd: OUT STD_LOGIC) ;
END counter ;
ARCHITECTURE rtl OF counter IS
     SIGNAL count_4 : STD_LOGIC_VECTOR(3 DOWNTO 0) ;
BEGIN
     qa<= count_4(0) ;   -- count_4(0)赋值给端口信号 qa 输出
     qb<= count_4(1) ;   -- count_4(1)赋值给端口信号 qb 输出
     qc<= count_4(2) ;   -- count_4(2)赋值给端口信号 qc 输出
     qd<= count_4(3) ;   -- count_4(3)赋值给端口信号 qd 输出
PROCESS(clk,clr)
BEGIN
IF(clr= '1') THEN
  count_4<= "0000" ;
```

```
ELSIF (clk'EVENT AND clk='1') THEN
  IF(updown = '1')THEN
    count_4<= count_4+1 ; -- 递增计数
  ELSE
    count_4<= count_4-1 ; -- 递减计数
   END IF ;
END IF ;
END PROCESS ;
END rtl ;
```

8.5.3　异步计数器

异步计数器就是指构成计数器的低位计数触发器输出作为相邻高位计数触发器的时钟信号，这样逐级串行连接起来的一类计数器。也就是说，异步计数器的每个计数触发器的翻转有前有后，不是由 clk 时钟脉冲同步的。时钟信号的这种连接方法称为行波时钟。由行波时钟驱动的异步计数器又称为行波计数器。

如图 8-13 所示为一个四位异步计数器的电路图。

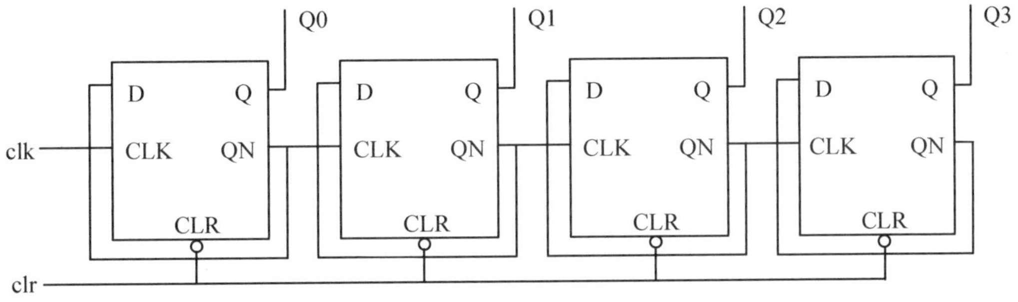

图 8-13　四位异步计数器的电路

用 VHDL 实现如图 8-13 所示的四位异步计数器源程序如例 8-22 所示。

【例 8-22】 四位异步计数器。

```
LIBRARY IEEE ;
USE IEEE.STD_LOGIC_1164.ALL ;
ENTITY asyn_counter IS
   PORT(clk, clr: IN STD_LOGIC ;
            q: OUT STD_LOGIC_VECTOR(3 DOWNTO 0)) ;
END asyn_counter ;
ARCHITECTURE rtl OF asyn_counter IS
COMPONENT dff2       -- 调用触发器 dff2 元件的说明
PORT (d, clk, clr: IN STD_LOGIC ;
          q, qn: OUT STD_LOGIC) ;
END COMPONENT ;
    SIGNAL q_temp: STD_LOGIC_VECTOR(4 DOWNTO 0) ;
```

```
BEGIN
    q_temp(0)<= clk ;
    gl: FOR i IN 0 TO 3 GENERATE          --i 从 0 到 3 变化，构成 D 触发器串联
      dffx:dff2   PORT MAP (clk=> q_temp(i) ,
                            clr=> clr ,
                            d => q_temp(i+1) ,
                            q => q(i) ,
                            qn =>q_temp(i+1)) ;      -- 元件例示语句
    END GENERATE ;
END rtl ;
```

8.6 分频器

在数字系统设计的过程中，常常需要将较高频率的时钟信号进行分频处理，从而得到较低频率的时钟信号。分频器即可完成这样的功能。常见的分频器其实就是计数器在分频处理中的一种应用。

2^n 分频是最常见的分频器。例 8-23 给出了一个分频器的 VHDL 源程序，该分频器能完成对时钟信号 clk 的 2 分频、4 分频、8 分频和 16 分频。

【例 8-23】 2^n 分频器。

```
LIBRARY IEEE ;
USE IEEE.STD_LOGIC_1164.ALL ;
USE IEEE.STD_LOGIC_UNSIGNED.ALL ;
ENTITY clk_div IS
   PORT(clk, clr: IN STD_LOGIC ;
clk_div2, clk_div4, clk_div8, clk_div16: OUT STD_LOGIC) ;
END clk_div ;
ARCHITECTURE rtl OF clk_div IS
    SIGNAL count: STD_LOGIC_VECTOR(3 DOWNTO 0) ;
BEGIN
    PROCESS(clk, clr)
    BEGIN
      IF(clr= '1') THEN
         count<= "0000" ;
      ELSIF (clk'EVENT AND clk= '1') THEN
         IF(count= "1111")THEN       -- 若计数到"1111"
               count<= "0000" ;     -- 则 count 被重新置为"0000"
         ELSE
               count<= count+1 ;   --count 递加计数
         END IF ;
```

```
        END IF ;
    END PROCESS;
    clk_div2 <= count(0) ;    -- 2 分频输出
    clk_div4 <= count(1) ;    -- 4 分频输出
    clk_div8 <= count(2) ;    -- 8 分频输出
    clk_div16<= count(3) ;    -- 16 分频输出
END rtl ;
```

当分频倍数不是 2^n 时，计数控制方式就得进行一定的调整。例 8-24 给出了一个 6 分频器的 VHDL 源程序。

【例 8-24】 6 分频器。

```
LIBRARY IEEE ;
USE IEEE.STD_LOGIC_1164.ALL ;
USE IEEE.STD_LOGIC_UNSIGNED.ALL ;
ENTITY clk_div6 IS
   PORT(clk, clr: IN STD_LOGIC ;
         clk_div6: OUT STD_LOGIC) ;
END clk_div6 ;
ARCHITECTURE rtl OF clk_div6 IS
     SIGNAL count: STD_LOGIC_VECTOR(1 DOWNTO 0) ;
     SIGNAL clk_temp: STD_LOGIC ;
BEGIN
     PROCESS(clk,clr)
     BEGIN
       IF(clr= '1') THEN
         count<= "00" ;
         clk_temp<= '0' ;
       ELSIF (clk'EVENT AND clk= '1') THEN
         IF(count= "10")THEN                  -- 若计数到"10"
             count<= "00" ;                   -- 则 count 被重新置为"00"
             clk_temp<= NOT clk_temp ;        -- 分频信号翻转
         ELSE
             count<= count+1 ;                -- count 递加计数
         END IF ;
        END IF ;
     END PROCESS ;
     clk_div6 <= clk_temp ;                   -- 6 分频输出
END rtl ;
```

习　　题

1．什么是时序逻辑？其 VHDL 程序设计与组合逻辑的有何不同？

2．设计一个异步复位的下降沿触发的 D 触发器。

3．设计一个同步复位的下降沿触发的 D 触发器。

4．设计一个带异步清零的八位锁存寄存器。

5．设计一个八位串入/串出移位寄存器。

6．设计一个八位串入/并出移位寄存器。

7．设计一个八位二进制可逆同步计数器。

8．设计一个 10 分频器，其中分频信号占空比为 1:9。

第 9 章　逻辑系统的状态机设计

本章读导

在设计复杂数字系统的控制电路时，通常采用状态机的设计方法。通过本章的学习，读者能深入理解状态机的基本概念及状态机的编程设计。通过编程实例，读者将掌握状态机编码、Moore 型状态机设计和 Mealy 型状态机设计，从而具备进行逻辑系统特别是控制逻辑系统设计的基础。

9.1　有限状态机概述

利用 VHDL 设计逻辑系统特别是控制逻辑系统，往往可以采用有限状态机设计方法。

通常对于一个数字电子系统可以有多种描述或表征方式，例如：框图描述、状态机描述、VHDL 语句描述、电路图描述和网表描述等。框图描述以方框图的形式表明了信号在数字电子系统各模块间传递转移的顺序和条件，其优点是概念清晰、直观和易于理解。我们可以把状态机描述理解为：符号化了的框图描述，即状态机也是表明了信号在数字电子系统各模块间传递转移的顺序和条件。

用有限状态机设计的控制逻辑系统在功能上可以与 CPU 相似。但是，一个由状态机构成的控制器硬件系统比 CPU 所能完成的同样功能的软件系统的工作速度要高出 3～5 个数量级。这是因为尽管 CPU 和状态机都是按照时钟节拍以顺序时序方式工作的，但 CPU 是按照指令周期，以逐条执行指令的方式运行的，即：每执行一条指令，通常只能完成一项简单操作，而一个指令周期须由多个机器周期构成，一个机器周期又由多个时钟节拍构成。相比之下，状态机变换周期只有一个时钟周期，在每一个状态，状态机可以完成许多并行运算和控制操作。

除此之外，状态机的优越性还体现在以下三方面：

（1）有利于综合。由于状态机的结构模式相对简单，容易被综合器识别，为综合器优化实现提供了有利条件。

（2）状态机的设计程序层次分明、结构清晰，可读性强。

（3）可靠性高。由于状态机的设计中能使用各种容错技术，而且即使状态机进入非法状态，从中跳出也很容易，且所耗的时间也十分短暂，不会损害系统的运行。

因此，状态机在逻辑系统设计中获得了广泛应用。

有限状态机由三部分构成：状态寄存器，下一状态转移逻辑，输出逻辑。其结构如图 9-1 所示。

按照有限状态机的输出决定因素，状态机分为 Mealy（米利）型和 Moore（莫尔）型。Mealy 型状态机的输出由状态机的输入和状态机的状态共同决定；Moore 型状态机的输出仅与状态机的状态有关，与状态机的输入无关。从程序设计实现的角度来看，二者除了输出结构的差异以及由此产生的 Mealy 状态机输出比 Moore 状态机快一个时钟之外，其余结构均类似。

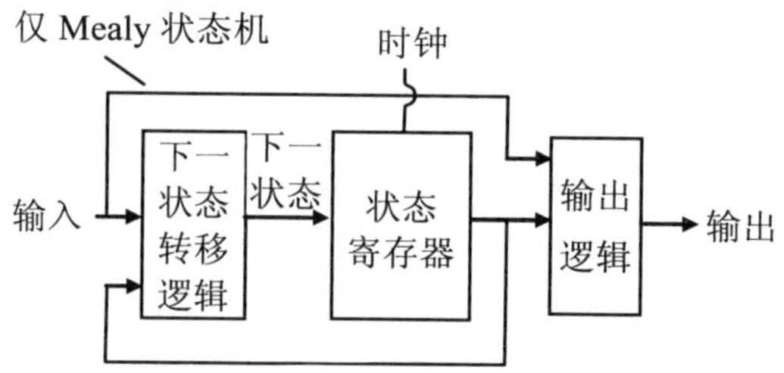

图 9-1　有限状态机的结构

9.2　有限状态机的描述方式

在本节中，我们将详细讲述一个有限状态机的程序设计步骤及方法。我们简述为“两个定义+三个进程”的设计描述模式。

1．定义状态机的状态及信号变量

- 定义状态机的状态

设计者首先应该定义状态变量的枚举型，一般在结构体中定义，也可在程序包中定义。下面是一个例子。

【例9-1】

```
…
ARCHITECTURE behav OF state_machine IS
…
TYPE main_state IS (state_1,state_2_…state_n) ;
…
```

- 定义状态变量

设计者还需要定义两个状态机信号变量：当前状态和下一状态。

下面是一个例子。

【例9-2】

```
SIGNAL current_state: main_state ;
SIGNAL next_state: main_state ;
```

2．描述状态机的三个进程

一般可以采用三个进程来完成状态机描述：状态寄存器的时序进程，下一状态产生逻辑的组合逻辑进程，输出的组合逻辑进程。

- 描述状态寄存器的进程

下面是一个例子。

【例9-3】

```
PROCESS(reset, clk)
BEGIN
IF reset= '1' THEN
            current_state<= initial ;    --  初始状态
```

```
    ELSIF clk'EVENT AND clk= '1' THEN
            current_state<= next_state ;
    END IF ;
END PROCESS ;
```

注意：状态机设计中一定要有复位信号，否则状态机可能处在随机状态，无法开始正常工作。当然，以上是异步复位方式，设计者也可以采用同步复位方式，如例9-4所示。

【例9-4】

```
PROCESS(reset,clk)
BEGIN
  IF clk'EVENT AND clk= '1' THEN
    IF reset= '1' THEN
      current_state<= initial ;              -- 初始状态
    ELSE
      current_state<= next_state ;
    END IF ;
  END IF ;
END PROCESS ;
```

● 描述下一状态转移逻辑的进程

下一状态转移逻辑描述形式比较固定，一般采用CASE语句内嵌套IF语句来描述,基本结构如下例9-5所示。

【例9-5】 下一状态转移逻辑的进程。

```
PROCESS(current_state,其他输入信号)
BEGIN
    CASE current_state IS
        WHEN state_1=>
                IF （输入信号满足某个条件） THEN
                    next_state<=某个状态;
                ELSIF （输入信号满足某个条件） THEN
                    next_state<=某个状态;
                …
                ELSE
                    next_state<=某个状态;
                END IF ;
        WHEN state_2=>
                …
        WHEN state_3=>
                …
        WHENOTHERS=>
              next_state <= initial ;          -- 初始状态或其他某个状态
```

```
        ENDCASE ;
    END PROCESS ;
```

注意：在CASE语句最后，一定要加上在其他状态下的处理，以免系统进入不需要的状态（非法状态）而无法回到正常的状态循环。

- 描述输出逻辑的进程

输出逻辑进程一般描述如下例9-6所示。

【例9-6】 输出逻辑进程一般描述。

```
PROCESS(current_state,其他输入信号)
BEGIN
    CASE current_state IS
          WHEN state_1=>
               output<= xxx ;
          WHEN state_2=>
               …
    END CASE ;
END PROCESS ;
```

注意：如果是Mealy型状态机就需要其他输入信号，这些信号和当前状态共同决定输出信号。如果是Moore型状态机，则输出只和当前状态有关。

有的设计者采用两个进程来描述状态机，即将输出逻辑进程和下状态转移逻辑合并起来,采用一个进程来描述。通常状况下，建议状态机还是采用两个不同的进程来描述输出逻辑和下状态转移逻辑，特别是Moore型状态机，而Mealy型状态机常采用输出逻辑进程和下状态转移逻辑合并起来描述，这样可提高程序的可读性。

9.3 状态机的状态编码

状态机的状态编码方式有多种，具体要视实际情况来决定，影响编码方式选择的因素主要有：状态机的速度要求、逻辑资源的利用率、系统运行的可靠性以及程序的可读性等方面。编码方式主要有以下几种：

- 状态编码值直接输出型编码

这类编码方式最典型的应用实例就是计数器，计数器本质上是状态转移进程与输出进程合二为一的状态机。它的输出就是各状态的状态码值。将状态编码直接输出作为控制信号，这就要求对状态机各状态的编码作特殊的选择，以适应控制的要求。表9-1是一个用于设计控制AD574 采样的状态机的状态编码表。

这个状态机由6个状态组成，从状态STATE0 到STATE5 各状态的编码分别为11100、00000、00100、00110、01100、01101，每一位的编码值都赋予了实际的控制功能，如最后两位（LK1和LK2）的功能是分别产生锁存低8位数据和高4位数据的脉冲信号。在程序中的定义方式如例9-7所示。

表 9-1　控制 AD574 采样的状态机的状态编码表

状态	状态编码				
	CS	AO	RC	LK1	LK2
STATE0	1	1	1	0	0
STATE1	0	0	0	0	0
STATE2	0	0	1	0	0
STATE3	0	0	1	1	0
STATE4	0	1	1	0	0
STATE5	0	1	1	0	1

【例9-7】 状态编码值直接输出型编码。

```
SIGNAL current_state: STD_LOGIC_VECTOR(4 DOWNTO 0 ) ;
SIGNAL next_state: STD_LOGIC_VECTOR(4 DOWNTO 0 ) ;
CONSTANT STATE0: STD_LOGIC_VECTOR(4 DOWNTO 0):= "11100" ;
CONSTANT STATE1: STD_LOGIC_VECTOR(4 DOWNTO 0):= "00000" ;
CONSTANT STATE2: STD_LOGIC_VECTOR(4 DOWNTO 0):= "00100" ;
CONSTANT STATE3: STD_LOGIC_VECTOR(4 DOWNTO 0):= "00110" ;
CONSTANT STATE4: STD_LOGIC_VECTOR(4 DOWNTO 0):= "01100" ;
CONSTANT STATE5: STD_LOGIC_VECTOR(4 DOWNTO 0):= "01101" ;
```

这种状态编码值直接输出型编码方式不需要输出译码，优点是：输出速度快、逻辑资源省；缺点是程序可读性差。

- 自然编码

这种编码方式最为简单，使用的触发器数量最少，剩余的非法状态也很少。如上面的6状态机，只需3个触发器即可。其状态编码方式如下例9-8所示。

【例9-8】 自然编码。

```
SIGNAL current_state: STD_LOGIC_VECTOR(2 DOWNTO 0 ) ;
SIGNAL next_state: STD_LOGIC_VECTOR(2 DOWNTO 0 ) ;
CONSTANT STATE0: STD_LOGIC_VECTOR(2 DOWNTO 0):= "000" ;
CONSTANT STATE1: STD_LOGIC_VECTOR(2 DOWNTO 0):= "001" ;
CONSTANT STATE2: STD_LOGIC_VECTOR(2 DOWNTO 0):= "010" ;
CONSTANT STATE3: STD_LOGIC_VECTOR(2 DOWNTO 0):= "011" ;
CONSTANT STATE4: STD_LOGIC_VECTOR(2 DOWNTO 0):= "100" ;
CONSTANT STATE5: STD_LOGIC_VECTOR(2 DOWNTO 0):= "101" ;
```

这种顺序编码方式的缺点是：尽管节省了触发器，却增加了从一种状态向另一种状态转换的译码组合逻辑。另外，译码组合逻辑产生的竞争冒险等问题可能影响系统的稳定性。

- 格雷码编码

格雷码编码方式是对自然编码方式的一种改进，它的特点是任一对相邻状态的编码中只有一个二进制位发生变化，这十分有利于状态译码组合逻辑的简化，从而提高系统可靠性和运行速度。其编码方式如例9-9所示。

【例9-9】 格雷码编码。

```
SIGNAL current_state: STD_LOGIC_VECTOR(2 DOWNTO 0 ) ;
SIGNAL next_state: STD_LOGIC_VECTOR(2 DOWNTO 0 ) ;
CONSTANT STATE0: STD_LOGIC_VECTOR(2 DOWNTO 0):= "000" ;
CONSTANT STATE1: STD_LOGIC_VECTOR(2 DOWNTO 0):= "001" ;
CONSTANT STATE2: STD_LOGIC_VECTOR(2 DOWNTO 0):= "011" ;
CONSTANT STATE3: STD_LOGIC_VECTOR(2 DOWNTO 0):= "010" ;
CONSTANT STATE4: STD_LOGIC_VECTOR(2 DOWNTO 0):= "110" ;
CONSTANT STATE5: STD_LOGIC_VECTOR(2 DOWNTO 0):= "111" ;
```

- 独热码编码

独热码编码方式就是用n个触发器来实现具有n个状态的状态机，状态机中的每一个状态都由其中一个触发器的状态表示，即当处于该状态时，对应的触发器为1，其余的触发器都置0。例如6个状态的状态机需由6个触发器来表达其对应状态，其编码方式如例9-10所示。

【例9-10】 独热码编码。

```
SIGNAL current_state: STD_LOGIC_VECTOR(5 DOWNTO 0 ) ;
SIGNAL next_state: STD_LOGIC_VECTOR(5 DOWNTO 0 ) ;
CONSTANT STATE0: STD_LOGIC_VECTOR(5 DOWNTO 0):= "000001" ;
CONSTANT STATE1: STD_LOGIC_VECTOR(5 DOWNTO 0):= "000010" ;
CONSTANT STATE2: STD_LOGIC_VECTOR(5 DOWNTO 0):= "000100" ;
CONSTANT STATE3: STD_LOGIC_VECTOR(5 DOWNTO 0):= "001000" ;
CONSTANT STATE4: STD_LOGIC_VECTOR(5 DOWNTO 0):= "010000" ;
CONSTANT STATE5: STD_LOGIC_VECTOR(5 DOWNTO 0):= "100000" ;
```

独热码编码方式尽管用了较多的触发器，但其简单的编码方式简化了状态译码逻辑，提高了状态转换速度。这对于在含有较多的时序逻辑资源而组合逻辑资源较少的FPGA器件中设计状态机是一个较好的解决方案。

9.4 状态机设计实例

9.4.1 Moore 型状态机设计

状态转换如表9-2所示。

表 9-2 Moore 型例子状态转换表

当前状态	下一状态		输出（Z）
	X=0	X=1	
S0	S0	S2	0
S1	S0	S2	1
S2	S2	S3	1
S3	S3	S1	0

表9-2对应的Moore型状态机VHDL源程序如例9-11所示。

【例9-11】 Moore型状态机。

```
-- 实体和构造体中的变量定义
ENTITY Moore IS
PORT(rst: IN STD_LOGIC ;
        clk: IN STD_LOGIC ;
         X: IN STD_LOGIC ;
         Z: OUT STD_LOGIC) ;
END Moore ;

ARCHITECTURE behavior OF Moore IS
  TYPE state_type IS (S0, S1, S2, S3) ;
  SIGNAL current_state, next_state: state_type ;
BEGIN
                                                        -- 状态寄存器描述
SYNCH: PROCESS(clk, rst)
        BEGIN
           IF clk'EVENT AND clk= '1' THEN
              IF rst= '1' THEN
                current_state<= S1 ;
              ELSE
                current_state<= next_state ;
              END IF ;
           END IF ;
        ENDPROCESS ;
                                                      -- 下状态转移逻辑描述
STATE_TRANS: PROCESS (current_state, X)
        BEGIN
           CASE current_state IS
                WHEN S0=>
                  IF X = '0' THEN
                     next_state<= S0 ;
                  ELSE
                     next_state<= S2 ;
                  END IF ;
                WHEN S1=>
                  IF X = '0' THEN
                     next_state<= S0 ;
```

```
                ELSE
                    next_state<= S2 ;
                END IF ;
            WHEN S2=>
                IF X = '0' THEN
                    next_state<= S2 ;
                ELSE
                    next_state<= S3 ;
                END IF ;
            WHEN S3=>
                IF X = '0' then
                    next_state<= S3 ;
                ELSE
                    next_state<= S1 ;
                END IF ;
            WHEN others =>
                    next_state<= S1 ;
        END CASE ;
    END PROCESS ;
                                                    -- 输出逻辑描述
OUTPUT_GEN: PROCESS (current_state)
    BEGIN
        CASE current_state IS
            WHEN S0 =>
                Z <= '0' ;
            WHEN S1 =>
                Z <= '1' ;
            WHEN S2 =>
                Z <= '1' ;
            WHEN S3 =>
                Z <= '0' ;
            WHEN others =>
                Z <= '0' ;
        END CASE ;
    END PROCESS ;
END behavior ;
```

9.4.2 Mealy 型状态机设计

状态转换如表9-3所示。

表 9-3　Mealy 型例子状态转换表

当前状态	下一状态		输出（Z）	
	X=0	X=1	X=0	X=1
S0	S0	S2	0	1
S1	S0	S2	0	0
S2	S2	S3	1	0
S3	S3	S1	0	1

表9-3对应的Mealy型状态机VHDL源程序如例9-12所示。

【例9-12】 Mealy型状态机。

```
ENTITY Mealy IS
      PORT ( X, rst, clock : IN BIT ;
                              Z : OUT BIT) ;
END Mealy ;
ARCHITECTURE behavior OF Mealy IS
      TYPE state_type IS ( S0, S1, S2, S3) ;        -- 变量定义
      SIGNAL current_state, next_state: state_type ;
BEGIN
SYNCH: PROCESS(clock, rst, next_state)
       BEGIN
          IF clock'EVENT AND clock = '1' THEN
              IF rst='1' THEN
                  current_state<= S0 ;
              ELSE
                  current_state<= next_state ;
              END IF ;
          END IF ;
       ENDPROCESS ;
                                                   -- 状态转移和输出进程合二为一
COMBIN: PROCESS (current_state, X)
BEGIN
   CASE current_state IS
     WHEN S0 =>
       IF X = '0' THEN
         Z <= '0' ;
```

```
                next_state<= S0 ;
            ELSE
                Z <= '1' ;
                next_state<= S2 ;
            END IF ;
        WHEN S1 =>
            IF X = '0' THEN
                Z <= '0' ;
                next_state<= S0 ;
            ELSE
                Z <= '0' ;
                next_state<= S2 ;
            END IF ;
        WHEN S2 =>
            IF X = '0' THEN
                Z <= '1' ;
                next_state<= S2 ;
            ELSE
                Z <= '0' ;
                next_state<= S3 ;
            END IF ;
        WHEN S3 =>
            IF X = '0' then
                Z <= '0' ;
                next_state<= S3 ;
            ELSE
                Z <= '1' ;
                next_state<= S1 ;
            END IF ;
    END CASE ;
END PROCESS ;
END behavior ;
```

总之，状态机的设计具有模版性，编程模式较为简单，尤其值得注意的是对非法状态的处理，即注意系统自启动和自恢复，提高系统的可靠性和稳定性。

习　　题

1．常用的状态机编码有哪几种？各有什么特点？

2．Moore 型状态机与 Mealy 型状态机的区别是什么？

3．请依据下面的状态转换表（表 9-4）和状态编码表（表 9-5）设计相应的状态机。

表 9-4　状态转换表

S \ A	0	1
S_0	S_0，0	S_1，1
S_1	S_2，1	S_1，0
S_2	S_0，0	S_0，1

表 9-5　状态编码表

S	Q1	Q0
S_0	0	0
S_1	0	1
S_2	1	1

4．请按下面描述完成状态机设计。

电路功能：输入一个未知的二进制序列，如果检测到序列“10010”就输出高电平。允许循环检测，即当未知序列为“…10010010…”时，算检测到两次。初始状态为 IDLE。

输入信号：CLK（时钟）、X（序列输入）、RST（复位信号）。

输出信号：Z（检测到序列时，此信号为高电平，其余状态时为低电平）。

5．如图 9-2 所示为 JTAG 的 TAP 控制器部分状态转换图，试用程序实现该功能。

输入信号：TCK（测试时钟）、TMS（状态模式选择，用于状态转换控制）

输出信号：UP_DR（处于 Update-DR 状态时，此信号为高电平，其余状态时为低电平）

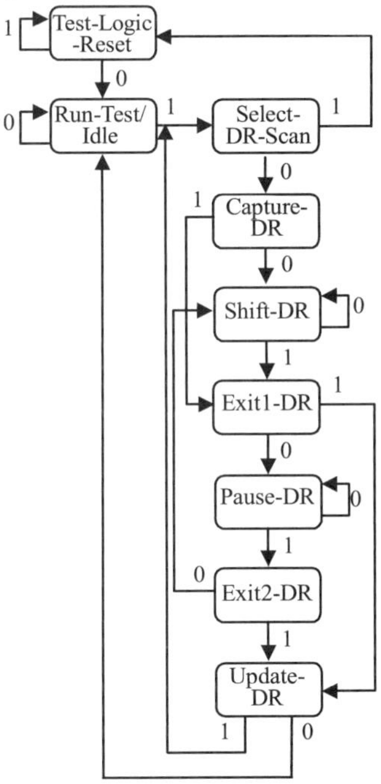

图 9-2　JTAG 的 TAP 控制器部分状态转换

第 10 章　VHDL 的 FPGA 实现

本章导读

通过前面几章的学习，读者已经能够用 VHDL 语言进行逻辑电路设计，本章将学习如何把设计转化为 FPGA 实现。读者将理解用 VHDL 进行 FPGA 设计的流程；通过实践操作，将掌握基于 ISE 软件进行设计综合、设计实现以及 FPGA 编程下载等过程。

10.1 概述

在第 1 章中我们已经介绍了 TOP-DOWN 设计的第三层次是逻辑综合。逻辑综合这一阶段是利用逻辑综合工具软件，将 RTL 方式描述的 VHDL 源程序转换成用基本逻辑元件表示的文件（门级网表）。这是一个把高层次的与工艺无关的描述转换成低层次的与特定工艺相关的描述的过程。

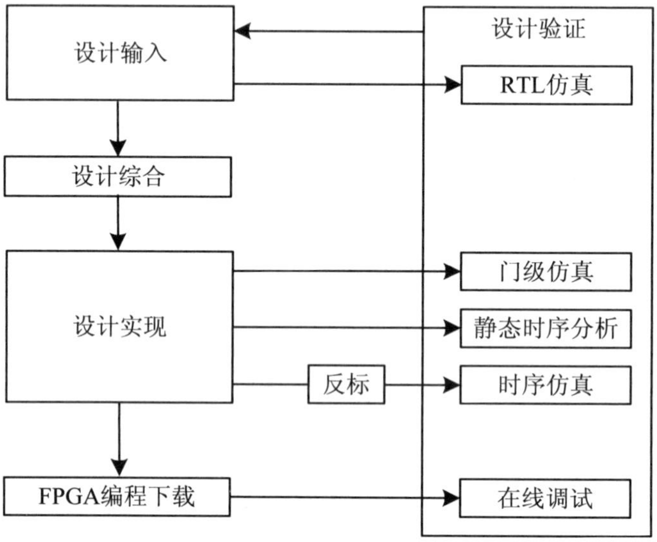

图 10-1　FPGA 设计流程

逻辑综合是 FPGA 设计流程的重要一环。在此，我们基于使用比较广泛的 ISE 软件介绍 FPGA 设计流程。如图 10-1 所示，基于 ISE 的 FPGA 设计与实现主要分为四步：

- 设计输入
- 设计综合
- 设计实现
- FPGA 编程下载

设计验证包括 RTL 仿真、门级仿真、时序仿真和在线调试，它们分别应用于 FPGA 设计流程的不同阶段。

在第 6 章中介绍过基于 Active-HDL 工具的设计输入，对于不同的 EDA 工具设计输入的方法类似，本章不再介绍基于 ISE 的设计输入。

10.2　VHDL 的 FPGA 逻辑综合

以下将以第 7 章例 7-22 交通信号灯监测电路的程序为例来说明如何对 VHDL 程序进行综合。具体步骤如下：

（1）启动 ISE

打开 ISE10.1，启动后界面如图 10-2 所示。

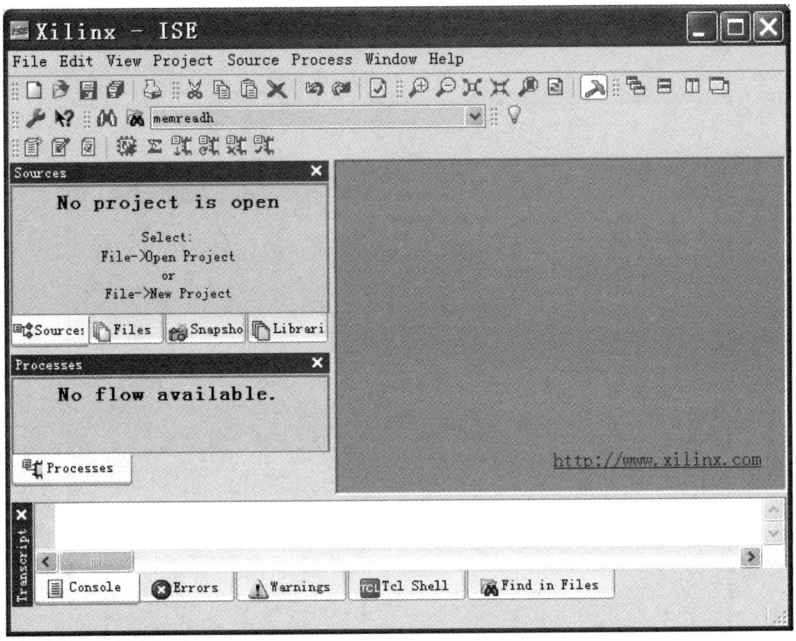

图 10-2　ISE 10.1 启动界面

（2）创建一个新的工程

在如图 10-2 所示的界面中，选择“File → New Project”。然后，在如图 10-3 所示的对话框中选择工程存放路径，输入工程名 rgy，选择顶层模块类型为 HDL。接着，在如图 10-4 所示的对话框中进行 FPGA 器件参数设置。

需要设置的 FPGA 器件参数主要包括：芯片的器件系列名、器件类型、封装类型和速度等级。此外，在图 10-4 中还可以选择顶层源文件类型、综合工具、仿真工具和使用的硬件描述语言等。

完成设置后，新建工程如图 10-5 所示。

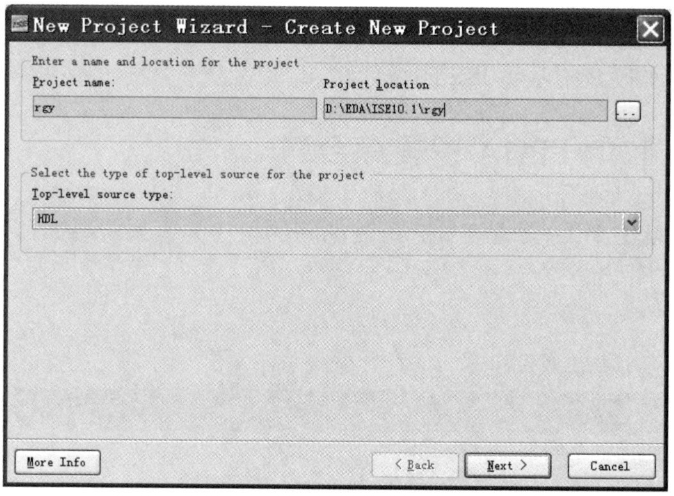

图 10-3　选择存放路径和输入工程名

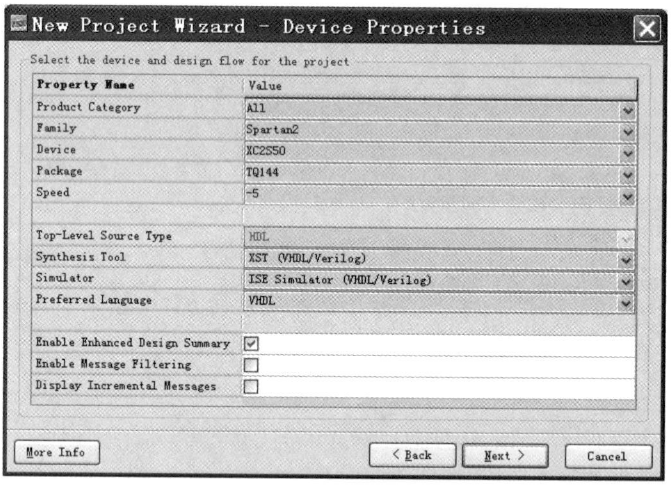

图 10-4　设置 FPGA 器件参数

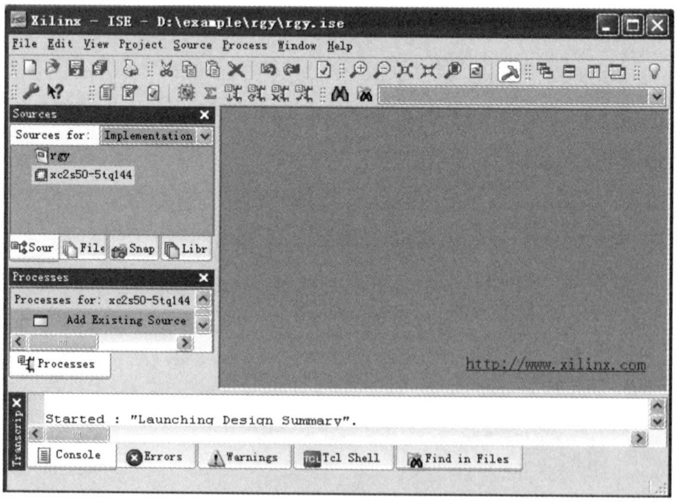

图 10-5　新建好的工程

（3）添加源文件

选择“Project → Add Copy of Source”，将源文件复制到当前工程路径下并添加到当前工程。如图 10-6 所示，把例 7-22 交通信号灯监测电路的 VHDL 程序源文件 rgy.vhd 复制添加到当前工程中。

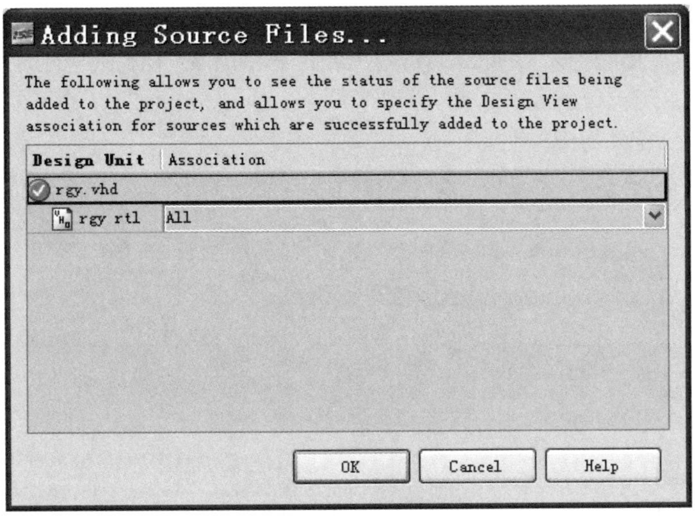

图 10-6　设定添加源文件

（4）分析源文件

源文件添加过程中，ISE 10.1 自动对其进行分析，并且从信息框中列出源文件中的错误和警告。用鼠标双击信息行则自动定位于源文件出错或警告行。

（5）定义顶层设计

完成源文件添加后，若有多个源文件，则需要指定设计的顶层文件。

如图 10-7 所示，右击顶层文件选择“Set as Top Module”。本设计只有一个源文件，所以默认设置为顶层文件，“Set as Top Module”为灰色，不可编辑。

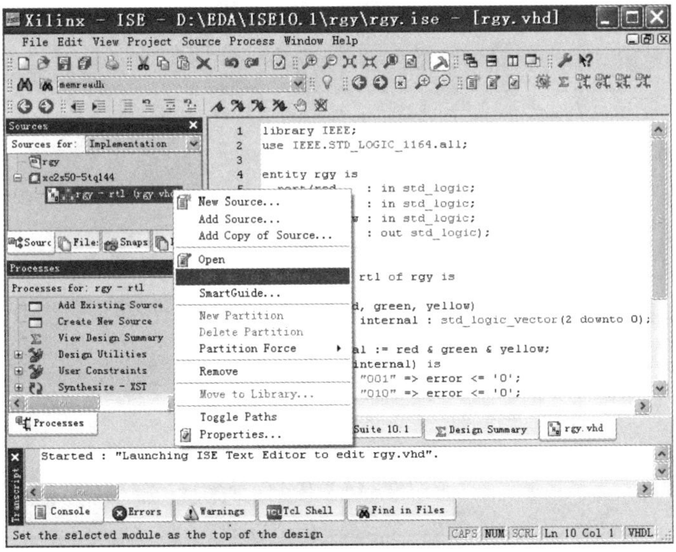

图 10-7　设定顶层文件

（6）添加设计的约束文件

在对设计进行逻辑综合前需要进行必要的管脚指定和时序约束。

如图 10-8 所示，选中顶层文件，在 Processes 窗口双击“User Constrains → Floorplan IO – Pre-Synthesis”，打开图 10-9 所示的进行管脚指定的窗口。

在图 10-9 所示的“Loc”栏指定与输入输出信号对应的管脚，保存文件。

在菜单栏选择“View → Refresh”，顶层文件下将出现当前工程的约束文件 rgy.ucf。如图 10-10 所示，单击选中 rgy.ucf 文件，双击“User Constraints”标签下的“Edit Constraints (Text)”可以显示、编辑约束文件。

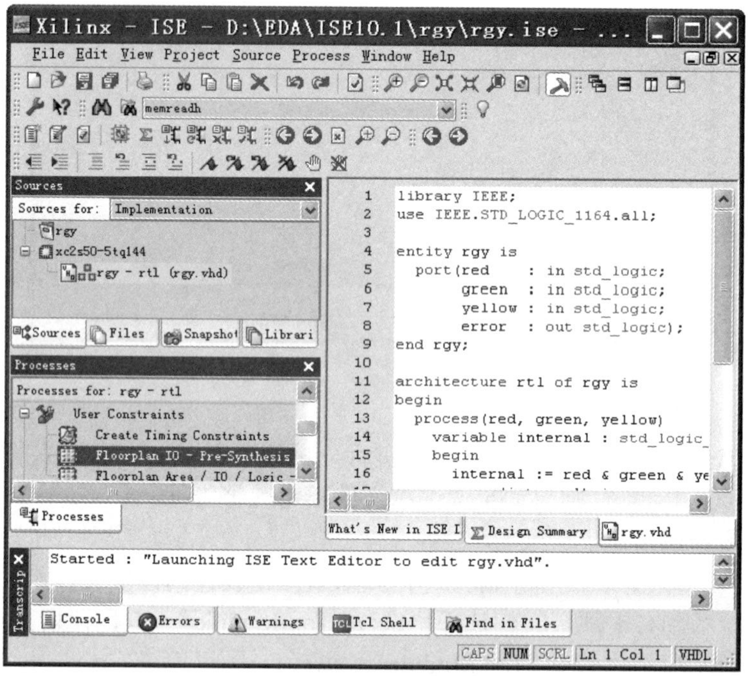

图 10-8 打开管脚分布窗口

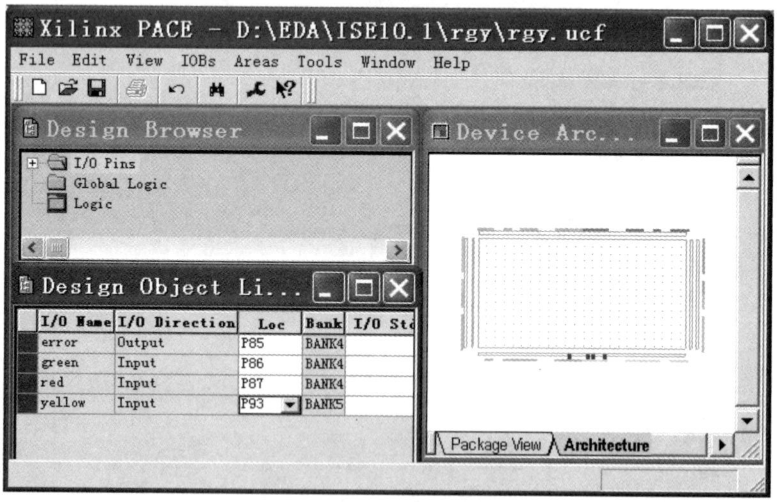

图 10-9 进行管脚指定

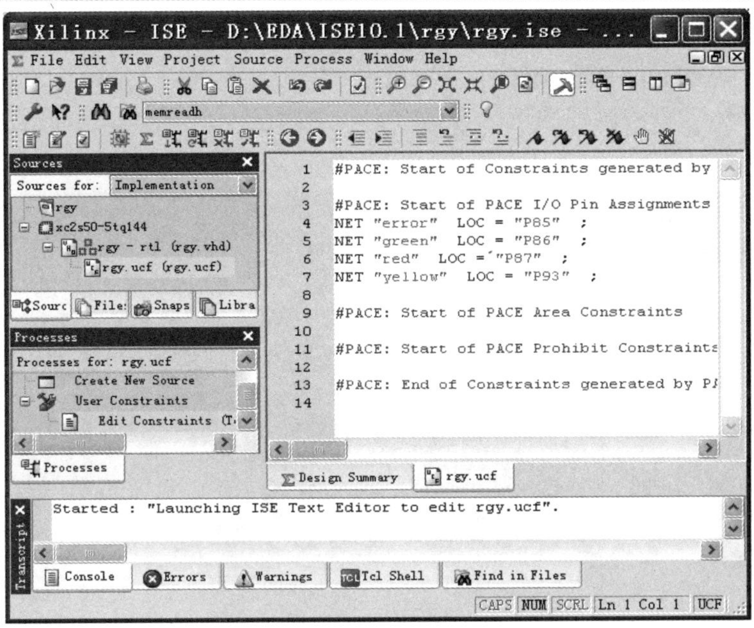

图 10-10　显示、编辑 UCF 文件

时序约束可以通过选中顶层文件，在 Processes 窗口双击“User Constraints → Create Timing Constraints”进行添加，也可以在图 10-10 所示的约束（ucf）文件中添加。

（7）逻辑综合

如图 10-11 所示，选中设计顶层文件，双击“Synthesis-XST”，综合工具 XST 开始对设计进行逻辑综合，综合完成后会在工程文件夹下生成网表文件 rgy.ngc。

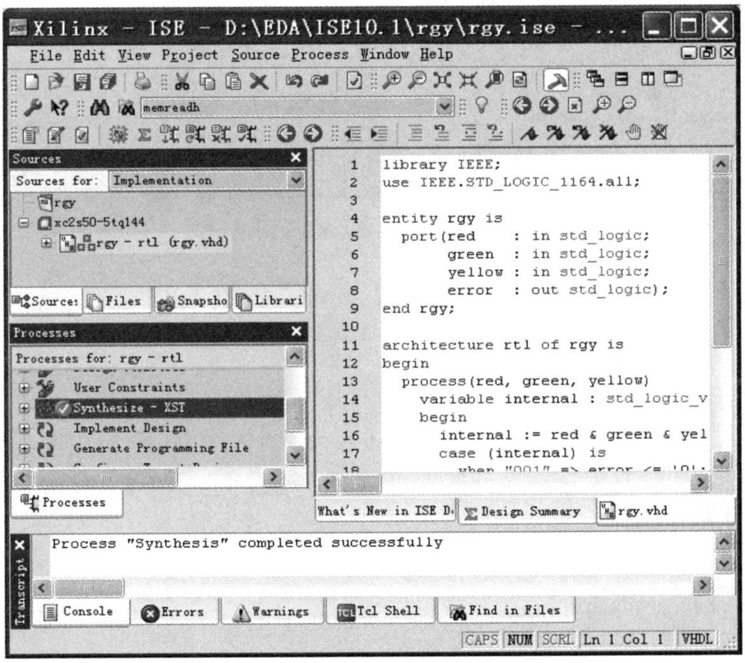

图 10-11　设计综合

（8）观察逻辑图

在逻辑综合完成后，在 Processes 窗口双击“Synthesis-XST → View RTL Schematic”，显示 RTL 电路图，双击该视图可以显示综合后的门级电路图。本设计的门级电路图如图 10-12 所示。

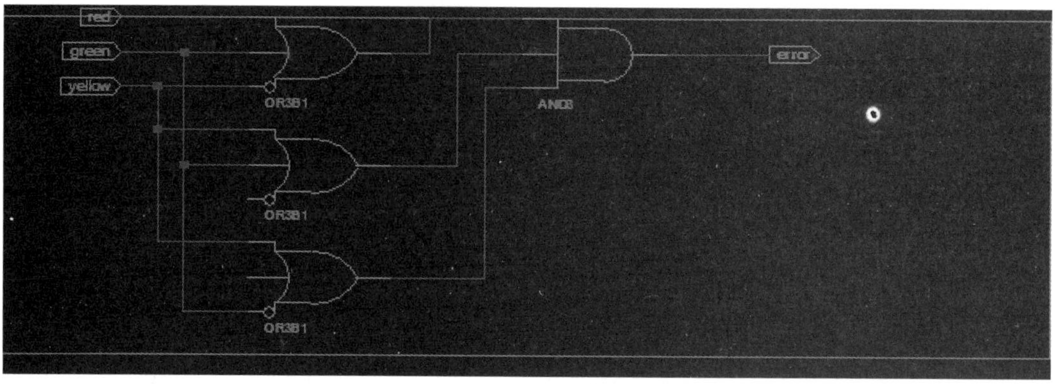

图 10-12　门级电路图

在 Processes 窗口双击“Synthesis-XST→ View Technology Schematic”，显示与所选用具体器件相关的电路图，如图 10-13 所示。

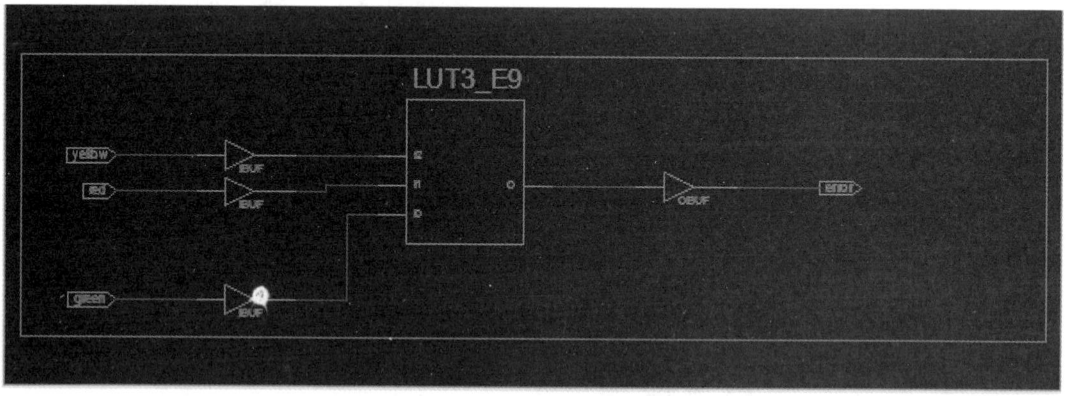

图 10-13　与具体器件相关的电路图

10.3　FPGA 设计实现

双击“Implement Design”，ISE 将依次执行下面三个过程：

(1) Translate：将输入的网表和约束信息转换为特定格式的设计文件；

(2) Map：将设计映射为目标器件内部可用的资源（slice 和 RAM 等）；

(3) Place & Route：对设计进行布局布线以满足时序约束。

通过菜单栏选择“Project → View Design Summary”，可以看到资源占用情况，如图 10-14 所示。此外，在【Design Summary】窗口中还可以查看综合报告、布局布线报告、静态时序报告等。

Device Utilization Summary				[-]
Logic Utilization	**Used**	**Available**	**Utilization**	**Note(s)**
Number of 4 input LUTs	1	1,536	1%	
Logic Distribution				
Number of occupied Slices	1	768	1%	
Number of Slices containing only related logic	1	1	100%	
Number of Slices containing unrelated logic	0	1	0%	
Total Number of 4 input LUTs	1	1,536	1%	
Number of bonded IOBs	4	92	4%	

图 10-14　资源占用列表

10.4　编程下载 FPGA

（1）生成 FPGA 下载文件

右击“Implement Design→Generate Programming File”选项，选择“Properties”选项，弹出如图 10-15 所示设置窗口。在图 10-15 中选中“Startup Options”选项，把“FPGA Start-Up Clock”选项的值修改为“JTAG Clock”（一般编程下载都是采用 JTAG 方式）。

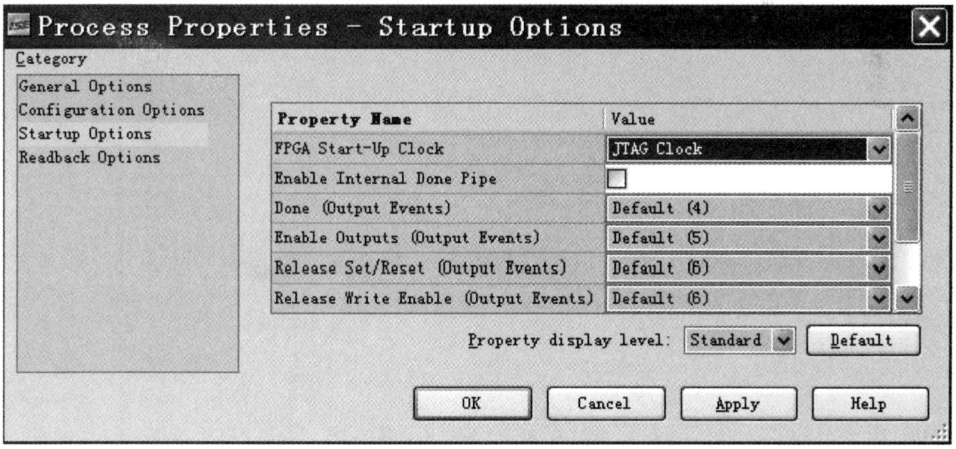

图 10-15　选择启动时钟

选择启动时钟后，双击“Generate Programming File”选项，将设计转换为可下载的 bit 文件，在工程文件夹下生成 rgy.bit 下载文件。

（2）生成 PROM 下载文件

为了生成 PROM 下载文件，双击“Configure Target Device →Manage Configuration

Project(iMPACT)”。弹出如图 10-16 所示的窗口后，选择“Prepare a PROM File”。然后，根据实验板上的 PROM 类型、下载模式和具体型号等，分别对图 10-17、图 10-18、图 10-19 中的相应选项做出正确配置。

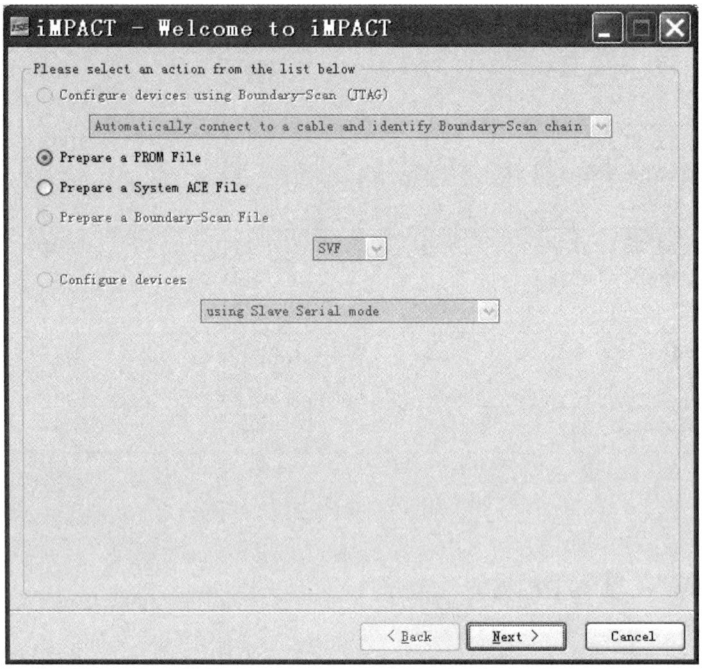

图 10-16　选择“Prepare a PROM File”

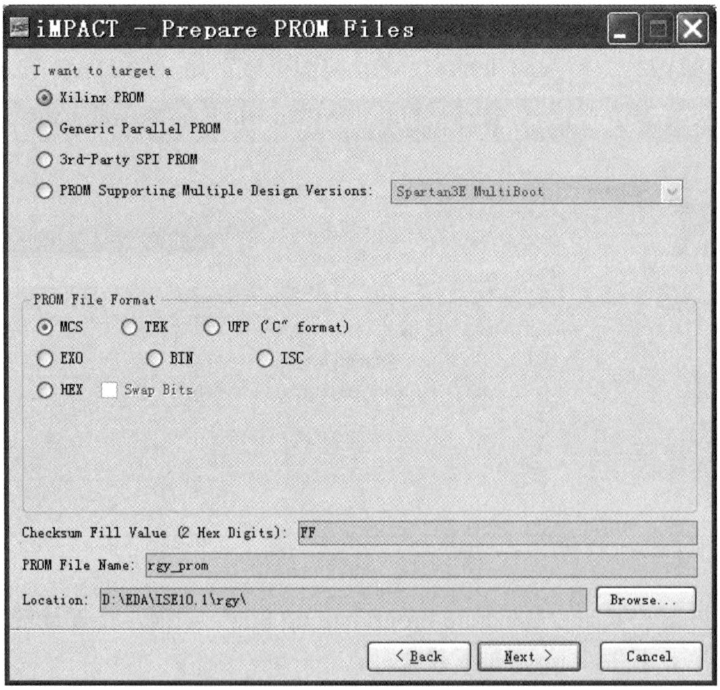

图 10-17　选择 Xilinx 的 PROM 及其文件格式

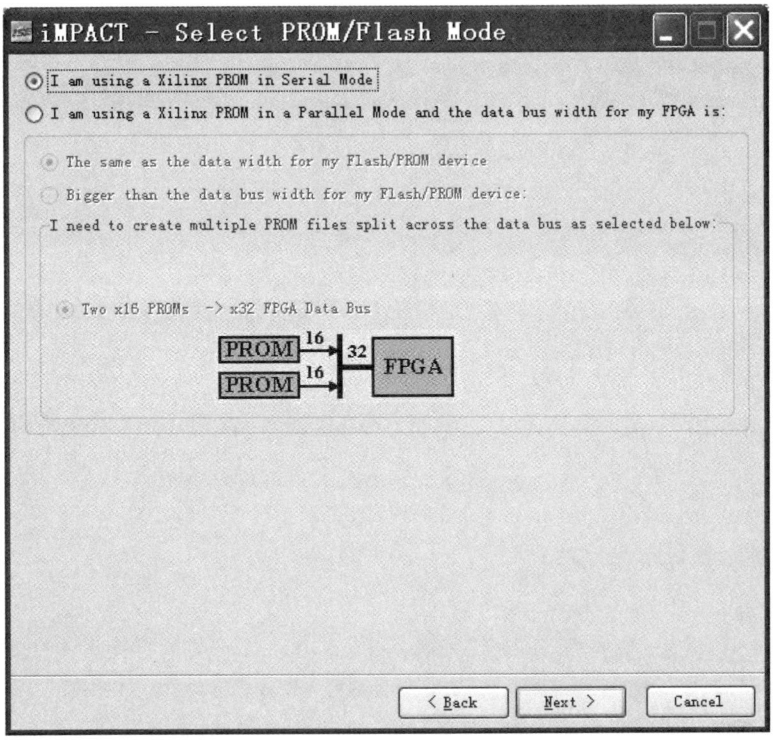

图 10-18　选择 PROM 下载模式

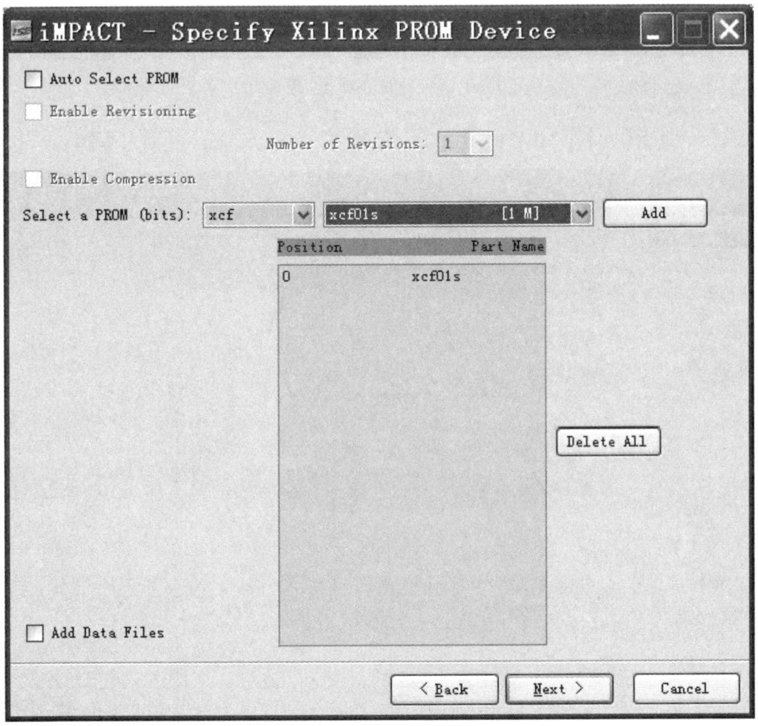

图 10-19　选择 PROM 的具体型号

PROM 配置完成后，弹出如图 10-20 所示的配置信息窗口。

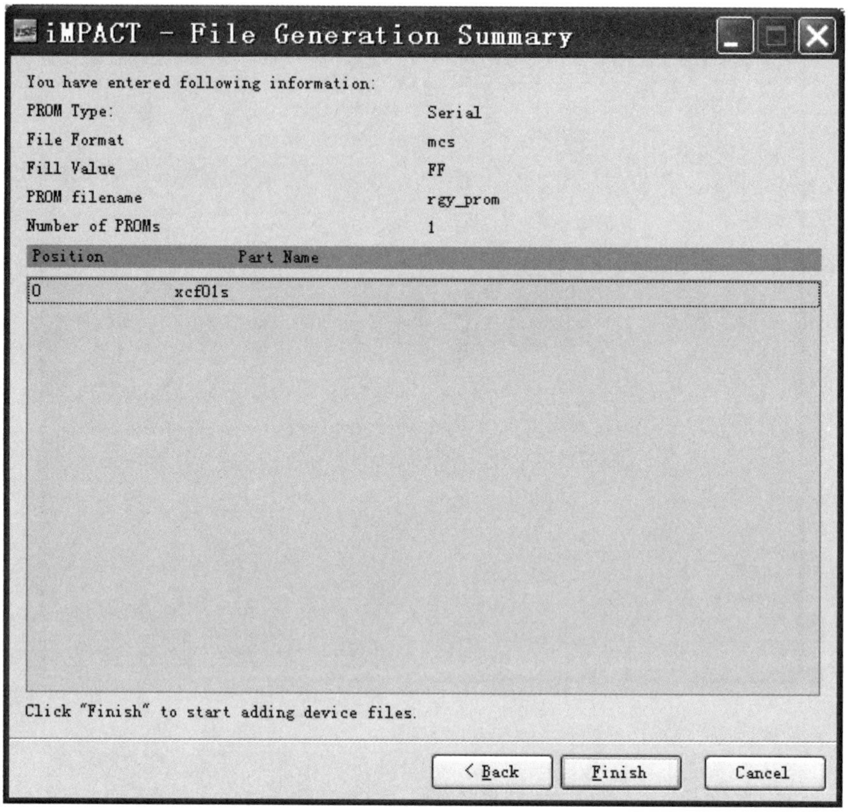

图 10-20　PROM 配置完成

单击“Finish”，弹出如图 10-21 所示的选择窗口，选择对应的 FPGA 下载文件 rgy.bit。

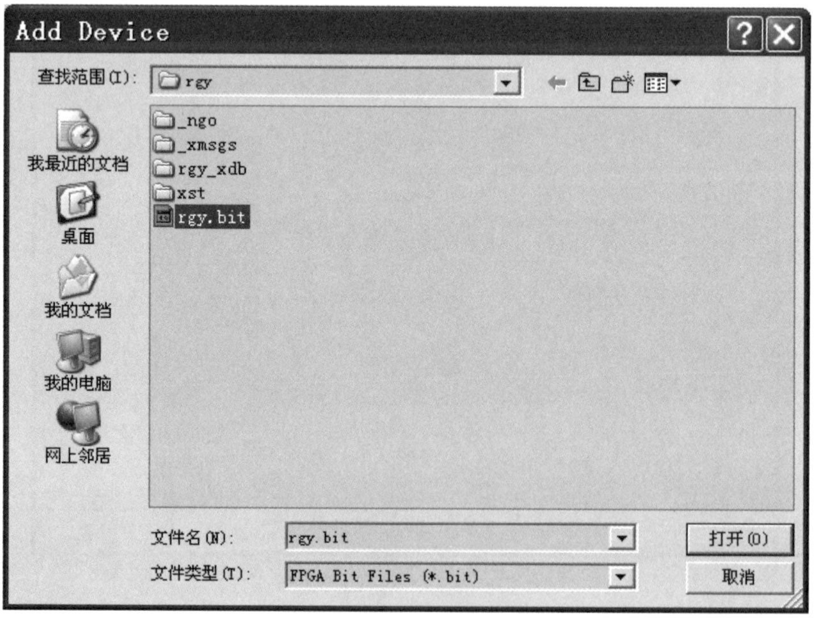

图 10-21　选择下载文件 rgy.bit

配置完成后，双击“iMPACT Processes”窗口中的“Generate File ...”选项生成 PROM 下载文件 rgy_prom.mcs，并出现如图 10-22 所示的提示窗口。

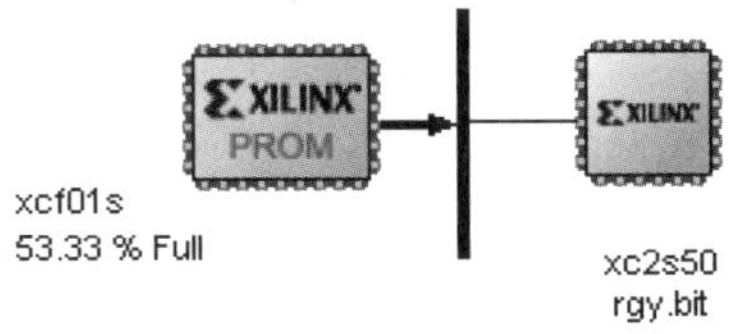

图 10-22　PROM 文件生成成功

（3）下载

iMPACT 是 ISE 集成的配置工具，iMPACT 支持的配置模式有边界扫描（Boundary Scan）模式、从串（Slave Serial）模式等。边界扫描模式标准统一，可以通过 JTAG 端口配置 FPGA/CPLD/PROM 等多种器件，应用最为广泛。本设计也采用边界扫描模式进行 FPGA 配置，配置文件为前面生成的 bit 文件。

首先，搭建硬件环境，即用 JTAG 电缆连接 FPGA 和计算机。确认连接正确后，双击“Configure Target Device →Manage Configuration Project(iMPACT)”，如图 10-23 所示，选择用 JTAG 模式配置器件。

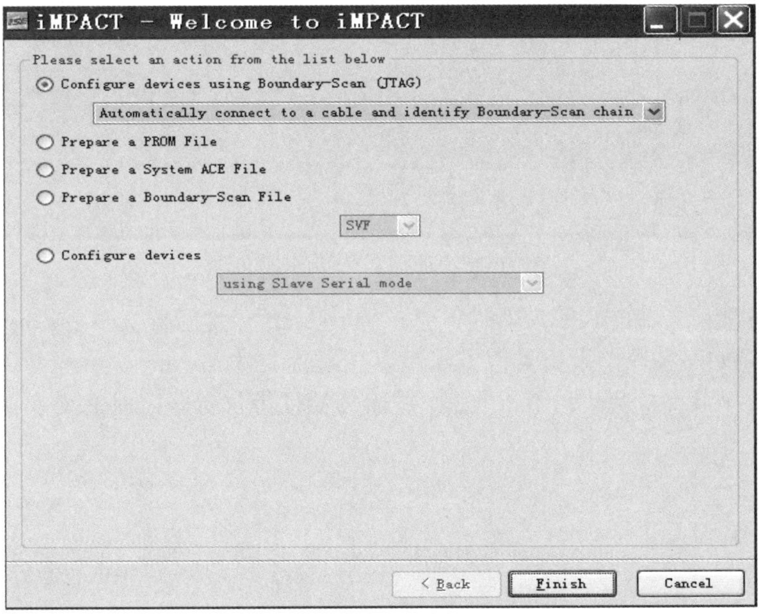

图 10-23　配置模式选择

由于所选开发实验板上有 FPGA 和 PROM 两个器件，需要分别对他们指定配置文件。如图 10-24 所示，选择 FPGA 的配置文件 rgy.bit。

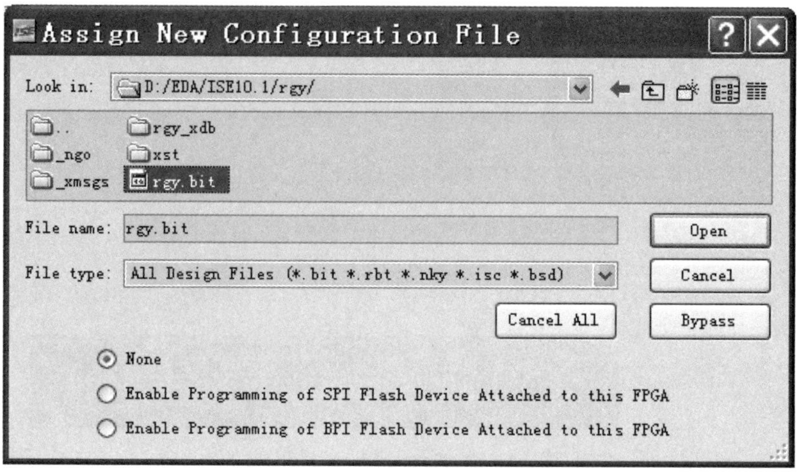

图 10-24　选择 FPGA 配置文件

如图 10-25 所示，选择 PROM 的配置文件 rgy_prom.mcs。

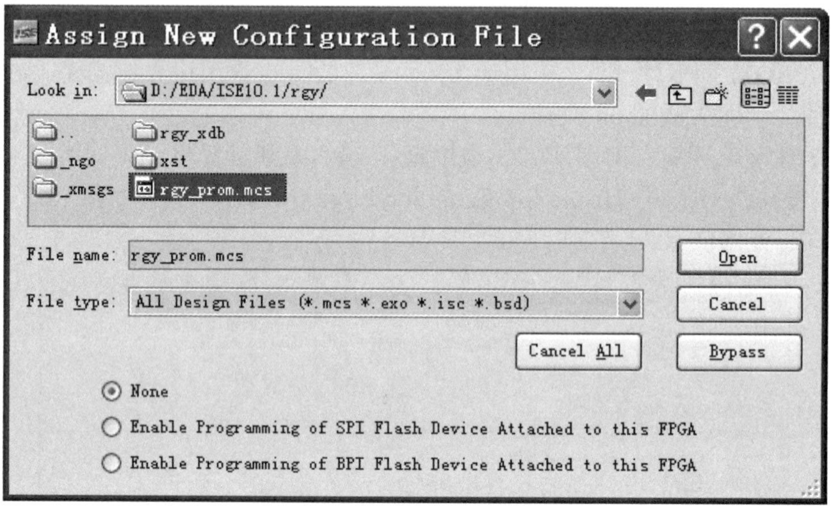

图 10-25　选择 PROM 配置文件

如图 10-26 所示，右击 FPGA 器件，选择“Program”，把配置文件 rgy.bit 下载到 FPGA，完成了设计的 FPGA 实现。采用类似方法可以把配置文件 rgy_prom.mcs 下载到 PROM。

FPGA 文件下载完成后，利用示波器、逻辑分析仪等仪器即可对 FPGA 试验板进行硬件测试。

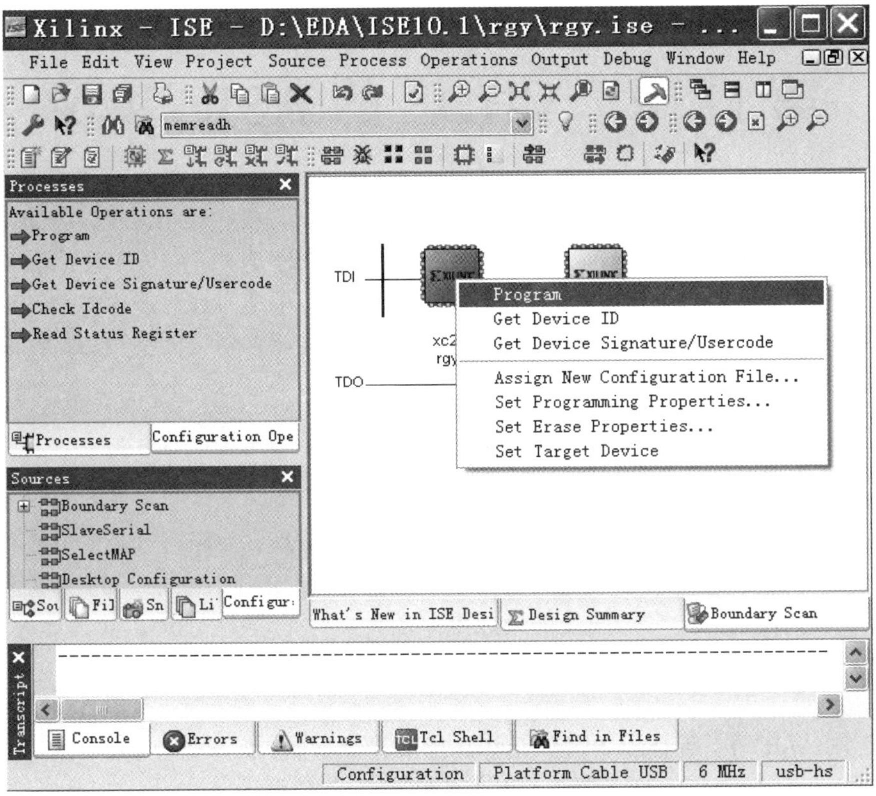

图 10-26 FPGA 文件下载

习 题

1. 简述 HDL 的综合设计过程。

2. 设计一个 D 触发器，进行仿真，综合，FPGA 下载。

3. 请编写一个带有异步清零端 rst 的六进制计数器，该计数器有一控制端口 sel，当 sel=1 时是时钟上升沿触发计数，sel=0 时是时钟下降沿触发计数。要求：（1）Active HDL 编译通过。（2）编写正确的测试激励文件并仿真通过。（3）用 ISE 综合出正确的电路图，并分析在硬件电路中触发沿的选择是如何实现的。

4. 设计一个数显电子钟，进行仿真，综合，FPGA 下载。

该电子钟能够对 S（秒）、MIN（分）、Hr（小时）进行计时，按 24 小时计时制；电子钟主要有三个组成部分：时基分频器、计时器、显示电路。

①时基分频器：对基本时钟（预提供 4MHz）进行分频得到 S（秒）时钟等；

②计时器：主要包括 S 计时器（60 进制）、MIN 计时器（60 进制）、Hr 计时器（24 进制）；

③显示电路：用 6 位扫描数码显示（七段数码管）、扫描时钟可用 250Hz。

第 11 章　VHDL 的 ASIC 实现

本章导读

ASIC 和 FPGA 具有不同特点，其设计流程有相似之处，也有不同之处。通过本章的学习，读者将对数字 ASIC 芯片的 TOP-DOWN 设计流程有一个清晰的认识，将会明白 ASIC 逻辑综合、自动布局布线的基本概念。同时，通过实践操作，读者还将具体掌握数字 ASIC 设计自动化的全过程，建议将本章与 FPGA 的实现过程进行对比学习。

11.1　概述

第 10 章已经介绍了 VHDL 数字电路设计的 FPGA 实现，为拓展读者的知识面，本章将介绍数字专用集成电路（ASIC，Application Specific Integrated Circuits）的实现流程。

ASIC 主要指用于某一专门用途的集成电路器件。对于数字 ASIC，其设计方法有多种。按版图结构及制造方法分，有半定制（Semi- custom）和全定制（Full-custom）两种实现方法。

在半定制 ASIC 中，所有的逻辑单元都是提前设计好的，部分或者全部掩膜层需要定制。使用单元库中设计好的逻辑单元使半定制 ASIC 设计变得非常容易。ASIC 设计师使用已经设计好并经过测试的逻辑单元库能缩短设计周期，降低设计成本，提高设计正确率。因此，逻辑单元库是半定制 ASIC 自动化设计的基础。半定制 ASIC 设计按逻辑实现的方式不同，可再分为多种具体设计方法，其中基于标准单元的半定制 ASIC 设计是最具代表性的实现方式。

基于标准单元的半定制 ASIC 设计需要预建完善的版图单元库，库中包括以物理版图表达的各种电路元件和电路模块“标准单元”，可供用户调用以设计不同的芯片。这些单元的逻辑功能、电性能及几何设计规则等都已经过加工厂的分析和验证。基于标准单元的半定制 ASIC 设计具有以下优点：

（1）具有灵活的布图方式。

（2）“标准单元”预先存在单元库中，可以极大地提高设计效率。

（3）可以从根本上解决布通率问题，达到 100%的布通率。

（4）可以使设计者更多地从设计项目的高层次关注电路的优化和性能问题。

（5）标准单元设计模式自动化程度高、设计周期短、设计效率高，十分适合利用功能强大的 EDA 工具进行 ASIC 的设计。

因此基于标准单元的半定制 ASIC 设计是目前 ASIC 设计中应用最广泛的设计方法之一。该设计方法还有一个重要的优势，即它与可编程逻辑器件法的应用有相似点，它们都是建立在标准单元库的基础之上的，因此从 FPGA/CPLD 设计向使用标准单元法设计的 ASIC 设计迁移是十分方便的。利用这种设计模式可以很好地解决直接进行 ASIC 设计中代价高昂的功能验证问题和快速的样品评估问题。

一般的 ASIC 从设计到制造，需要经过若干步骤，如图 11-1 所示。

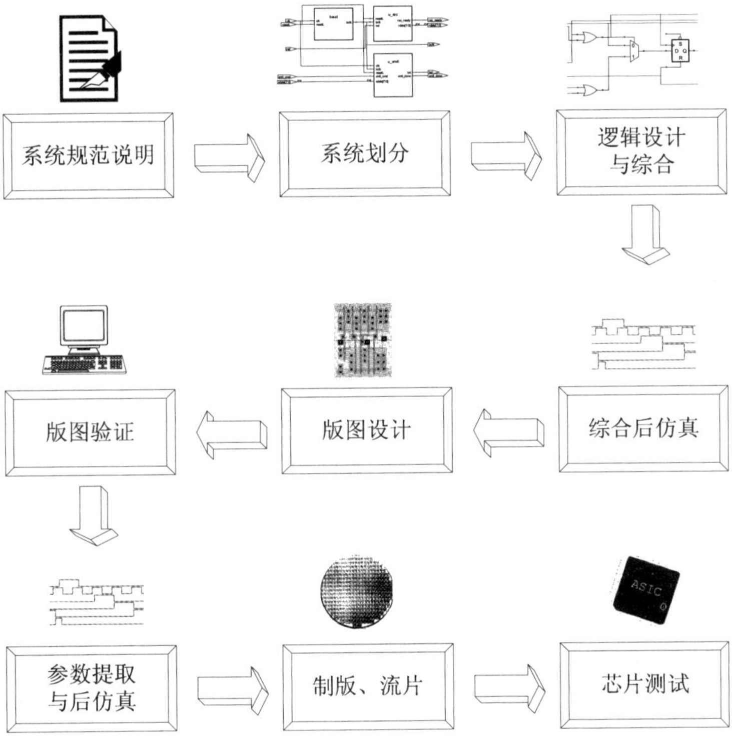

图 11-1　ASIC 设计流程

利用商业化工具以及预先设计好的标准单元库、宏单元库已经使得 ASIC 设计成为速度最快、成本最低而且错误最少的一种 IC 设计方法，因而 ASIC 和 ASIC 设计方法已迅速在工业界的各个领域得到推广。

ASIC 的设计可以粗略的分为逻辑设计——设计输入、逻辑综合、仿真以及测试；物理设计——平面布图规划（floorplan）、布局（placement）以及布线（rounting）。

确定设计描述的功能正确之后，便可借助综合器（synthesizer）进行 ASIC 逻辑综合。综合结束后，为了及早的发现错误并排除错误，可以进行综合后的门级时序仿真，如果结果有错误就可以马上回到代码设计阶段纠正错误，直到仿真结果符合要求。综合后仿真可采用 Cadence 公司的 NC_Verilog 工具导入综合生成的标准延时文件（.sdf）和门级网表（.v）的方法进行。

接下来流程转入版图设计，在集成设计环境下，可以将综合生成的网表读入，在工艺物理信息库及时序库配合下，进行整个芯片的布局布线。布局布线完成后，可得到一个初步的版图。为了验证实际布线后寄生效应是否会导致时序出错，必须做版图后仿真。另外，版图还需要进行 DRC、LVS 验证。

除了半定制 ASIC 设计以外，还有一种全定制 ASIC 设计方式。在全定制 ASIC 设计中，部分或者全部逻辑单元需要定制，所有掩膜层都是定制的。

本章将重点介绍半定制 ASIC 设计中的 ASIC 逻辑综合和 ASIC 自动布局布线两个关键环节。

11.2 VHDL 的 ASIC 逻辑综合

所谓 ASIC 逻辑综合是指在给定工艺库的基础上通过映射和优化，将行为级描述的设计在一定的规约下转化为逻辑结构。它是面向给定的设计约束，将高级的设计描述翻译和优化到工艺库中的门级网表的自动化过程。

ASIC 综合器在把可综合的 VHDL/Verilog 程序转化成硬件电路时，一般要经过两个步骤：第一步是 HDL 综合器对 VHDL/Verilog 进行分析处理，并将其转成相应的电路结构或模块，这时是不考虑实际器件实现的，即完全与硬件无关，这个过程是一个通用电路原理图形成的过程；第二步是对应实际实现的目标器件的结构进行优化，并使之满足各种约束条件，优化关键路径等。

综合器的输出文件一般是网表文件，如 EDIF 格式（Electronic Design Interchange Format.），文件后缀是.edf ，是一种用于设计数据交换和交流的工业标准文件格式的文件，或是直接用 VHDL/Verilog 语言表达的标准格式的网表文件。

应用于 ASIC 设计的综合器最具代表性的有 Synopsys 的 Design Compiler，Synplicity 的 Synplify ASIC，Cadence 的 Synergy 等。本书选用 Synopsys 公司的 Design Compiler 来介绍。

综合需要准备的文件包括：用户设计文件（VHDL 或 VERILOG 程序等）、厂商提供的逻辑单元库文件（DB 文件）。

综合后可得到的文件包括：综合后的网表文件（一般为 VERILOG 格式）、时序信息文件（SDF 文件）。在进入逻辑门层次的电路仿真，以及在 APR 之后的仿真都会使用到 SDF 文件。

（1）启动 Design Compiler 综合器

打开命令输入窗口。在工作站上登陆，并打开一个终端“Terminal”，进入综合环境。在命令提示符下输入“design_vision&”，如图 11-2 所示。

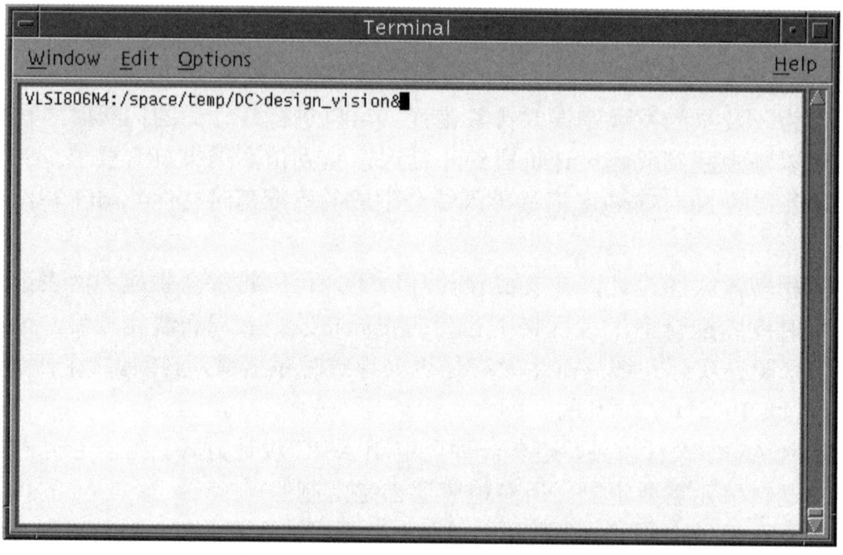

图 11-2 启动 Design Compiler 窗口

这时就会弹出一个如图 11-3 所示的窗口，这个窗口就是 Design Compiler 综合工具的图形界面。

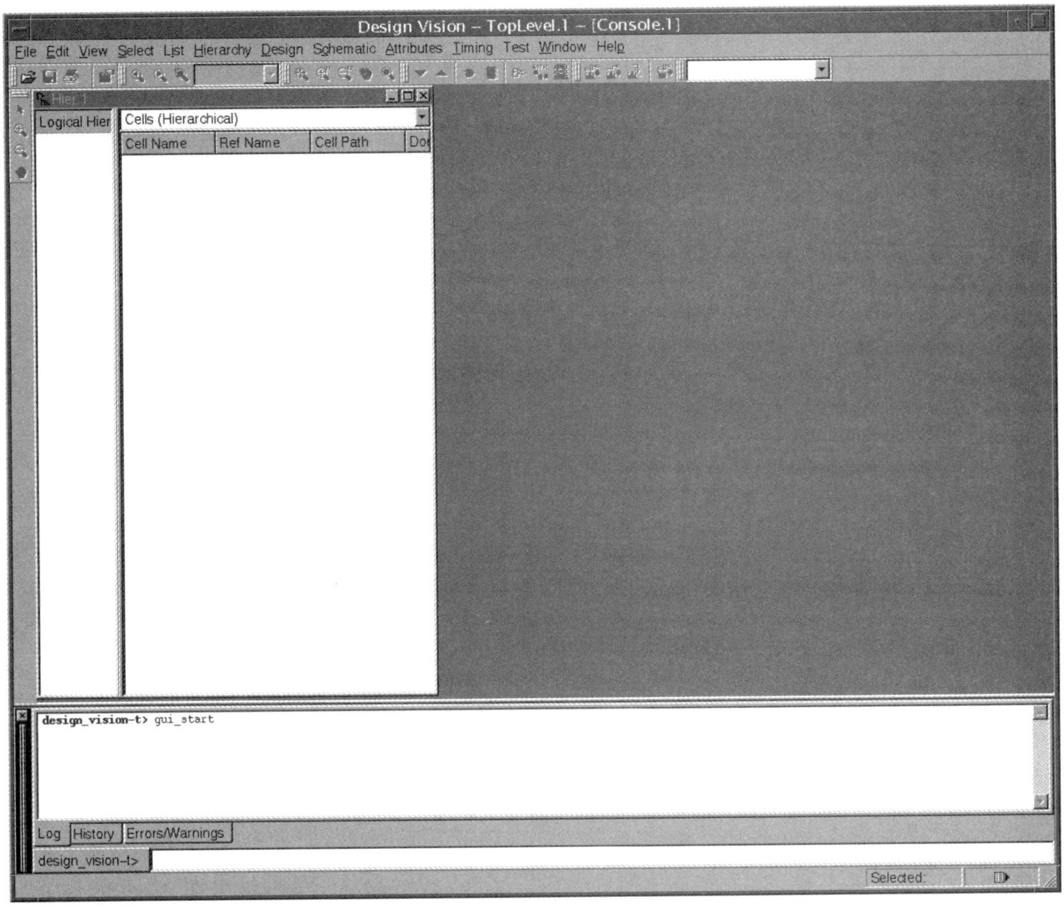

图 11-3　Design Compiler 工作界面

（2）逻辑单元库加载

逻辑单元库由工艺厂商提供，库中包含丰富的逻辑门资源，比如单元电路（cell schematic）和时序模型（timing model）等。其中，单元电路用于电路综合，以便产生逻辑电路的网表（netlist）；时序模型描述各逻辑门精确的时序信息，元件工程师会提取各逻辑门的寄生电阻及电容进行模拟，进而建立各逻辑门的实际延迟参数，包括门延迟（gate delay）、输入延迟/输出延迟（input delay / output delay）及所谓的连线延迟（wire delay）等。逻辑单元库文件后缀名为.DB。

在 Design Compiler 的主界面菜单中打开“File-Setup”，如图 11-4 所示。

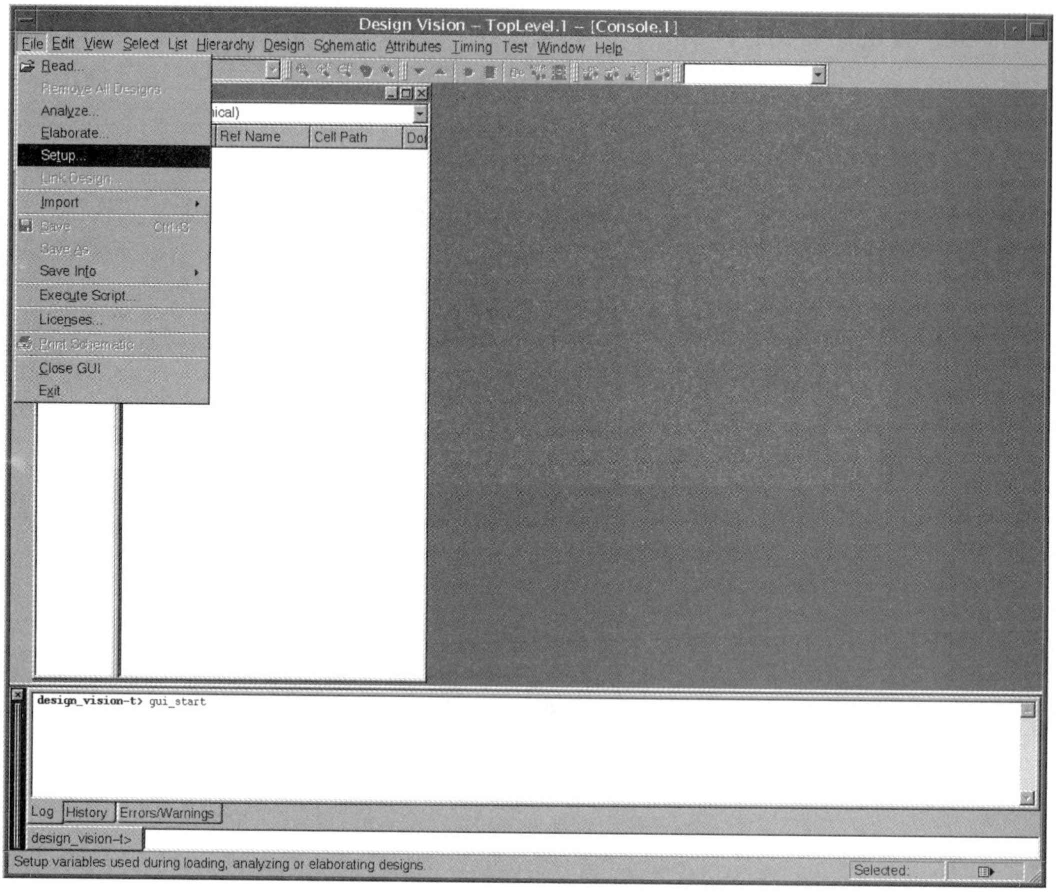

图 11-4 打开逻辑单元库加载界面

选择工艺厂商提供的逻辑单元库，进行加载，如图 11-5 所示。

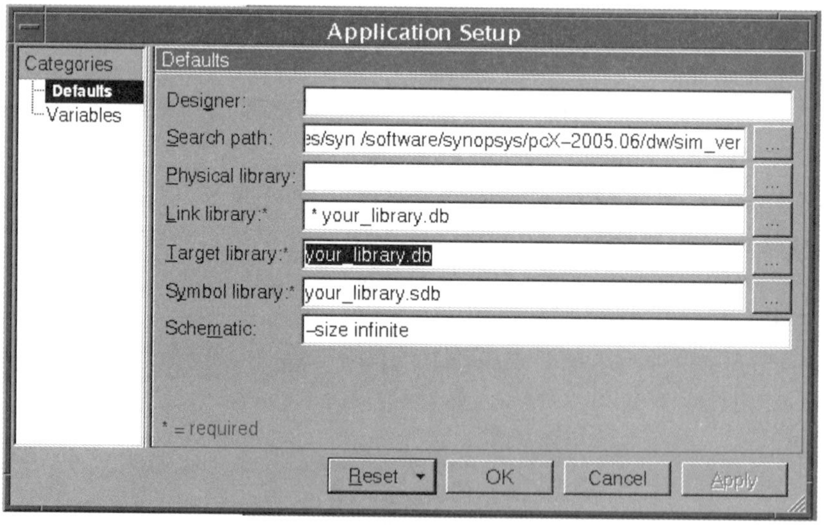

图 11-5 加载逻辑单元库界面

加载完毕后，如图 11-6 所示。

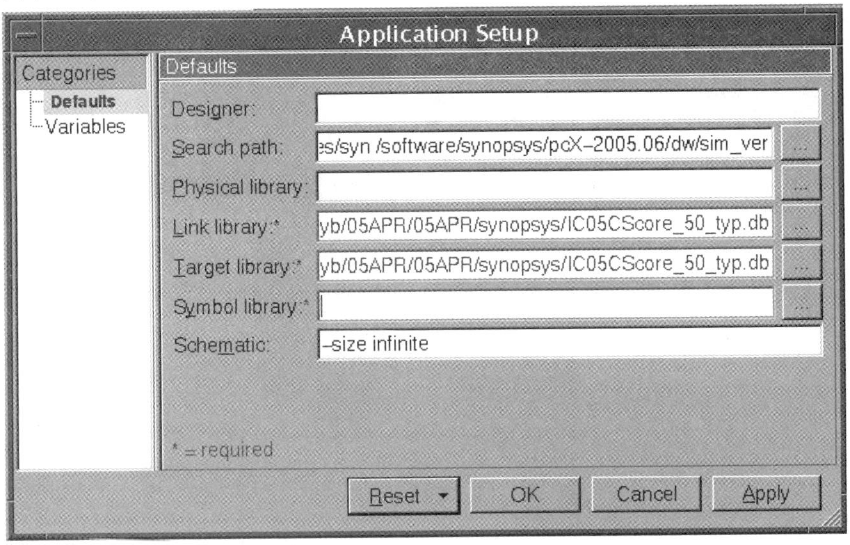

图 11-6　加载逻辑单元库后的界面

（3）用户设计源文件的加载与分析

首先加载用户设计源文件，设计文件可能有多个，而且可能还有调用关系。通过"File-Analyze"打开用户设计分析界面，如图 11-7 所示。

选择并加载用户设计源文件，如图 11-8 所示。

用户设计源文件加载后，进行实现（Elaborate）。这里的实现和接下来的综合是有很大区别的，实现只是将设计用 Design Compiler 自带的广义综合库进行实现，并未映射到厂商的逻辑单元库。打开"File-Elaborate"，如图 11-9 所示。

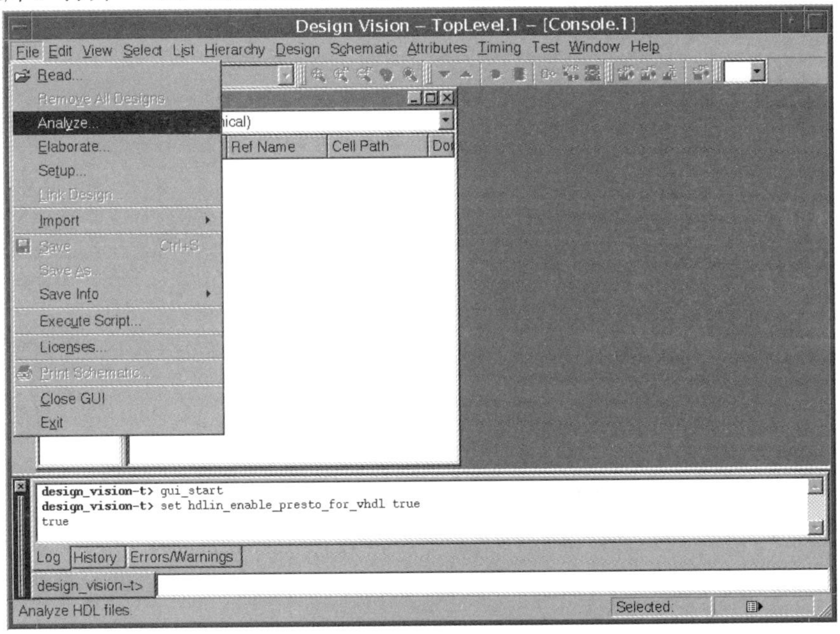

图 11-7　用户设计源文件分析界面

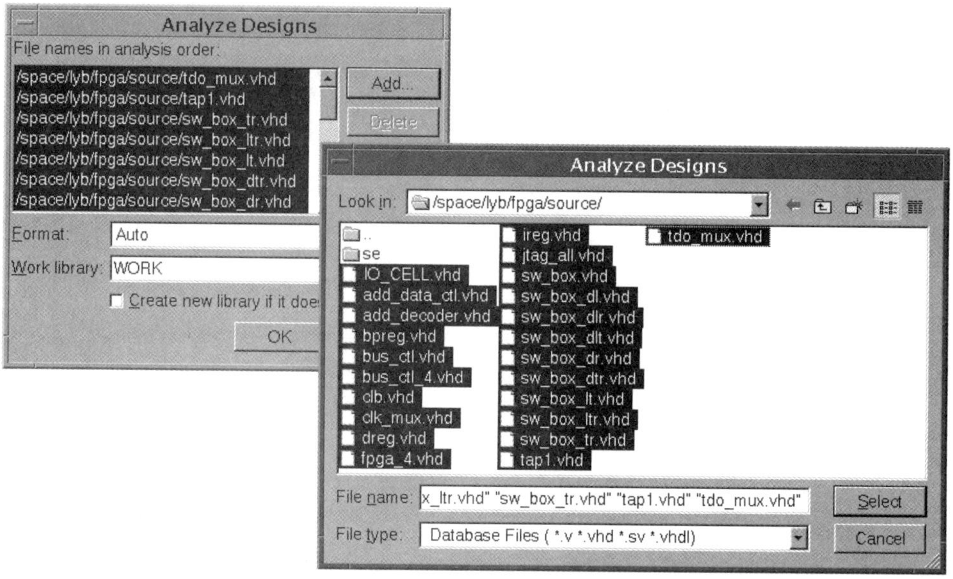

图 11-8 加载用户设计源文件的操作

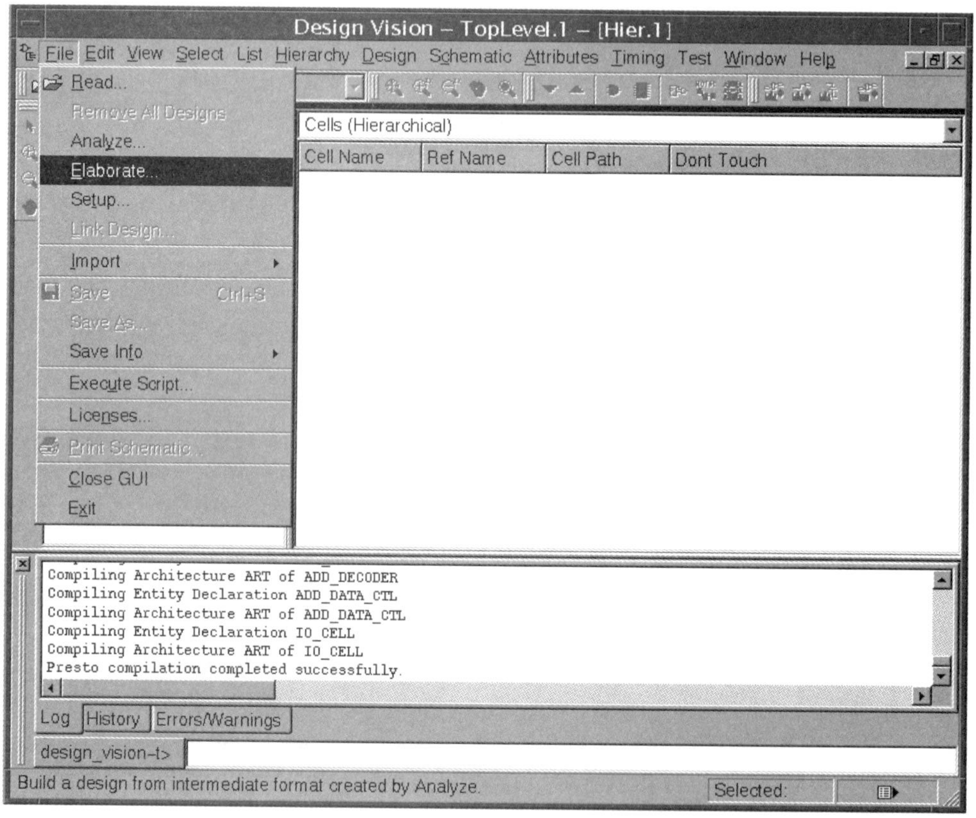

图 11-9 实现（Elaborate）的工作界面

选择默认库 DEFAULT，Design 中选择设计文件的顶层模块，如图 11-10 所示。

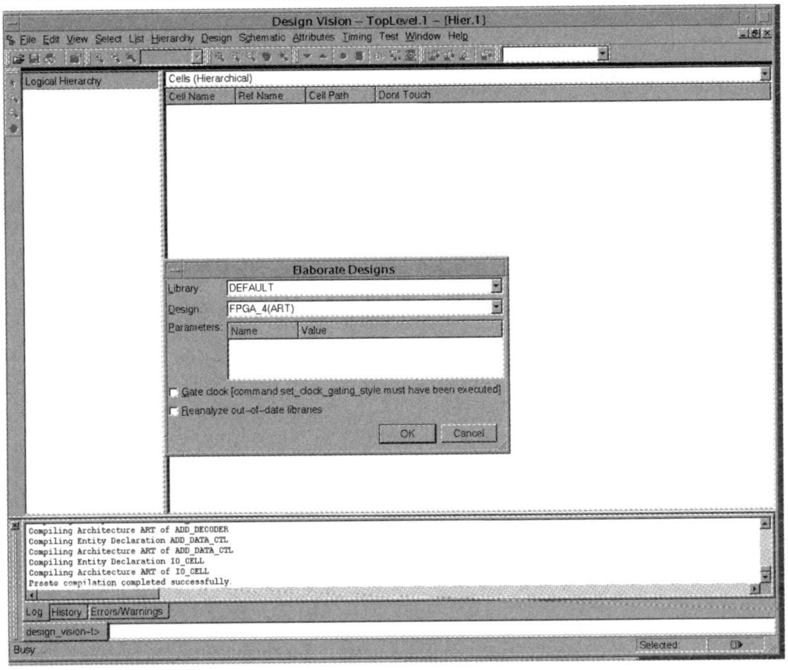

图 11-10　实现（Elaborate）的设置界面

点击“OK”后，Design Compiler 进行初步实现，界面如图 11-11 所示。

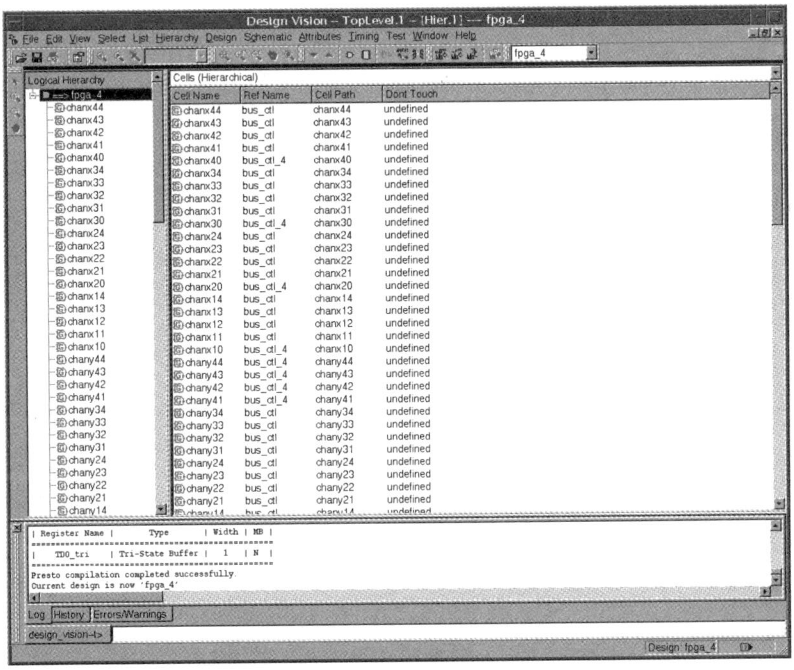

图 11-11　实现（Elaborate）的结果界面

（4）顶层设计文件设置

单击鼠标选中顶层模块，打开“Hierarchy-Uniquify-hierarchy”，如图 11-12 所示。在出现对话框中选择“OK”。

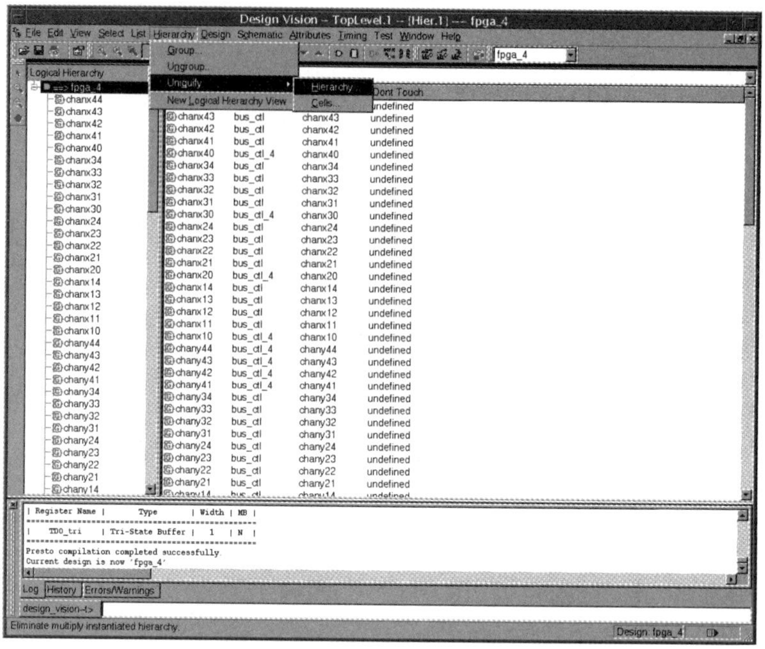

图 11-12　层次化的工作界面

（5）时序约束

在执行综合步骤之前，首先要加入设计的各种时序要求，如时钟周期，数据初始化达到高电平的时间等各种限制条件，从而使综合后的时序能够满足我们事先设定的要求。我们可以反复修改各种约束条件，使综合后的文件最终通过后端时序仿真。

打开“Attributes-Specify Clock”，如图 11-13 所示。

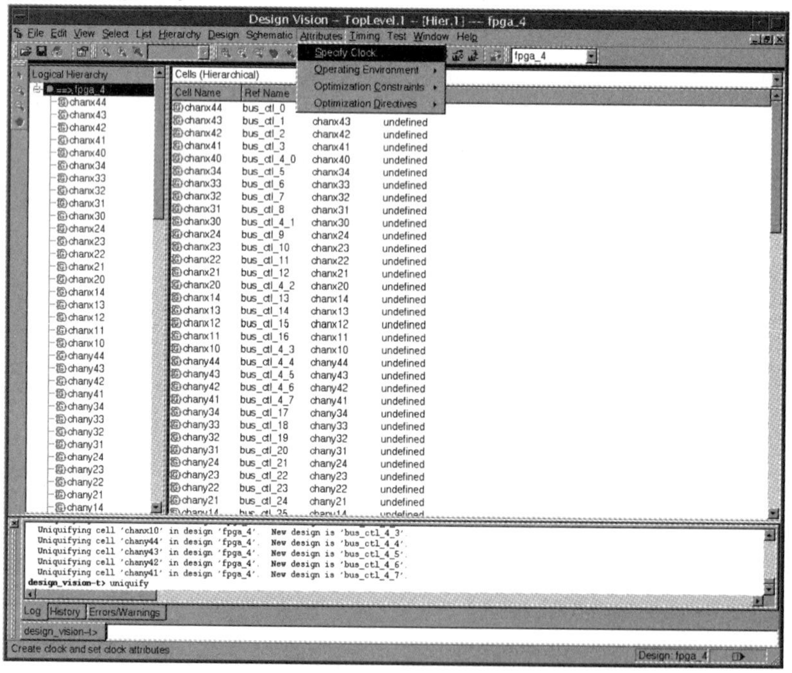

图 11-13　设置时钟约束

设置 Clock 属性，如周期、沿上升时间、下降时间等。如图 11-14 所示。

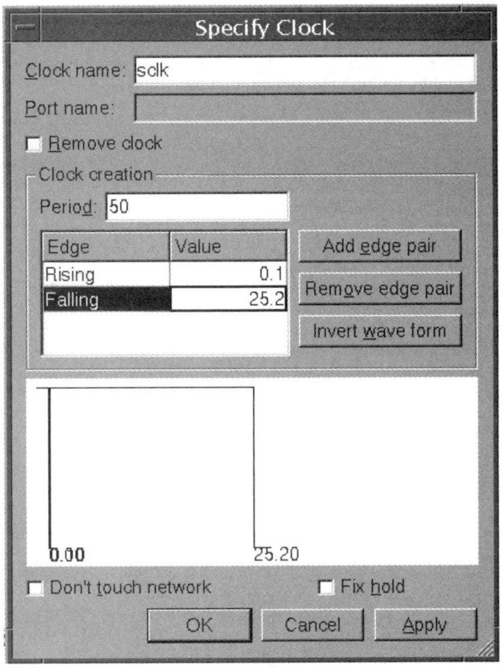

图 11-14　设置时钟属性约束

（6）综合及优化

在设置完时序约束之后，开始综合优化。打开“Design-Compile Design”，出现如图 11-15 所示的工作界面。

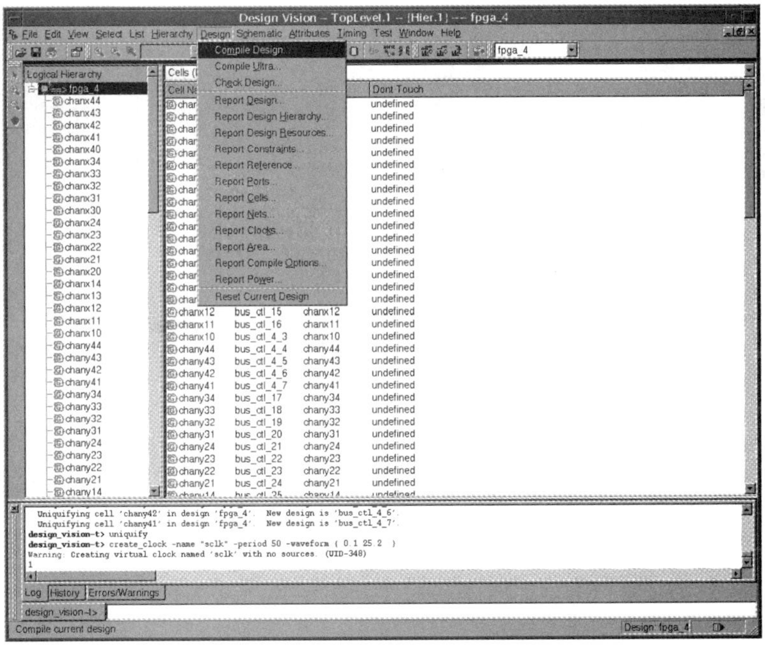

图 11-15　综合优化的工作界面

选择综合属性，用户可根据设计需求进行设置，比如面积优先、时序优先等，在没有特殊要求的情况下也可以选择默认设置，如图 11-16 所示。

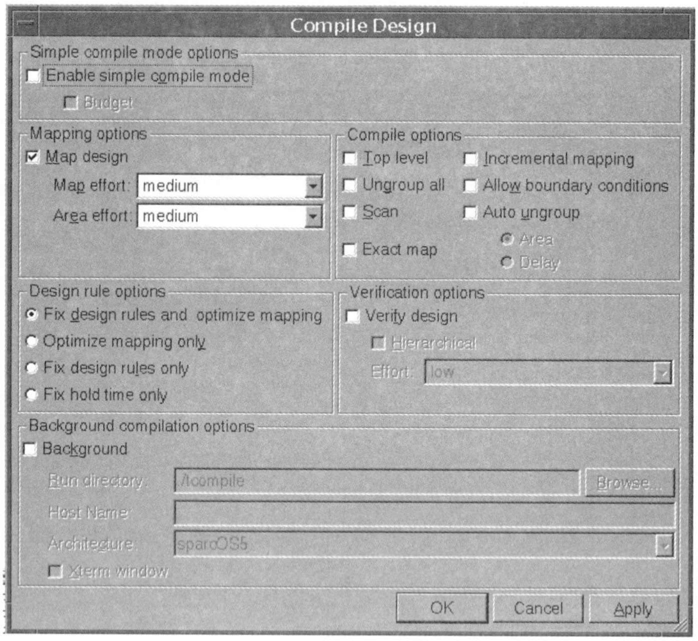

图 11-16　综合优化设置的工作界面

单击“OK”后，有一个较长的综合过程，综合时间的长短取决于设计的大小和时序的约束等情况，请耐心等候。综合完毕后，出现如图 11-17 所示的网表图。

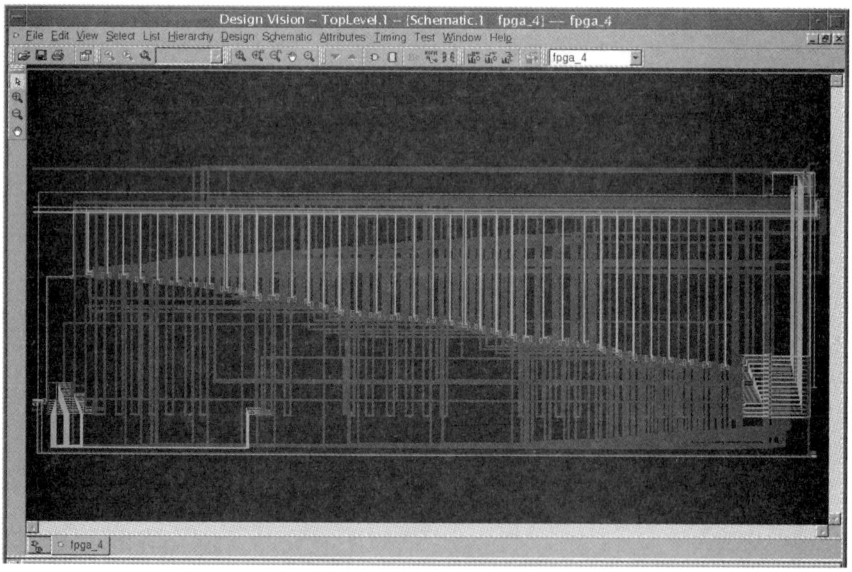

图 11-17　综合优化后的界面

（7）综合结果导出

综合后，一般需要导出综合后的 Verilog 网表文件（后缀名为.v）和时序信息文件（后缀名为.SDF，主要用于后端设计的设计约束)，导出 Verilog 网表文件的操作如下。

打开“File-Save as”，如图 11-18 所示。

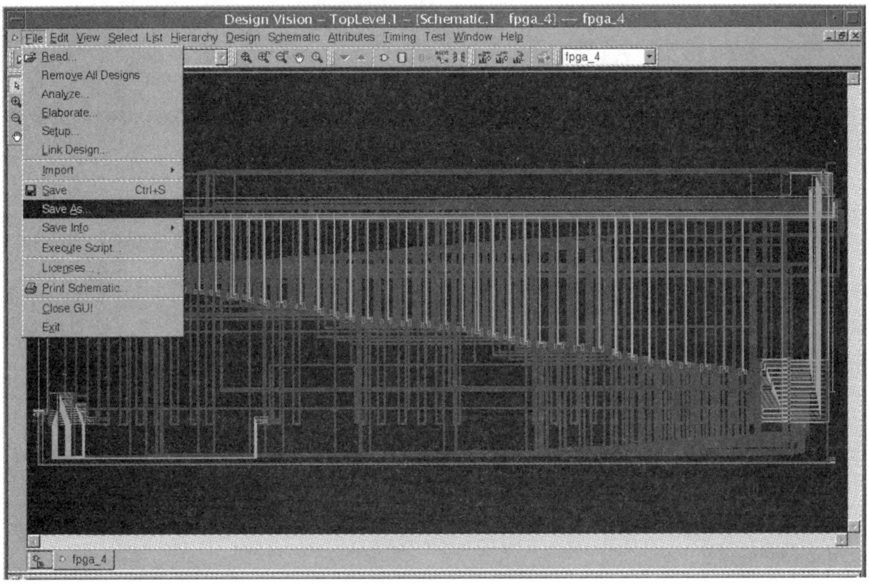

图 11-18　导出网表文件的工作界面

选择路径及文件名，如图 11-19 所示。

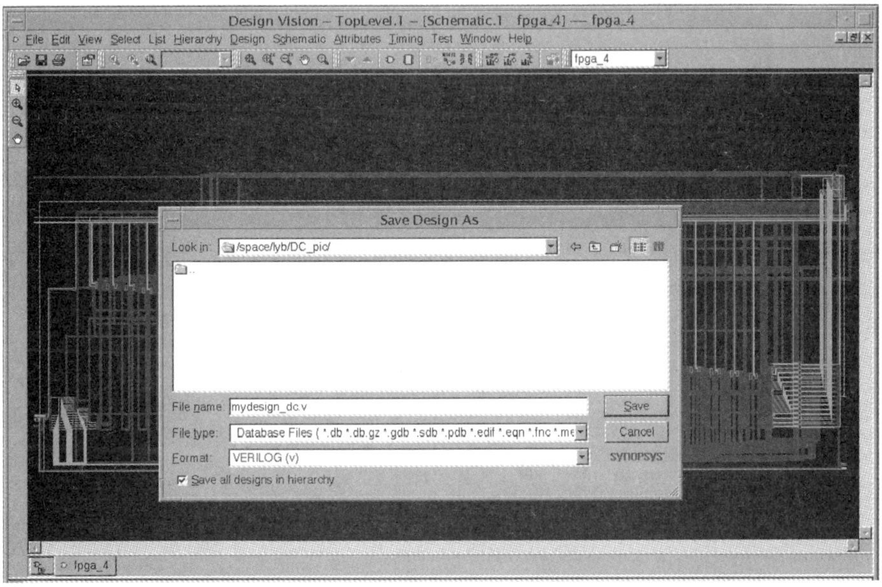

图 11-19　导出网表文件时选择路径及文件名的工作界面

导出时序信息文件。操作如下打开“File-Save info-Design Timing”，如图 11-20 所示。

选择路径及文件名，如图 11-21 所示。

至此，ASIC 逻辑综合完成，综合后获得了逻辑电路图、逻辑电路的网表文件和时延信息文件等。

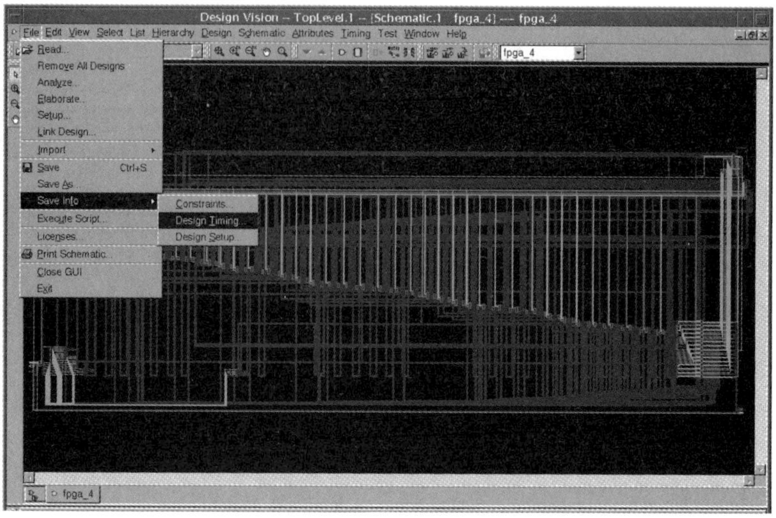

图 11-20　导出时延信息文件的界面

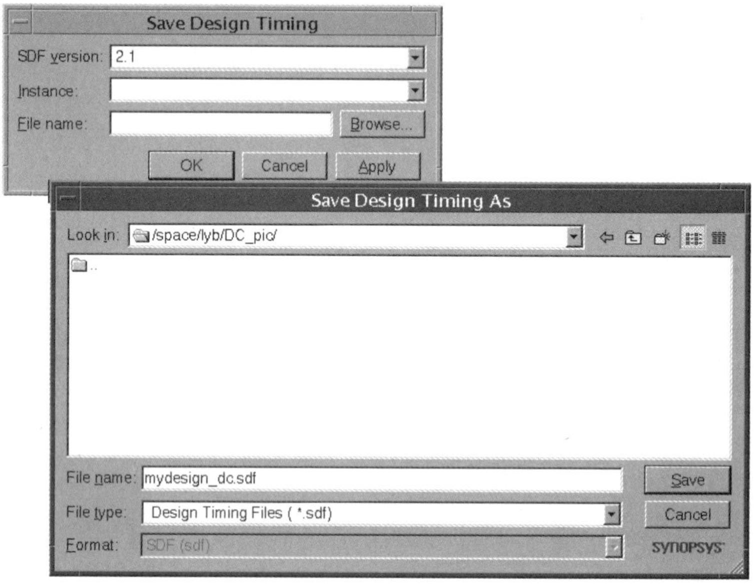

图 11-21　导出时延文件时选择路径及文件名的界面

11.3　ASIC 自动布局布线

在逻辑综合获得的网表通过了综合后的仿真之后，即可进入 ASIC 物理设计阶段。ASIC 物理设计包括平面布图规划（Floorplanning）、布局(Placement)、以及布线(Rounting)等。

目前业界使用频率较高的 ASIC 物理设计工具有 Cadence 公司的 Envisia Silicon Ensemble，简称 SE。SE 功能强大，几乎涵盖了 ASIC 的整个物理设计。

平面布图规划器（Floorplanner）是使设计工程师安排 ASIC 设计中的电路模块的工具，这个过程叫做平面布图规划（Floorplanning），它是 APR 一系列过程中的第一步。在 Floorplanning 的时候有很多地方需要我们注意：最小化连线长度以及模块之间的信号延迟；

合理的安排固定模块(Fixed Blocks)和调整可编辑模块(Flexible Blocks)的尺寸大小来获得最小的芯片面积；合理安排好模块之间的互连区域面积；规划 power, clock, 以及 I/O 的分布。这其中一些工作可以自动的由 EDA 工具来完成，但还是有许多需要人工来完成。

布局（Placement）在 SE 中的对应工具是 Envisia™ ultra placer，布局是在平面布图规划（Floorplanning）之后的物理设计步骤，它比 Floorplanning 自动化程度更高，它主要的功能是在 Flexible Block 中布置逻辑单元并优化布局，根据设计的自身特点衡量优化的标准可以是最小的互连面积（由于现代工艺的芯片的大部分面积为互连线所占据）、最小的总互连线长度、或者是整个芯片的性能。由于互连延迟在深亚微米 CMOS 工艺的逻辑单元延迟中占了很大的比重，互连延迟的影响比栅延迟的影响大，因此互连的布局变的越来越重要。除了在开始 APR 之前用综合之外，还需要结合综合 APR 工具一起来估算出一个较为正确的时序以及延迟。

布线器（Router）是用来完成 ASIC 物理设计的最后一环——布线(Rounting)。布线是一个复杂的问题，最好把它分为两个部分来看待：全局布线(Global Routing)和细节/局部布线(Detailed Routing)。布线的算法要和布局的算法相匹配，时钟以及电源线要特殊对待，时钟网线的宽度和电源总线宽度必须手动设置等等。最后在整个设计完成之前还需要进行 DRC 和 LVS 的工作，以确保设计与合作的 FOUNDRY 的设计手册相吻合。

在运行 SE 进行 APR 之前，需要准备如下的一些文件。

首先是一些关于库（Library）的文件，它们主要是用来描述 Foundry 提供的结合其自身工艺的标准单元的。这些文件是：LEF、TLF、GCF。

LEF 的全称是 Library Exchange Format，它是用基于 ASCII 的描述语言来描述化单元库的工艺特征和宏单元的特征，例如，LEF 可以用来描述门阵列、基本单元、规定好的基本单元的位置、逻辑宏单元的尺寸和连接信息、互连的层次和其他一些 SE 需要的数据信息，这些信息可以包含在一个文件中也可以分成几个文件。我们可以使用 AbstractGenerator 来生成 LEF 文件，但如果没有单元库的情况下一般 LEF 是由 Foundry 提供的。它可以看做为 standard cells, megacells, 和 I/O 的一种模型。

TLF 是 Timing Library Format，它包含了单元库中每个基本单元的时序信息，可以简单的将其看做是基本单元的延迟模型。TLF 有另外几种文件格式，例如 ctlf，etlf，它们的作用都是一样的。

GCF 的全称是 General Constraints Format file， 它有点类似于批处理文件其中包含了工艺，工作电压（阈值）和温度的要求，通过它可以指到包含时序的 TLF 文件那里。SE 使用 GCF 和 TLF 文件中的信息来确定设计中最后要使用的信息。有了 GCF 文件我们就可以定义：

- 在不同的时钟信号边沿的输入、双向传输和输出信号的约束
- 驱动单元
- 输入的 slew 值
- 信号的内部 slew 值
- 输出的寄生负载

要运行 SE 做自动布局布线，就必须先得到上述的三个技术文件，否则将无法使用 SE 进行数字电路的设计。业界内称这些东西为 Library Data Requirements。它们一般都是由 foundry 提供的。

当准备好了 Library Data Requirements 之后就可以着手下一步行动。每一个设计都是基于一种单元库/宏单元库，但是一个单元库却是可以被许多不同的设计使用。这样库和设计便会产生两种截然不同的 database，而这两种 database 都会被载入 SE 这样的系统中。所以，除了上面介绍的 Library Data Requirements 之外，还需要准备如下一些东西：Design Exchange Format (DEF) Netlist 或 Verilog Netlist，Standard Delay Format (SDF) Constraints File。

Design Exchange Format (DEF)和 LEF 一样都是 ASCII 的格式，就象 LEF 是描述库的信息一样，DEF 描述的是设计的信息。DEF 包含了设计的网表，也就是设计中所有单元的连接关系。通常时序信息是包含在 GCF 和 TLF 文件中的，但 DEF 也可以提供设计各个环节的物理约束。一般来说 verilog 网表和 DEF 网表的作用是一样的，不过 DEF 中可以提供更加多样的信息，比如，你可以在 DEF 中找到 corner cell 和 I/O PAD 的信息。当然，你也可以先使用 Verilog 网表然后再载入 DEF 文件来得到你所需要的信息。

Standard Delay Format (SDF) Constraints File，顾名思义，是用来描述延迟的文件，但是在得到 foundry 提供的 GCF 文件的情况下，还是推荐大家使用 GCF 文件。毕竟 GCF 文件所提供的功能要强大的多，使用起来也比较方便。

以上这些通常被称为“Design Data Requirements”。

准备好“Library Data Requirements”和“Design Data Requirements”后，包括从“foundry ”处得到所需的 LEF、GCF、TLF 和用户设计的 Verilog 网表、SDF 文件等，即可运行 SE 进行 APR 设计了。

（1）运行 SE

运行 SE 的命令是 sedsm，seultra，sesi。他们分别有不同的含义，最常用的是 sedsm。也可以在 sedsm 后面加上特定的参数，例如可以这样 sedsm –m = 600，意思是为 SE 分配 600M 的内存空间（物理加虚拟）。具体参数可以参考 SE 的帮助。

在 Solaris 操作系统环境中的 Terminal 或 Console 命令窗口中输入 SE 的启动命令（如：“seultra &”），如图 11-22 所示。

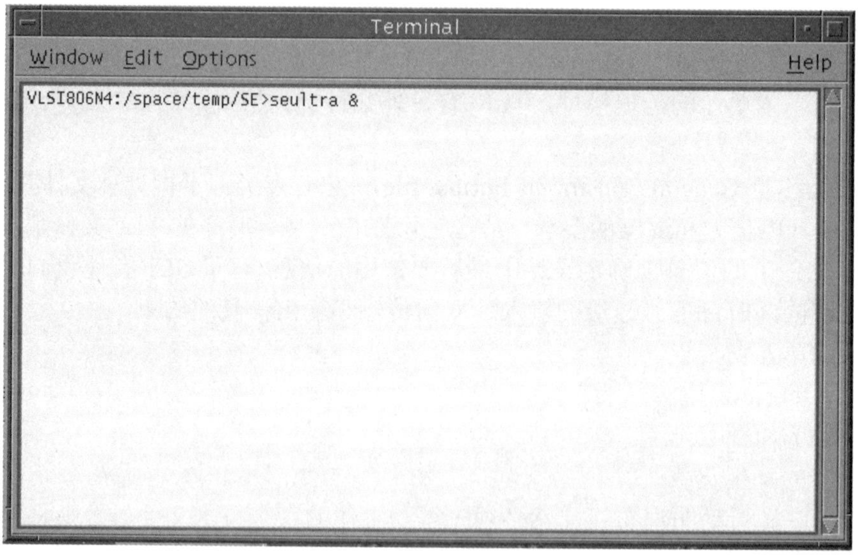

图 11-22　Solaris 的 Terminal 命令窗口

打开的 SE 图形化主界面，如图 11-23 所示。

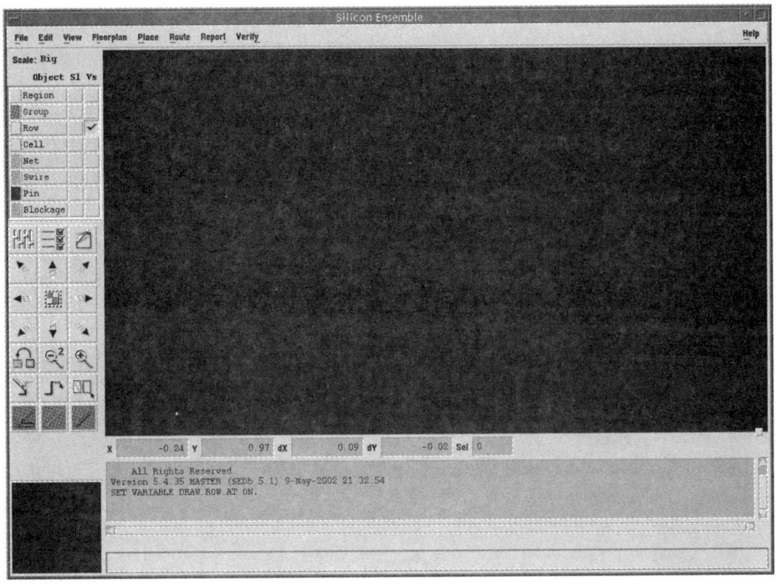

图 11-23　SE 的主界面

（2）库文件导入

自动布局布线工具和综合工具一样，首先都必须导入库文件。该库文件也是工艺厂商提供，而且布局布线的库文件和逻辑综合的库文件须来自同一个厂商，否则，在布局布线时会出问题。布局布线的库文件在业界称为 Library Data Requirements，包括 LEF、TLF、GCF 等，它们一般都是由 foundry 提供。

首先导入 LEF 库文件，通过菜单“FILE→IMPORT→LEF”或者在命令窗口中输入命令“INPUT LEF; ”，添加 SE 工具所需的 LEF 库文件（文件后缀为.lef）。如图 11-24 所示。

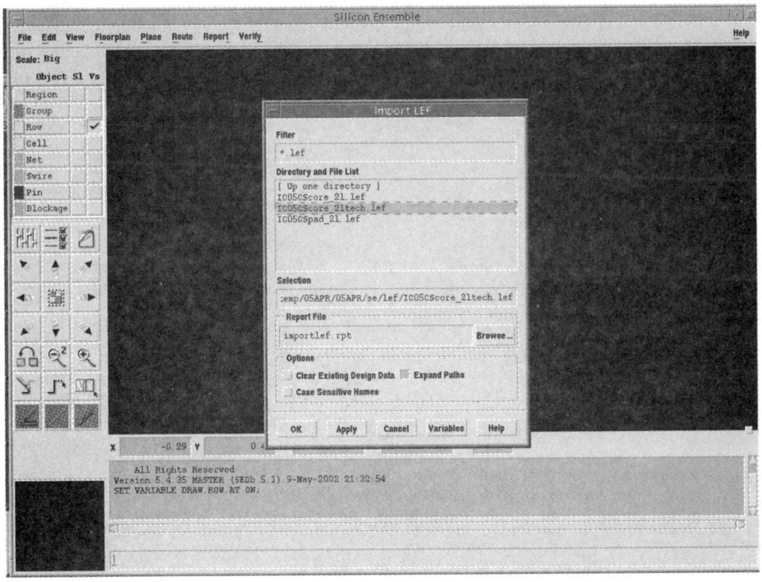

图 11-24　SE 加载 LEF 的界面

其次导入时序文件。时序文件详细列出了库文件中的各个单元的时序数据，每个输入到各个输出的时间延时等。打开“FILE→IMPORT→TIMING LIBRARY”，如图 12-25 所示。

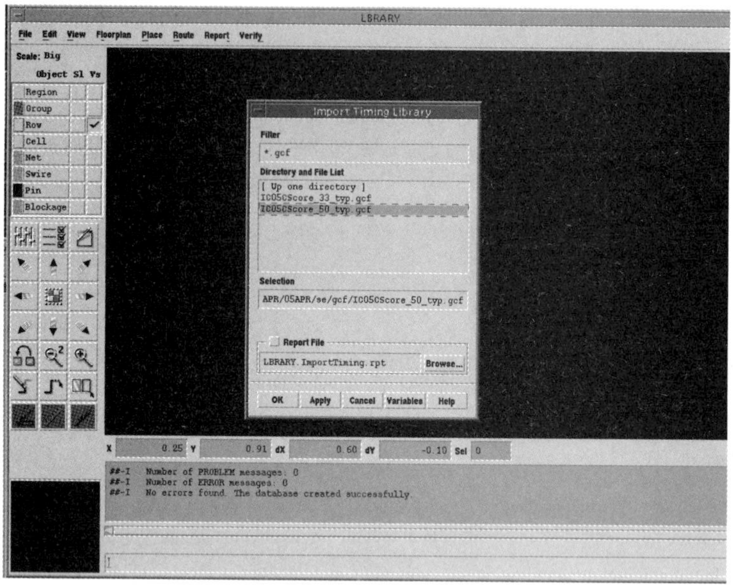

图 11-25 SE 加载 GCF 的界面

最后导入用户设计，即将 ASIC 逻辑综合输出的 Verilog 网表文件导入。打开“FILE→IMPORT→VERILOG”。当然，也可以通过导入 DEF 网表来导入用户设计，如图 11-26 所示。

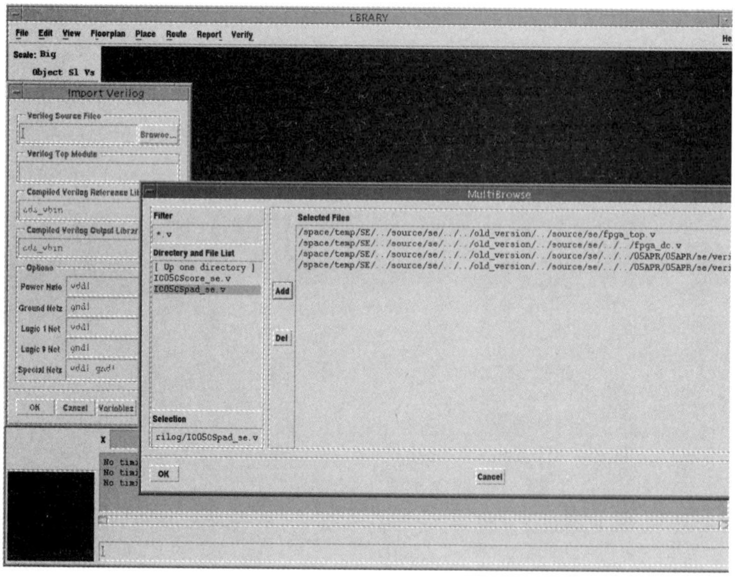

图 11-26 SE 装载载设计文件的界面

在这里，我们要特别注意顶层模块（TOPMOUDLE），如果不确定哪个文件是顶层模块，最好打开综合结果文件看看，否则很可能不是通过顶层文件导入整个设计，而是仅仅导入了用户设计的底层模块。该情况下，SE 不具备自动识别能力，不能给出报错信息。SE 导入用户设计文件时指定顶层模块的界面如图 11-27 所示。

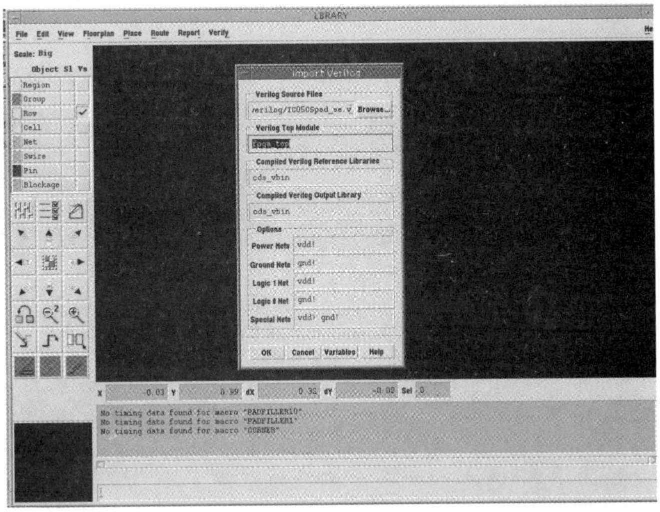

图 11-27　SE 导入用户设计文件时指定顶层模块的界面

至此，库文件的导入完成，SE 即可转入实质性的 APR 处理流程。

（3）平面布图规划（Floorplanning）

FloorPlan 一词原指装修房间中的规划，在 APR 过程中也需要先规划布局，所以人们将其引入 SE 中。要做 Floorplan 就要有描述电路的 Netlist，Netlist 是 ASIC 的逻辑描述，Floorplan 是 ASIC 的物理描述，Floorplanning 是逻辑描述和物理描述之间的映射(Mapping)。

平面布图规划的目标包括：安排芯片中 block 的位置、定义 I/O PAD 的位置、定义电源 PAD 的位置和数量、定义电源分布的形式、定义时钟分布的位置和形式等。

打开“FLOORPLAN→INITIALIZE FLOORPLAN”初始化平面布图规划。平面布图规划大小是由输入设计文件的大小决定。布图规划区的边界条件及密度可以根据实际要求设定。完成设定后软件可以通过这些数据粗略计算出布图规划区的利用率。如图 11-28 所示。

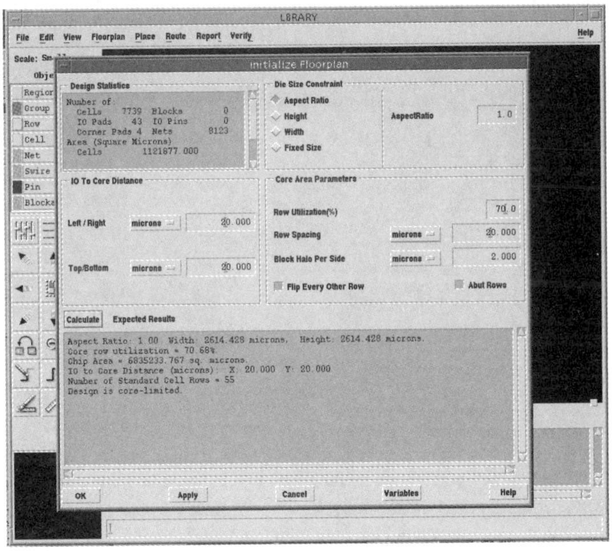

图 11-28　初始化平面布图规划的界面

如图 11-29 所示是初始化平面布图规划之后的实际图形。

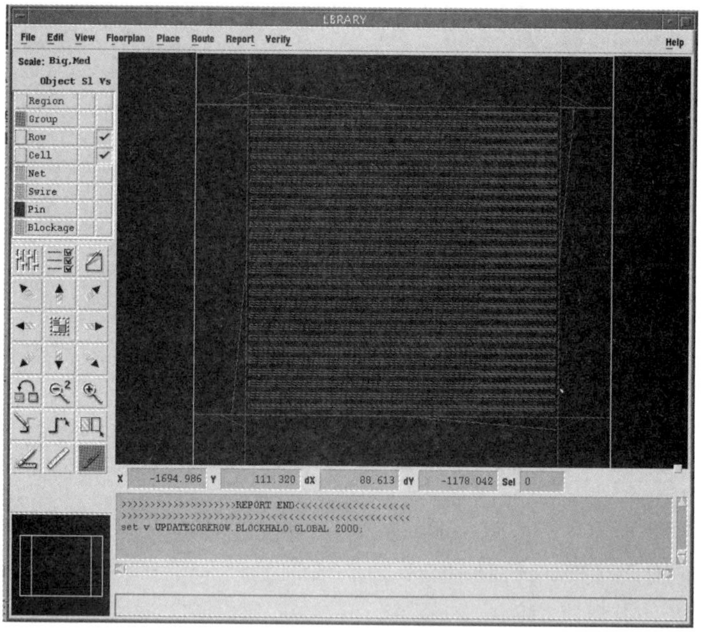

图 11-29　初始化平面布图规划后的界面

由于电源、地在设计中的地位至关重要，所以初始化平面布图规划完成后，首先要添加电源保护环和电源线路。打开“ROUTE→PLAN POWER”，如图 11-30 所示。

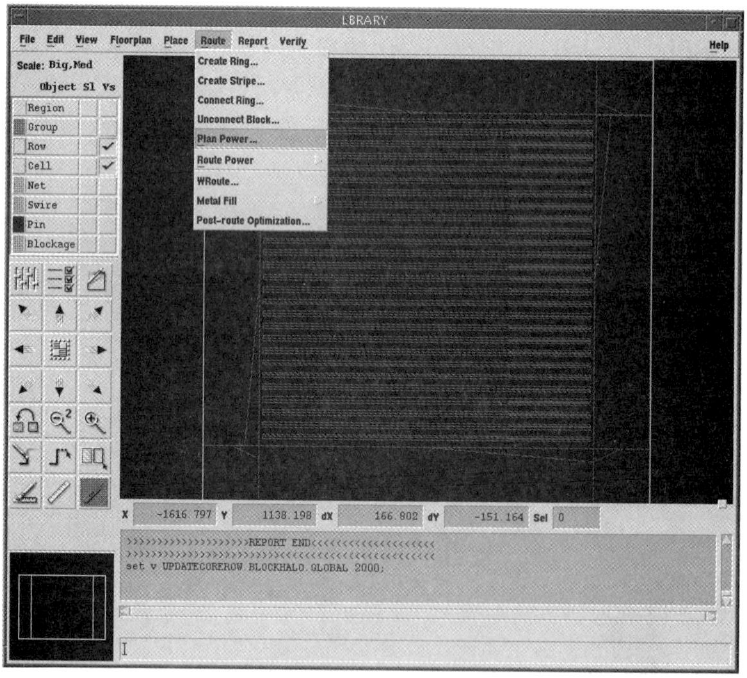

图 11-30　规划电源的界面

选择“Add Rings”，添加电源保护环，如图 11-31 所示。

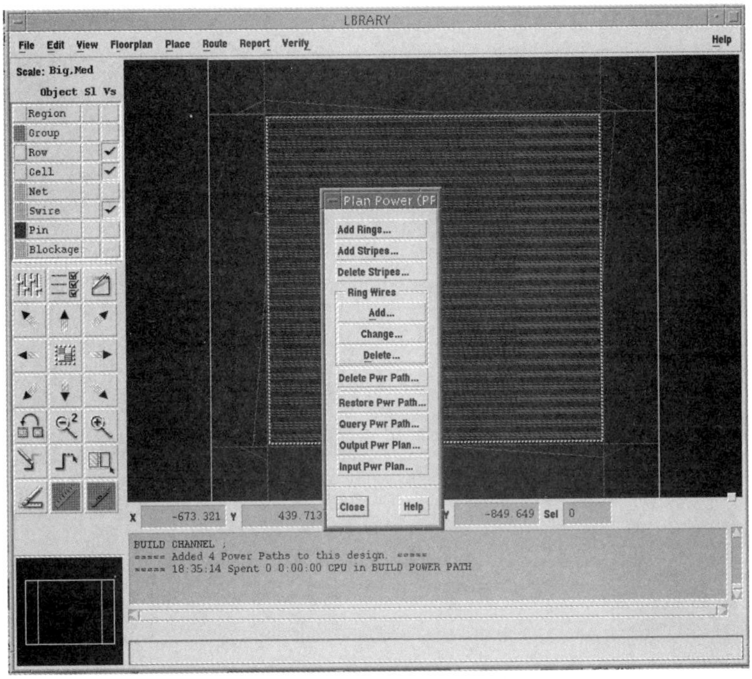

图 11-31　添加电源保护环的界面

对保护环的属性进行设置，如图 11-32 所示。

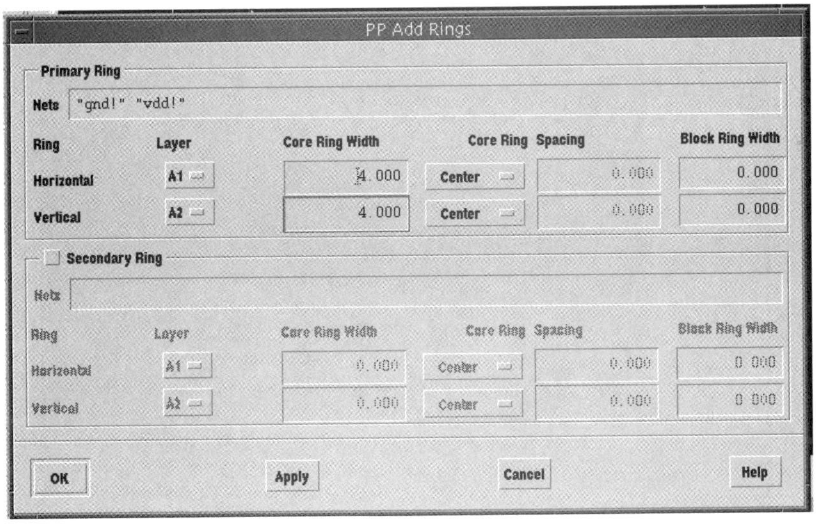

图 11-32　保护环的属性进行设置的界面

添加电源线路，选择“Add Tribes”，添加电源线路后如图 11-33 所示。

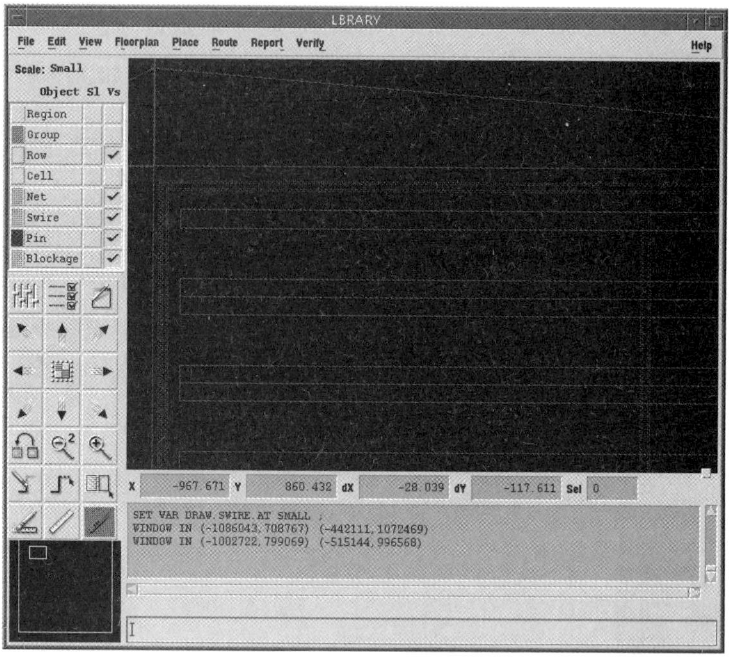

图 11-33　添加电源线路后的界面

电源规划后的界面如图 11-34 所示。

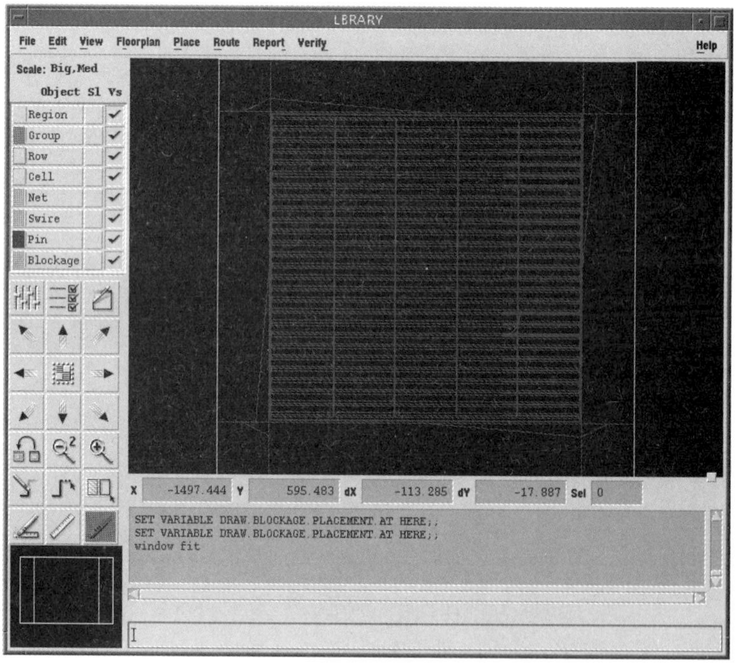

图 11-34　电源规划后的界面

每个设计都需要 IO 来将信号引入引出，下面就来添加 IO 单元。IO 单元必须写入一个文件中，然后通过调用该文件来生成所需要的 IO 单元。打开“PLACE→IOs...”，加载 IO 单元。如图 11-35 所示。

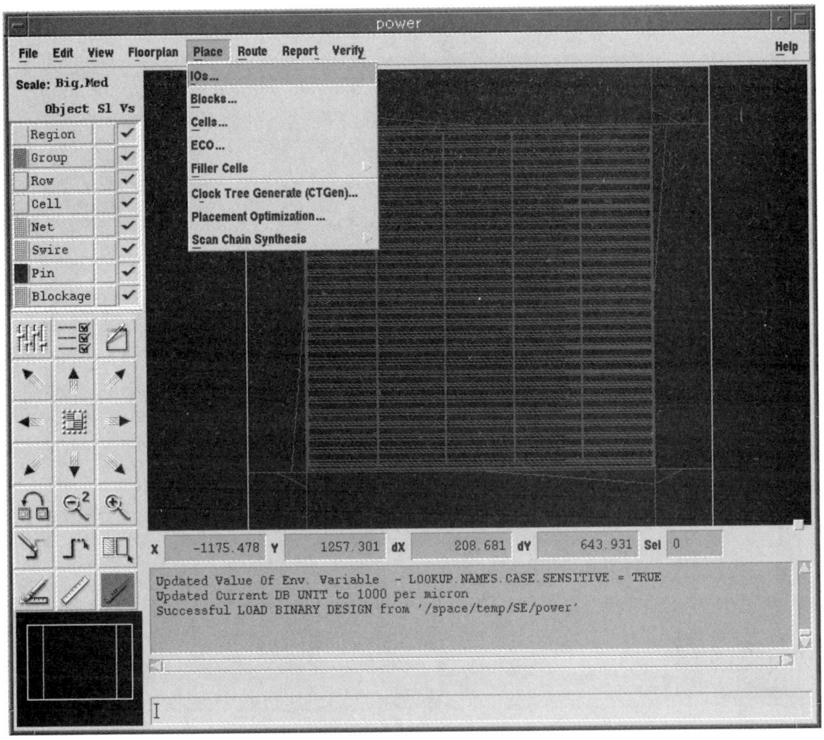

图 11-35　加载 IO 单元的界面

选择“IO Constraint File”，输入 IOC 文件，如图 11-36 所示。

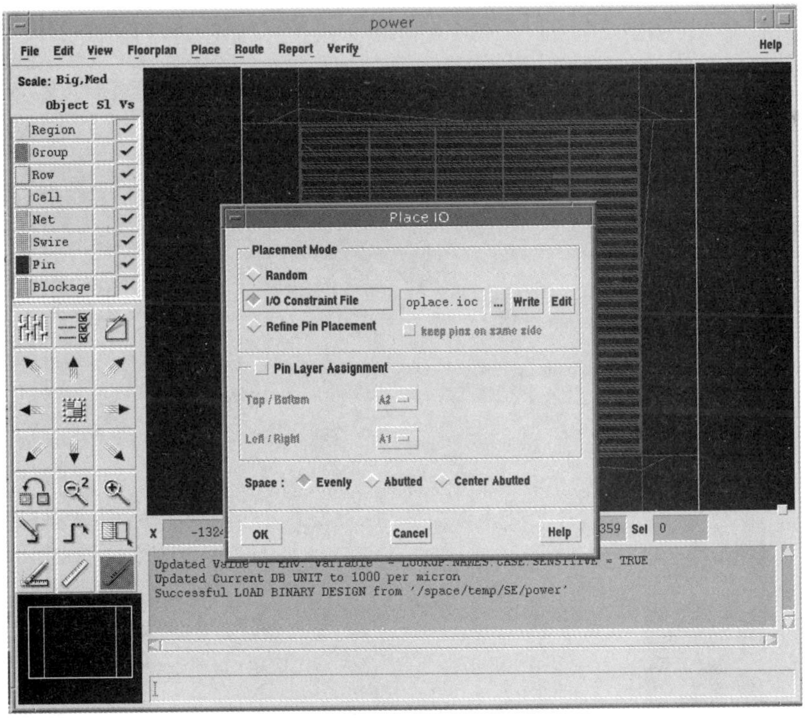

图 11-36　输入 IOC 文件的界面

加载 IO 文件后，其界面如图 11-37 所示。至此，我们已完成布图规划工作。

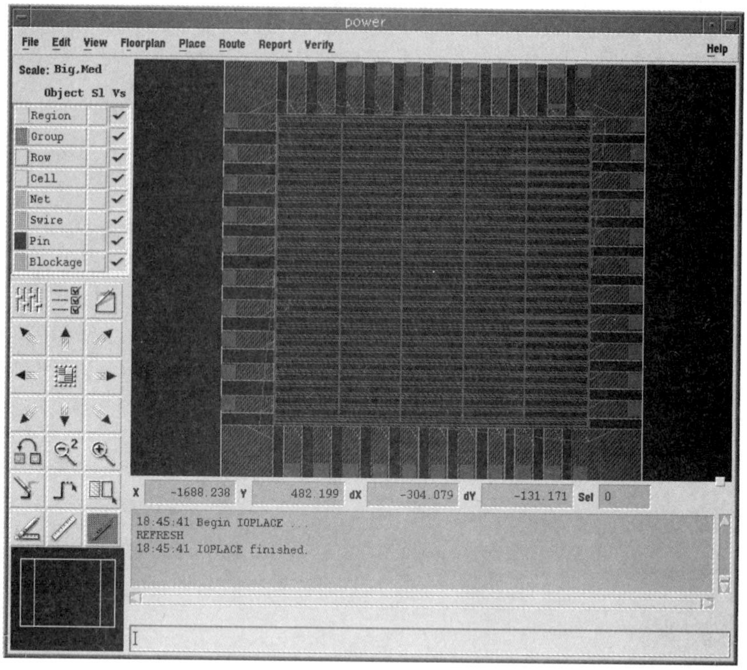

图 11-37　规划 IO 后的界面

（4）布局（Placement）

在完成初始化 Floorplan 之后，接下来进行布局（Placement），即将设计所需要的基本单元放入我们设定好的网格中，打开“PLACE→Cells”，如图 11-38 所示。

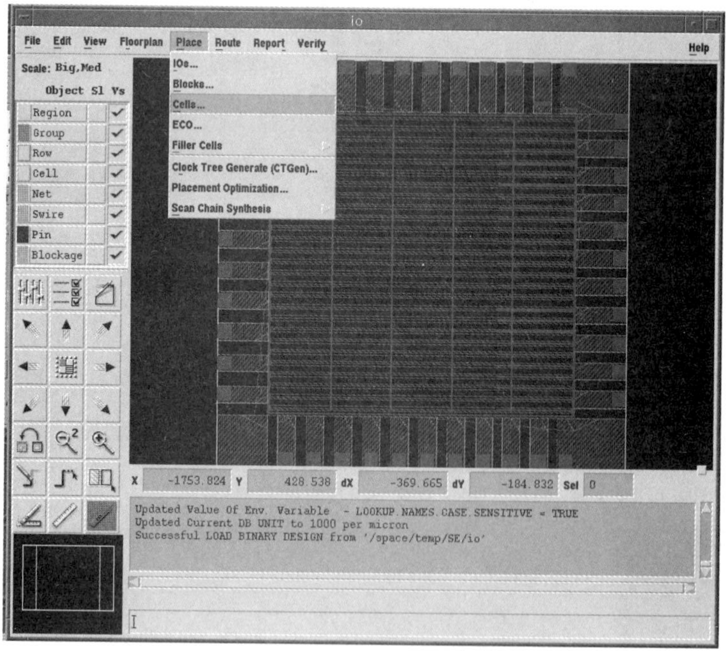

图 11-38　放置单元的界面

之后对放置单元的条件进行约束，如图 11-39 所示。可选择默认值。

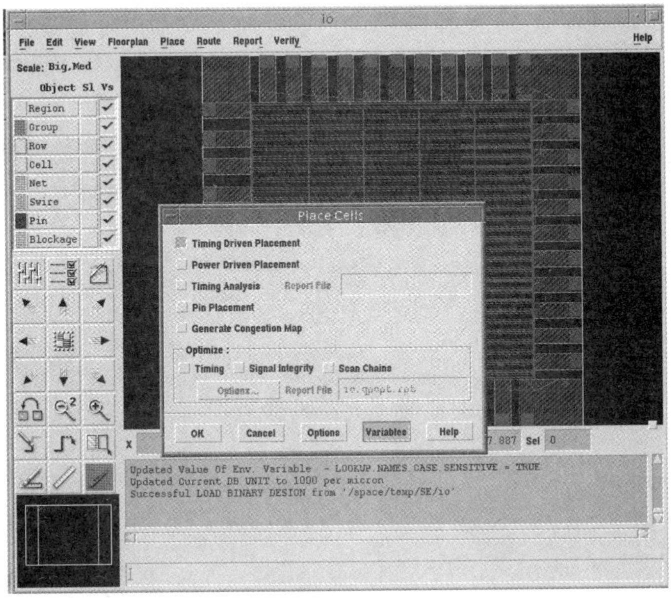

图 11-39　对放置单元的条件进行约束的界面

点击“OK”之后，耐心等待片刻，就得到了如图 11-40 所示的放置了单元的图形。

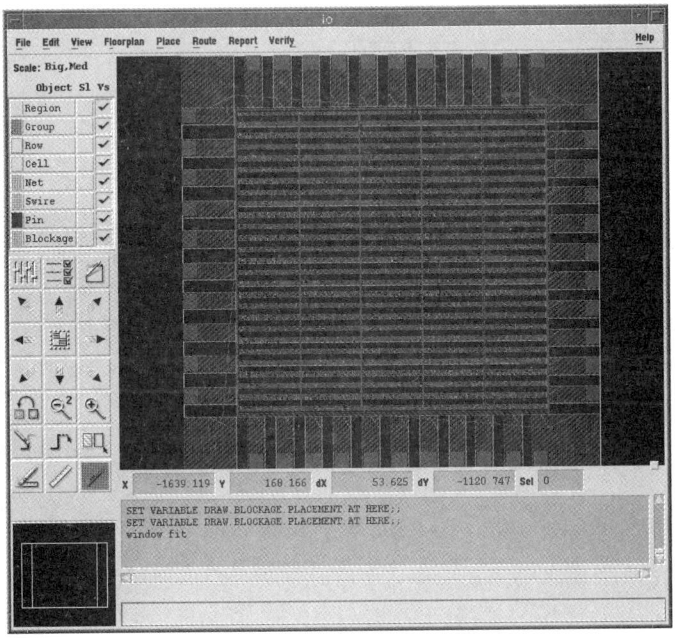

图 11-40　单元放置后的界面

（5）布线(Rounting)

布线是在满足特定约束（工艺规则、电性能）条件下，完成给定的信号线网连接，并使得布线结果在某个目标函数下达到最优。

布局之后就要进行布线(Rounting)，即将各单元根据网表的连接关系通过金属连线搭接起来，当然也包括电源和地，而且要先处理一些特殊节点如电源、地、时钟等。先将电源线 VDD，GND 和保护环连接起来，实现第一步连线。打开“ROUTE→CONNECT RING”实现电源连接。如图 11-41 所示。

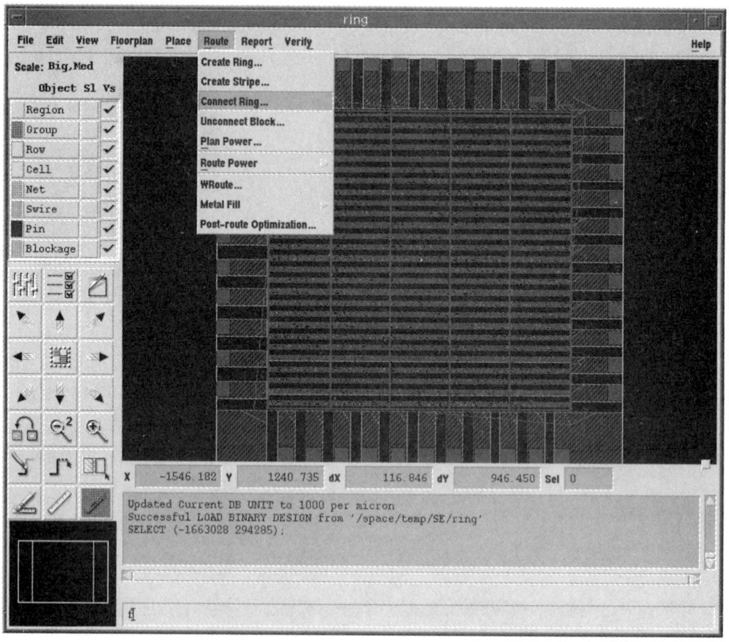

图 11-41　布电源线的界面

选择要连接节点名称，如“gnd”、“vdd”等，如图 11-42 所示。

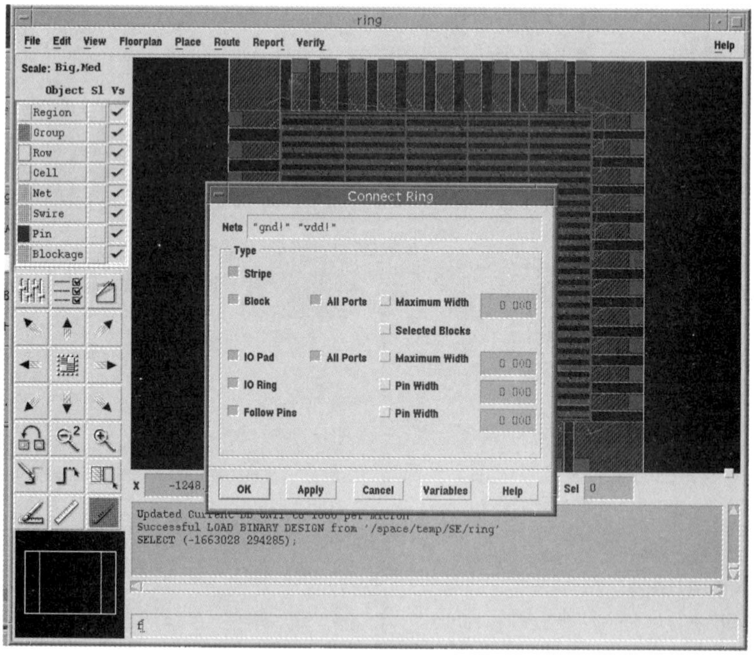

图 11-42　选择连接节点的界面

点击“OK”后，出现如图 11-43 所示的界面。

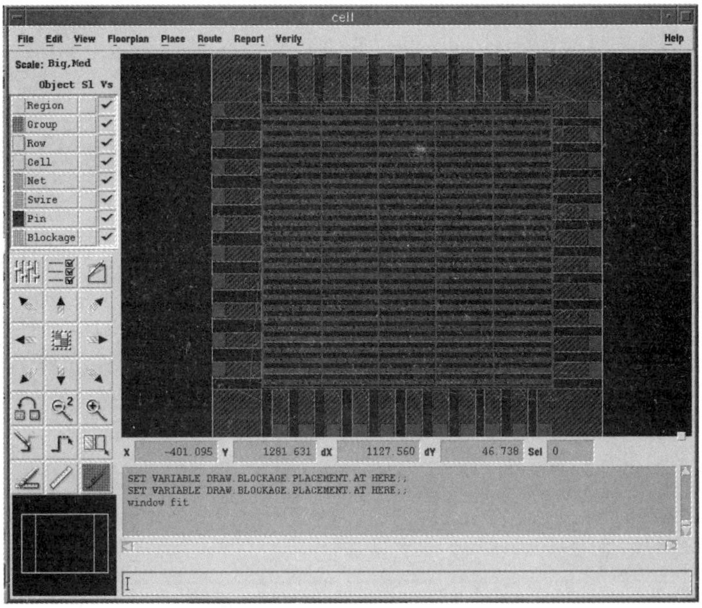

图 11-43 连接电源后的界面

将该图放大后，可以看到单元的电源已经和电源保护环及电源线路连接在一起，如图 11-44 所示。

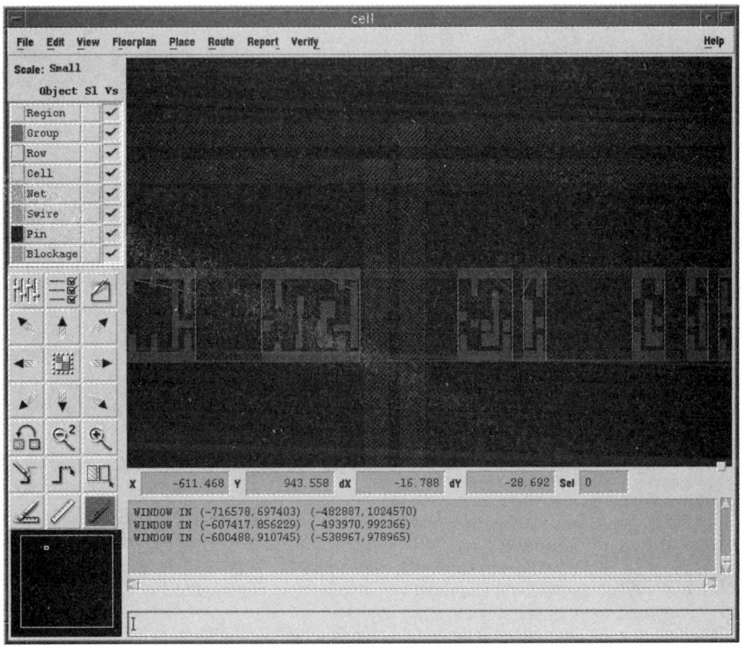

图 11-44 连接电源后放大的界面

完成电源布线后，我们将完成单元与单元之间的布线。打开“ROUTE-WROTE” 在弹出的窗口中，选择我们需要的布线类型，实现最终的布线。 如图 11-45 所示。

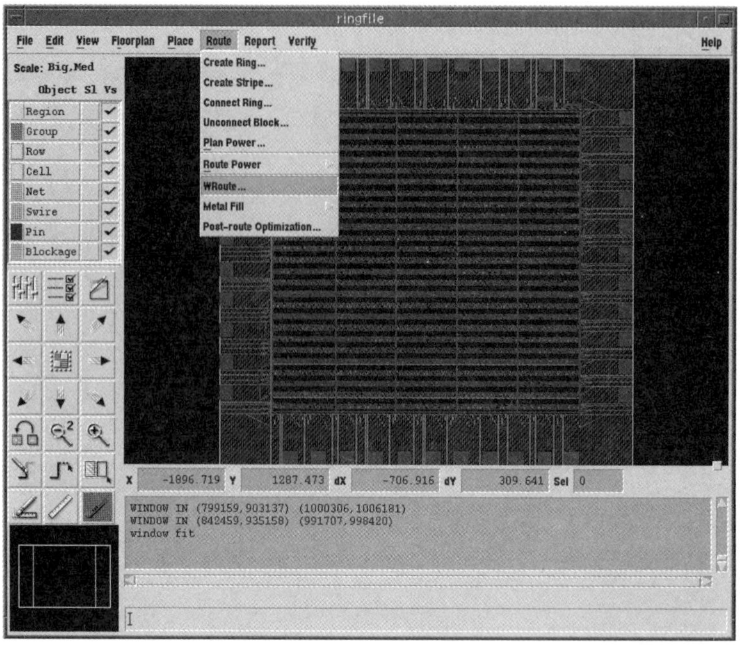

图 11-45 全面布线的界面

选择布线设置，一般默认即可，如图 11-46 所示。

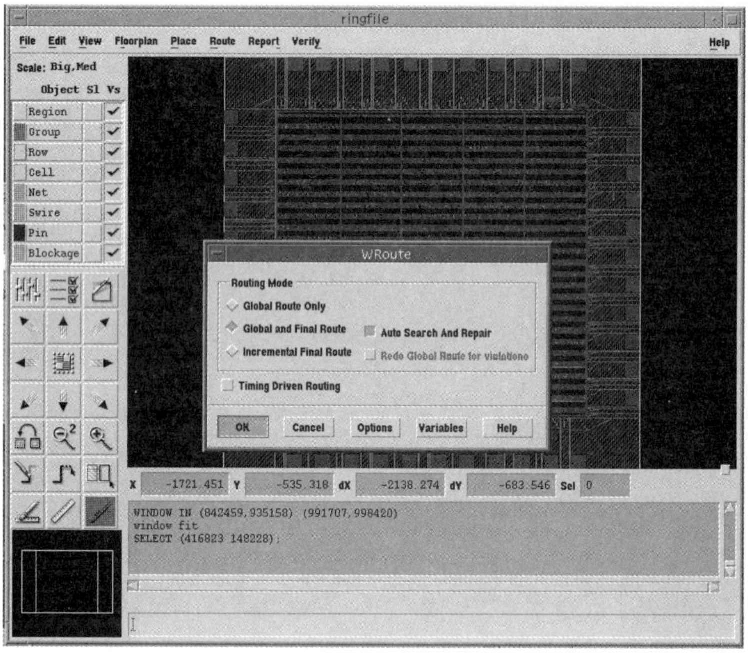

图 11-46 选择布线设置的界面

点击“OK”后，全面布线开始，耐心等候几分钟后将出现如图 11-47 所示的界面。

如图 11-48 所示是布局布线完成后的局部图，可以看到单元内部及单元之间都通过金属线建立了连接。

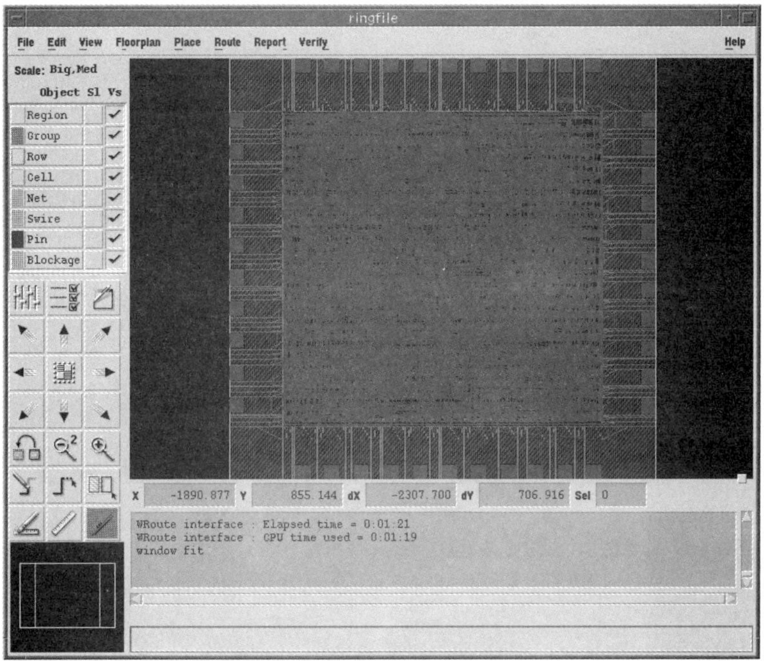

图 11-47　布线完毕的界面

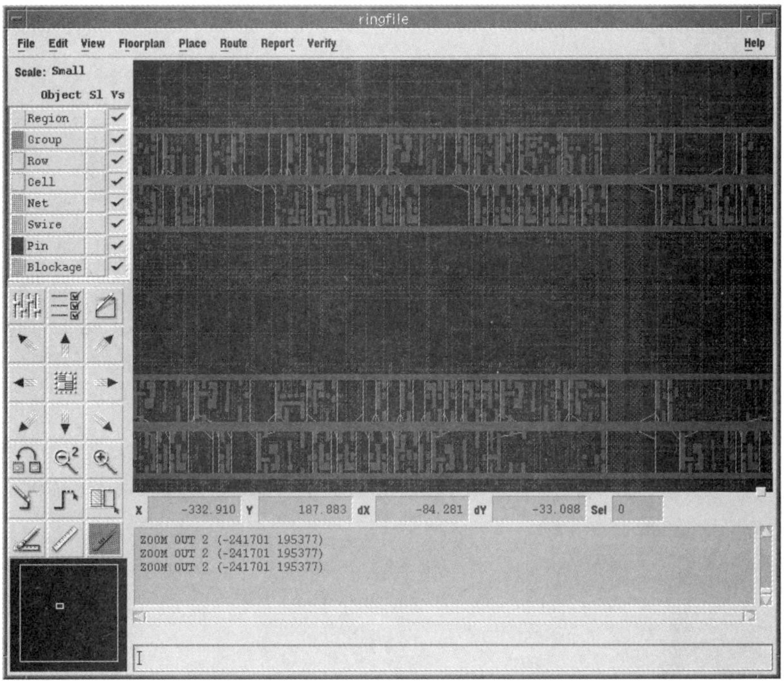

图 11-48　放大的布线完毕后的界面

（6）数据导出

现在，将 SE 完成 APR 的数据导出，比较有用的数据包括：GDS 版图数据（用于送到 FOUNDRY 厂商加工芯片）、Verilog 网表文件（用于后仿真）、SDF 时延信息文件（用于后仿真）。首先导出版图数据 GDS 文件，打开“File→Export→GDSII”。如图 11-49 所示。

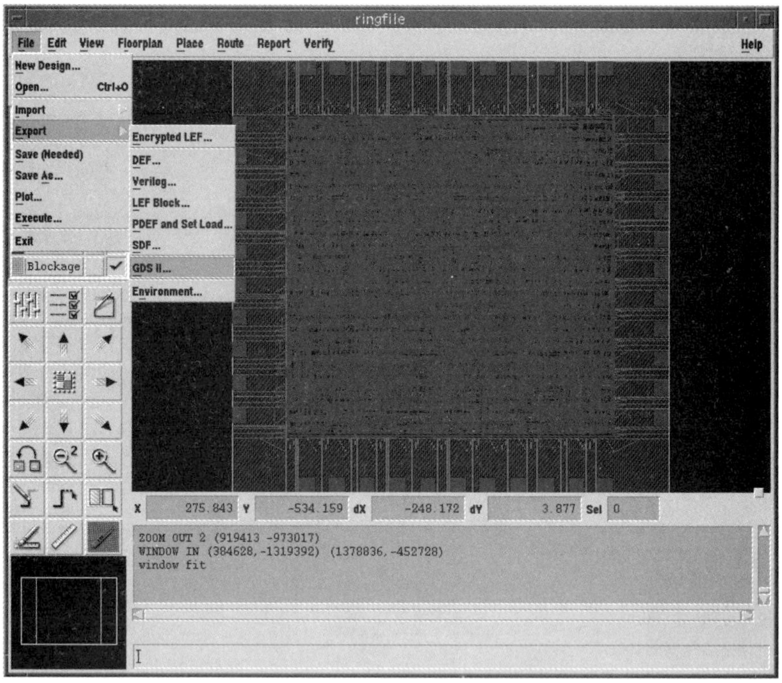

图 11-49　导出版图数据的界面

在弹出的对话框中输入文件名等信息，点击“OK”即可，如图 11-50 所示。

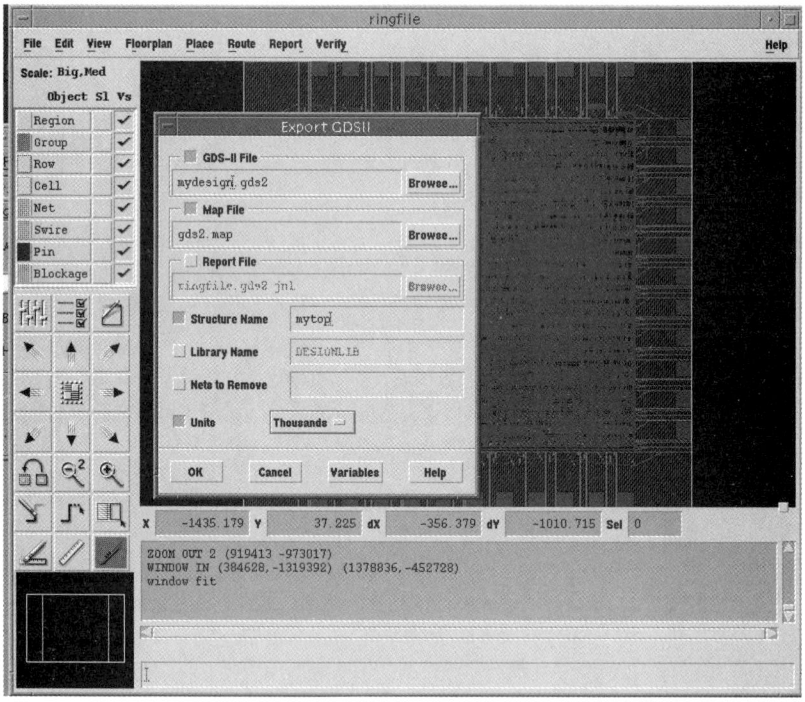

图 11-50　导出版图数据时对话框设置的界面

接下来导出 Verilog 网表文件，打开“File→Export→Verilog”，如图 11-51 所示。

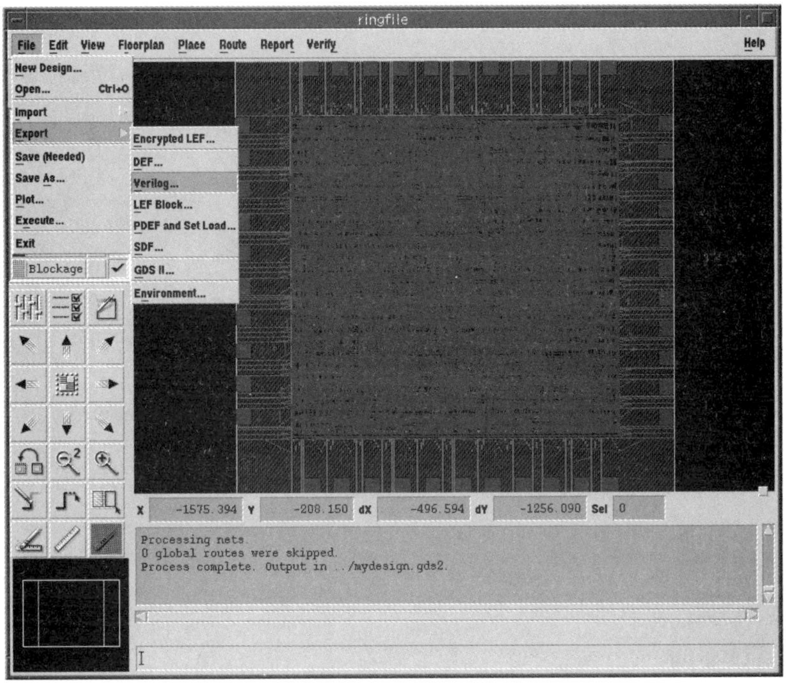

图 11-51　导出 Verilog 网表文件的界面

在弹出的对话框中输入文件名等信息，点击“OK”，如图 11-52 所示。

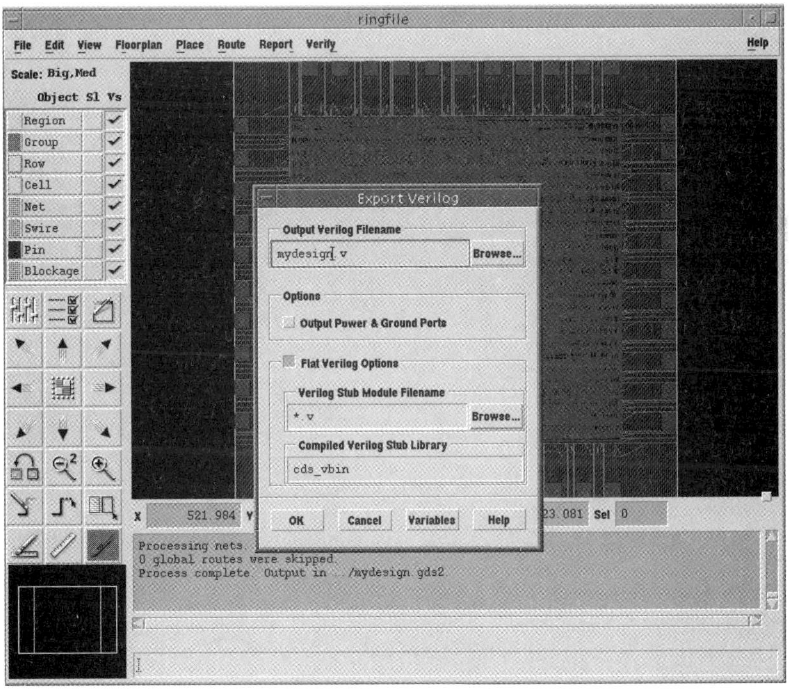

图 11-52　导出 Verilog 网表文件时对话框设置的界面

最后，导出时延信息文件（SDF 文件），打开“File→Export→sdf”，如图 11-53 所示。

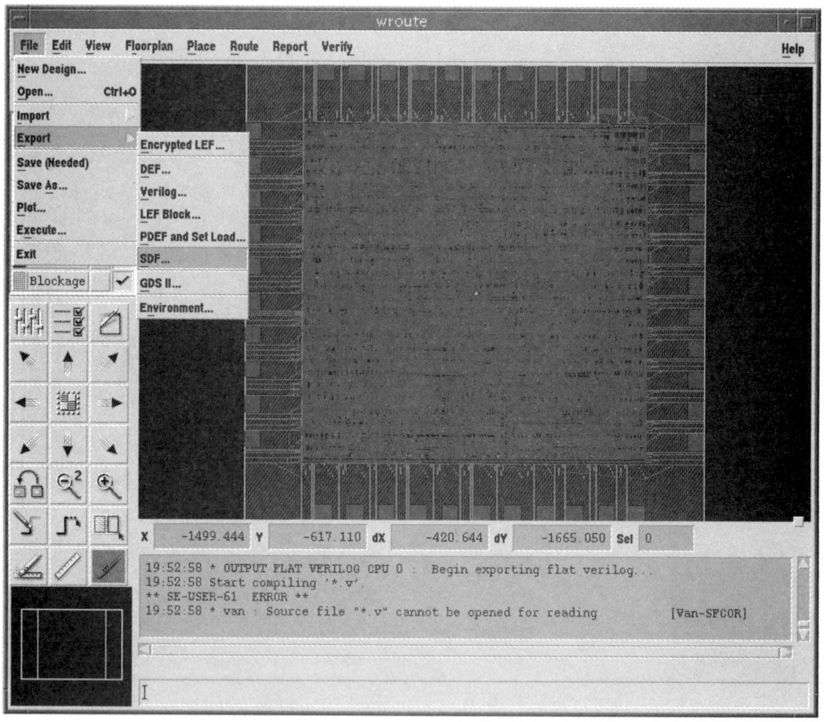

图 11-53　导出 SDF 文件的界面

在弹出的对话框中输入文件名等信息，点击“OK”，如图 11-54 所示。

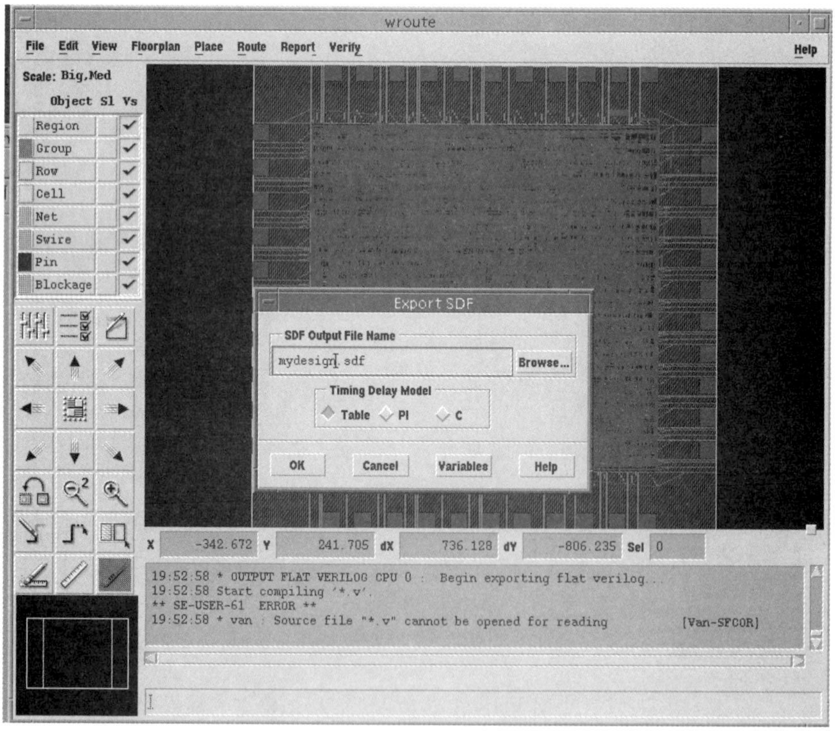

图 11-54　导出 SDF 文件时的设置对话框界面

到此，我们已经完成了 ASIC 数字芯片实现的 APR 主要流程。下一步，利用导出的 Verilog 网表文件和 SDF 时延信息文件，可以对设计进行最后的版图后仿真验证。

（7）后仿真验证

APR 之后的后仿真，是在计入版图的寄生参数后对设计进行最后的仿真验证。通过后仿真，进一步检查时序的正确性，排查有可能由寄生效应而导致的时序错误。

SDF 文件包含了芯片上所有单元和线路的延时信息，后仿真时，利用系统函数 $sdf_annotate 将 SDF 文件调入测试向量（Test Bench）仿真激励文件中，对布局布线后的 Verilog 网表进行仿真，仿真器将从 SDF 文件中读取单元和线路延时信息。

后仿真工具可以采用 NC_Verilog、Modelsim 等支持硬件描述语言的仿真器。

下面以一个 3 位的八进制加 1 计数器为例，介绍 APR 之后的基于 NC_Verilog 的后仿真。

首先，需要编写带 SDF 文件调用的测试向量（Test Bench）。

SDF 调用命令格式为：

```
$sdf_annotate("sdf_file_name", cell_instance) ;
```

带 SDF 文件调用的测试向量（Test Bench）文件如下所示：

```
`timescale 1ns/10ps
module   counter8_tb ;
     reg clk ;
     reg rst_n ;
     wire [2:0] cnt ;
     counter8 UUT(
          clk ,
          rst_n ,
          cnt) ;
     initial
          begin
               $sdf_annotate("counter8_dc.sdf", UUT) ;          -- SDF 文件调用
               clk = 0 ;
               rst_n = 1 ;
          end
     always #5 clk = !clk ;
     initial
          begin
               #13 rst_n = 0 ;
               #10 rst_n = 1 ;
               #500 $stop ;
          end
endmodule
```

接下来，需要启动仿真工具 NC_Verilog。在 Linux 或 Solaris 操作系统的终端窗口里输入 NC_Verilog 启动命令“nclaunch &”，即出现如图 11-55 所示的 NC_Verilog 主界面。

启动 NC_Verilog 后，把带 SDF 文件调用的测试向量（Test Bench）文件和 SE 导出的 Verilog 网表文件（*.v）导入 NC_Verilog。该导入操作为：直接将*.v 文件拖拽进图 11-55 中右边的 Design 子窗口即可，然后点击图 11-55 中的图标“”进行编译。

最后，在编译成功后弹出的窗口中运行仿真，查看仿真波形。如图 11-56 所示是 3 位八进制加 1 计数器的后仿真波形图。为了便于比较，图 11-57 给出了 3 位八进制加 1 计数器的前仿真波形图。

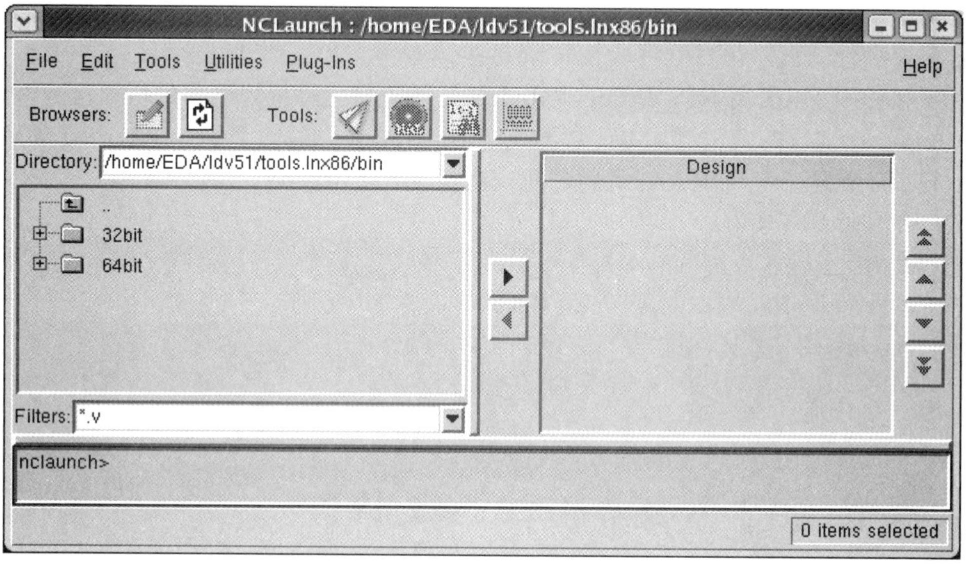

图 11-55　NC_Verilog 主界面

前仿真和后仿真的波形图中时间标记(图 11-56 和图 11-57 中的长竖线表示)均设在 35ns 处的 clk 时钟上升沿。从前仿真波形图（如图 11-57 所示）可以发现，计数值 cnt 在时间标记处立即发生变化，由 001 变成 010；而后仿真波形（如图 11.56 所示）则不同，计数值 cnt 在时间标记处并没有立即发生变化，而是在 39ns 处才由 001 变成 010，相对于前仿真延迟了 4ns。这个时延正是由于后仿真的 SDF 文件包含的时延信息所致。

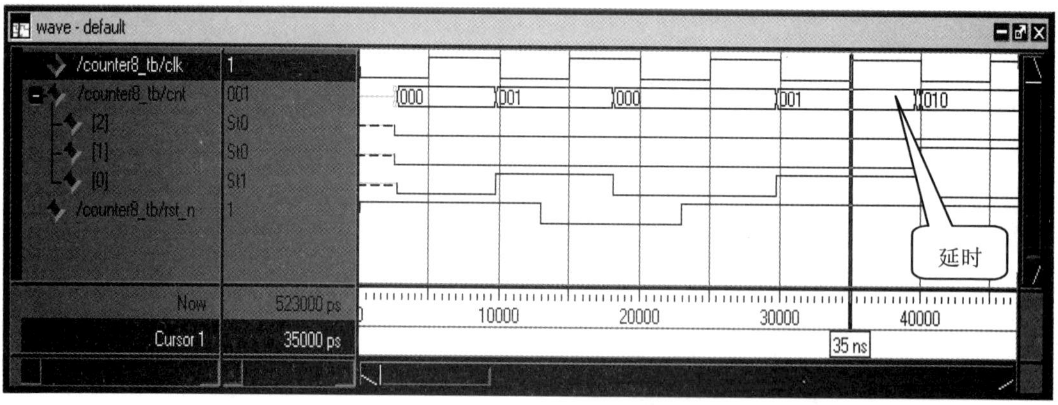

图 11-56　3 位八进制加 1 计数器的后仿真波形

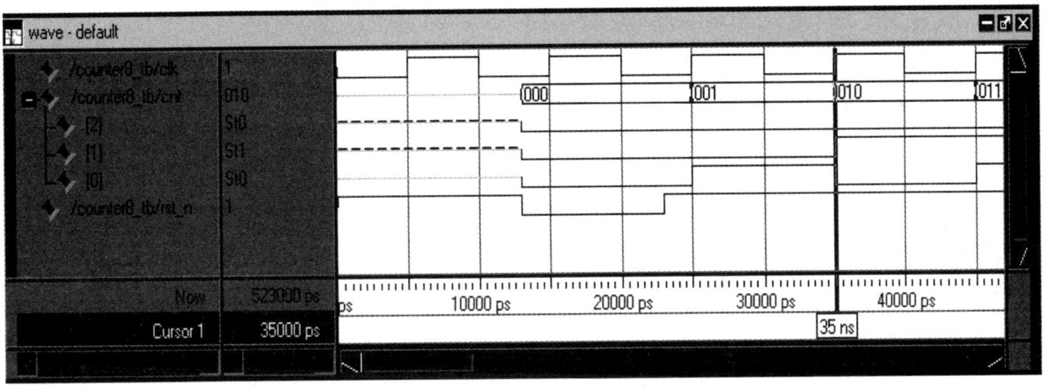

图 11-57　3 位八进制加 1 计数器的前仿真波形

（8）设计检查和验证

ASIC 设计者在将自己的设计送去 Foundry 流片之前，需要做两个主要的检查。

一个检查是 Design Rule Check（DRC），设计规则检查。DRC 有两个级别的检查，第一个级别的是 Phantom-Level DRC，因为在 SE 中 APR 基本上使用的是 Foundry 提供的 LEF 文件所包含的逻辑单元，而这些单元都是没有底层信息的。如果我们能够得到真实的单元版图的话（GDS 文件），那么我们就可以在 SE 中先使用 Phantom Cells，然后再进行另一个级别的 DRC 检查——晶体管级 DRC 检查。

另一个检查叫做 Layout Versus Schematic（LVS），版图与电路图对照检查。通过 LVS 检查，确保版图数据的正确性。

由于厂家拥有标准单元库的知识产权，单元的底层版图是保密的，所以最后的 DRC 和 LVS 的验证工作需要在工艺厂商的协助下完成。

习　　题

1．Design Compiler 中 DB 库包含哪些信息？有什么作用？

2．在布局布线工具 SE 中用到了 LEF、TLF、GCF 工艺库，请简述它们的作用。

3．请问 SDF 文件在仿真时有什么作用？综合后的 SDF 文件与布局布线后的 SDF 文件有什么不同？

4．在面向 ASIC 的布局布线中，通常有哪两种数据网络应优先考虑？为什么？

5．请使用样例库完成第 10 章第 4 题面向 ASIC 的后端设计，并比较面向 FPGA 和面向 ASIC 设计的异同。

6．请对 4 位半加器进行自动布局布线，并导出版图数据。

7．请对 8 位乘法器进行自动布局布线，并导出版图数据。

第 12 章　快速掌握 Verilog HDL

本章导读

在前面几章中，我们学习了 VHDL 语言，本章我们重点学习 Verilog HDL 语言。Verilog HDL 和 VHDL 都是符合 IEEE 标准的主流的硬件描述语言，在 IC 设计领域各自都有着广泛的使用群体和丰富的 IP 资源。这两种语言均以 RTL 设计风格为主，在设计思路和方法上具有很多相似之处。因此，掌握了 VHDL 以后再来学习 Verilog HDL 就会收到事半功倍的效果。

12.1　Verilog HDL 简介

Verilog HDL 是由 GDA(GateWay Design Automation)公司在 1983 年首创，于 1995 年正式成为电气电子工程师学会（IEEE）标准，即 IEEE Ste1364-1995 版本。此后通过不断的修正和扩展，版本又有了重大的改进。IEEE 1364-2001 是 Verilog HDL IEEE 标准的第二个修订版本，修正并增强了 IEEE 1364-1995 版本； IEEE 1364-2005 是 Verilog HDL IEEE 标准的第三个修订版本，用于保证与 System Verilog 的兼容性，与 IEEE 1364-2001 相比改变不大。2009 年，IEEE 1364-2005 和 IEEE 1800-2005 两个部分合并为 IEEE 1800-2009，成为了一个新的、统一的 SystemVerilog 硬件描述验证语言（Hardware Description and Verification Language, HDVL）。

Verilog HDL 是一种硬件描述语言，用于从算法级、行为级、结构级到门级的多种抽象设计层次的数字系统建模。设计者可以在一个电路模型内进行不同抽象层次的描述，实现层次化的设计，并可在相同描述中显式地进行时序建模，包含响应监控和设计验证方面的时延和波形产生机制方面的描述都可以使用同一种建模语言。

Verilog HDL 易学易用，其语法与 C 语言类似，对于设计者来说很容易学习和掌握。大多数的综合工具都支持 Verilog HDL，所有的厂商都提供用于 Verilog HDL 综合后进行逻辑仿真的元件库，让设计者能够在更广的范围内选择委托制造的厂商。编程接口（PLI）让设计者可以通过自己编写的 C 代码访问内部的数据结构，设计者也可以用 PLI 按照自己的需要来配置 Verilog HDL 仿真器。

12.2　Verilog HDL 语言规则

12.2.1　标识符

Verilog HDL 中的标识符(idendtifier)可以是任意一组字母、数字、$符号和_(下划线)符号的组合，当然不能与关键字重名，但标识符的第一个字符必须是字母或者下划线。另外，Verilog HDL 区分大小写，也就是说大小写不同的标识符是不同的。以下是标识符的几个例子：

Count 与 COUNT 是不同的标识符，

R5668， _R1D2， FIVE$都是合法的标识符。

12.2.2　关键字

关键字（又称为保留字）是一种特殊的标识符，是 Verilog 语言定义的一些语法和结构的名称。附录 E 列出了 Verilog 语言的所有关键字。注意，所有关键字都是小写的，一些标识符虽然字母和关键字一样，但是包含大写字母，就不是一个关键字，而只是一个普通的标识符。如，always 是关键字，但是 Always 和 ALWAYS 就不是关键字。用户自定义的一个设计单元（如端口、信号和参数等）的名称，必须是普通标识符，不可以使用 Verilog 语言的关键字。

12.2.3　注释

在 Verilog HDL 中有两种形式的注释。

第一种形式：以“/ *”和“* /”成对出现，其中间一行或多行内容是注释。

第二种形式：以“/ /”在一行结束处，其后面的内容是注释。

12.2.4　主要数据类型

Verilog HDL 中共有 19 种数据类型。主要有两大类常用的数据类型，即：线网型与寄存器型。

12.2.4.1　线网类型

线网类型（net type）是对 Verilog HDL 结构化元件间的物理连线的抽象。它的值由驱动元件的值决定，例如连续赋值或门的输出。如果没有驱动元件连接到线网，线网的缺省值为 z。

线网类型包含下述不同种类的线网子类型，如表 12-1 所示。

表 12-1　线网类型的子类型

线网类型	功能说明
Wire，tri	表示单元（元件）间的连线，wire 为一般连线；tri 为三态线，用于描述多个驱动源驱动同一根线的线网类型
Wor，trior	多重驱动时，具有线或特性
Wand，triand	多重驱动时，具有线与特性
trireg	具有电荷保持特性的线网类型，用于开关级建模
tri1	上拉电阻，用于开关级建模
tri0	下拉电阻，用于开关级建模
supply0	用于对地建模，低电平 0
supply1	用于对电源建模，高电平 1

常用的线网类型是 wire 类型。在没有明确定义位宽时，线网类型变量的位宽为 1。在 Verilog HDL 模块中若没有明确定义输入、输出变量的数据类型，则默认是为 1 位的 wire 型变量。wire 型变量的定义如下：

wire [msb: lsb] 变量名 1, 变量名 2, …变量名 n ;

其中 msb 和 lsb 指定了变量的位宽范围，它们之间用冒号隔开，且都为常数表达式。如果没有定义范围，则是默认为 1 位的变量。下面是 wire 类型说明实例。

```
wire L ;          //定义了一个 1 位的 wire 类型变量，变量名为 L
wire A, B ;       //定义了两个 1 位的 wire 类型变量，变量名分别为 A、B
wire [7: 0] bus ; //定义了一个 8 位的 wire 类型变量，变量名为 bus
wire [32: 1] databusA, databusB, databusC ;//定义了 3 个 32 位的 wire
                  //类型变量，变量名分别为 databusA、databusB 和 databusC
```

12.2.4.2 寄存器类型

寄存器类型(register type)表示一个抽象的数据存储单元，它只能在 always 语句和 initial 语句中被赋值，具有状态保持的作用。寄存器类型的变量如果没有被赋值，则默认值是 x。

寄存器类型包含下述 5 种子类型，如表 12-2 所示。

表 12-2 寄存器类型的子类型

寄存器类型	功能说明
reg	用于对寄存器类型变量的说明
integer	32 位带符号的整数型变量
time	64 位带符号的整数型变量，默认值为 0
real	64 位无符号的时间型变量
realtime	与 real 类型相同

reg 是常用的寄存器类型。如果没有明确说明寄存器类型变量的位宽，则寄存器变量的位宽是 1 位。reg 型变量的定义格式如下：

reg [msb: lsb] 变量名 1, 变量名 2, … ,变量名 n ;

其中 msb 和 lsb 指定了变量的位宽范围，它们之间用冒号隔开，且都为常数表达式。如果没有定义范围，则是默认为 1 位的变量。下面是 reg 类型说明实例。

```
reg L ;          //定义了一个 1 位的 reg 类型变量，变量名为 L。
reg A, B ;       //定义了两个 1 位的 reg 类型变量，变量名分别为 A、B。
reg [0: 7] bus ; //定义了一个 8 位的 reg 类型变量，变量名为 bus。
```

reg 型变量和 wire 型变量一样，可以在定义时加入位宽。位宽为 1 的变量称为标量，位宽大于 1 的变量称为矢量。

12.2.4.3 reg 与 wire 的区别

reg 是最常用的寄存器变量类型，而 wire 是最常用的线网变量类型。二者在使用上有明显的区别：reg 变量只能在 always 和 initial 语句中赋值，wire 变量只能用连续赋值语句赋值，或者通过模块实例的输出（输入/输出）端口赋值；并且进行初始化后，reg 变量的值变为 x (未知)，而线网的值变为 z（高阻）；wire 变量可以被赋予强度值，而 reg 变量不能被赋予强度值。

12.2.5 Verilog HDL 运算符

Verilog HDL 中的运算符与 C 语言的运算符十分类似，可以对一个、两个或三个操作数进行运算，表 12-3 按类给出这些运算符。

表 12-3　Verilog HDL 运算符类型及符号

运算符类型	运算符	功能说明	操作数的个数
算术运算符	+，–，*，/	算数运算	2
	%	求模	2
关系运算符	<，>，<=，>=	关系运算	2
等式运算符	==	逻辑相等	2
	!=	逻辑不等	2
	===	全等	2
	!==	不全等	2
逻辑运算符	!	逻辑非	1
	&&	逻辑与	2
	||	逻辑或	2
位运算符	~	按位“非”	1
	&	按位“与”	2
	|	按位“或”	2
	^	按位“异或”	2
	^~ 或 ~^	按位“异或非（同或）”	2
缩位运算符	&	“与”缩位	1
	~&	“与非”缩位	1
	|	“或”缩位	1
	~|	“异或”缩位	1
	^~ 或 ~^	“异或非（同或）”缩位	1
移位运算符	<<	向左移位	2
	>>	向右移位	2
条件运算符	? :	条件运算	3
位拼接运算符	{ }	拼接（合拼）	大于等于 2 个

12.3　Verilog HDL 程序的基本结构

模块（module）是 Verilog HDL 的基本描述单位。模块在概念上可等同一个门元件（与门、三态门等）或通用宏单元（计数器、ALU、CPU）等，因此，一个模块可在另一个模块中被调用。模块包括模块名、端口列表、端口类型、内部变量定义以及功能描述等几个部分。下面以一位全加器为例说明模块的构成。

【例 12-1】 一位全加器。

```
module   Fadder (x, y, cin, sum, cout) ;
input   x, y, cin ;
output   sum, cout ;
```

```
assign {cout, sum} = x + y + cin ;
endmodule
```

模块的定义从关键字 module 开始，到关键字 endmodule 结束，每条 Verilog HDL 语句以“;”做为结束，注意 endmodule 后面没有“;”。例 12-1 中 Fadder 为模块名，模块名需要符合 Verilog HDL 的语法规则。该模块有五个端口：三个输入型（input）端口 x、y 和 cin，两个输出型（output）端口 sum 和 cout,由于没有定义端口的位数，所有端口位宽都为 1 位；同时，由于各端口都没有进行数据类型说明，这五个端口都是 wire 数据类型。一位全加器模块如图 12-1 所示。

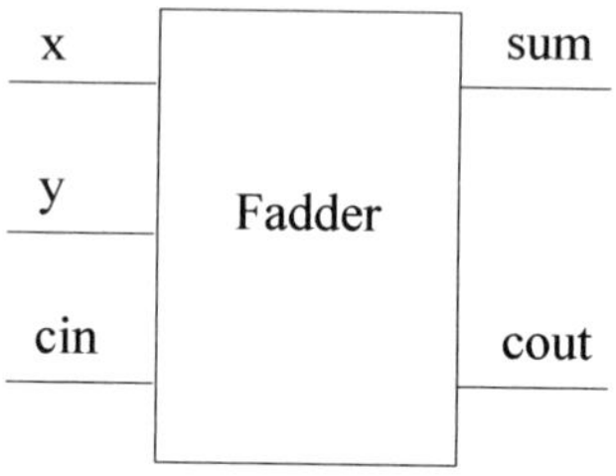

图 12-1　一位全加器模块

12.4　结构描述

结构描述是对电路的层次和组成结构进行描述，即通过对器件的调用（例化），并用线网把各器件连接起来。这里的器件包括 Verilog HDL 的内置门，如与门 and，异或门 xor 等，也可以是用户自定义的一个模块，还可以是 FPGA 厂商提供的一个基本逻辑单元或者宏。结构化的描述方式反映了设计的层次结构，下面通过实例来说明结构描述。

【例 12-2】 一位全加器的结构描述。

```
module   Fadder (a, b, cin, sum, cout) ;
input   a, b, cin ;
output   sum, cout ;
wire    S1, T1, T2, T3 ;
xor   X1 (S1, a, b) ;
xor   X2 (sum, S1, cin) ;
and   A1 (T1, a, b ) ;
and   A2 (T2, b, cin) ;
and   A3 (T3, a, cin) ;
or    O1 (cout, T1, T2, T3 ) ;
endmodule
```

例 12-2 用结构描述的方式设计了一位全加器。对应的一位全加器结构如图 12-2 所示。该全加器由两个异或门、三个与门和一个或门构成。S1、T1、T2、T3 是门与门之间的连线。其中 xor 、and、or 是 Verilog HDL 内置的门器件。以 xor x1 (S1, a, b) 为例对例化语句进行说明：xor 表明调用一个内置的异或门，器件名称 xor ，代码实例化名 x1。括号内的 S1，a，b 表明该器件对应管脚的实际连接线（信号）的名称，其中 a、b 是输入信号，S1 是输出信号。

结构描述也可以用已有的或已经构建的模块作为子模块，通过模块调用（例化）进行层次化设计构成高层次模块。例 12-3 是以例 12-2 中的一位全加器为子模块，通过调用一位全加器子模块构成四位全加器。

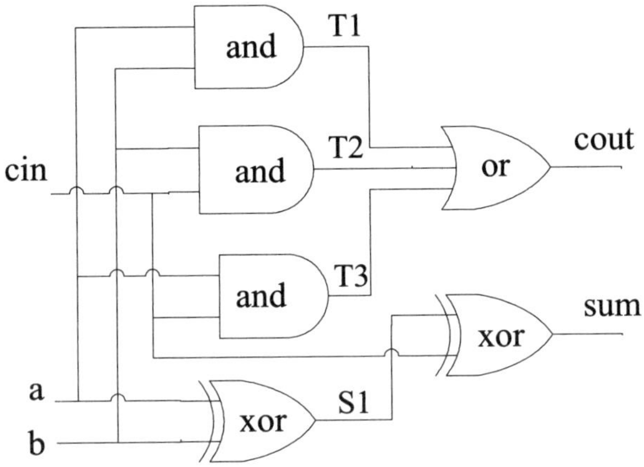

图 12-2　一位全加器的结构

【例 12-3】　四位全加器的结构描述。

```
module adder_4 (A, B, Cin, Sum, Cout) ;
input [3: 0]    A, B ;
input       Cin ;
output[3: 0]    Sum ;
output      Cout ;
wire        Cout0 ;
wire        Cout1 ;
wire        Cout2 ;
Fadder adder0 (.a(A[0]),.b(B[0]),.cin(Cin),.sum(Sum [0]), .cout(Cout0)) ;
Fadder adder1 (.a(A[1]), .b(B[1]), .cin(Cout0),.sum(Sum [1]), .cout(Cout1)) ;
Fadder adder2 (.a(A[2]),.b(B[2]),.cin(Cout1),.sum(Sum [2]),.cout(Cout2)) ;
Fadder adder3 (.a(A[3]),.b(B[3]), .cin(Cout2), .sum(Sum [3]),.cout( Cout)) ;
endmodule
```

例 12-3 是一个结构描述的四位全加器，对应的结构如图 12-3 所示。顶层模块 adder_4 调用了四个一位的全加器 Fadder。在这里，原有的模块 Fadder 对顶层而言只是一个现成的器件，顶层模块只要进行调用（例化）即可。下面以 Fadder adder0 (.a(A[0]), .b(B[0]), .cin(Cin), .sum(Sum[0]), .cout(Cout0))这条语句对例化语句进行说明。Fadder 是被调用的（已有的）模块名称，即例 12-2 中一位全加器的模块名称。adder0 是在调用 Fadder 模块时创建的实例名称。括号内列出了 Fadder 模块的端口列表和 adder0 实例中连接到对应端口的信号，“.a(A[0])”中的“.”后面的 a 表示 Fadder 模块中的端口 a，括号内“A[0]”表示实例 adder0 对应端口 a 的连接信号，其他端口与相应的连接信号也有类似的对应关系。

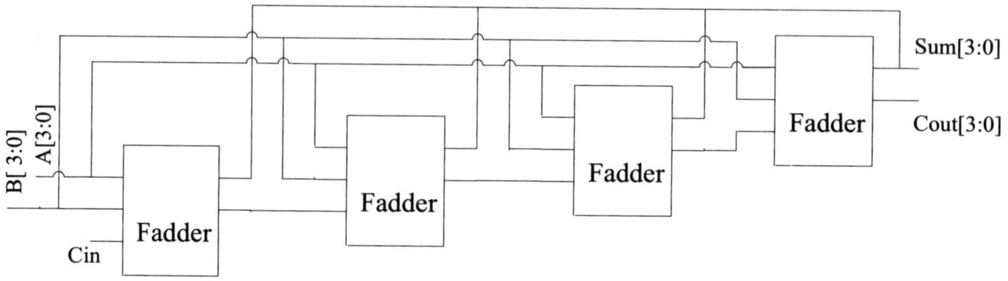

图 12-3 四位全加器的结构

12.5 数据流描述

数据流描述方式允许设计者只描述寄存器间的数据流动方式，不关注电路结构的细节。数据流描述的基本机制是采用连续赋值语句，连续赋值语句的格式如下：

wire 线网变量名 ;

assign [#delay] 线网变量名=表达式 ;

连续赋值语句用于对线网变量进行赋值，它由关键字 assign 开始，赋值号后面是由操作数和运算符组成的逻辑表达式，当表达式中操作数的值发生改变时连续赋值语句就执行。

【例 12-4】 一位全加器的数据流描述。

```
timescale 1ns/100ps
module Fadder(a, b, cin, sum, cout) ;
input  a, b, cin ;
output  sum, cout ;
wire S1, T1, T2, T3 ;
assign #2 S1 = a^b ;
assign #2 sum = S1^cin ;
assign #2 T1 = a&b ;
assign #2 T2 = b&cin ;
assign #2 T3 = a&cin ;
assign #2 cout = T1|T2|T3 ;
endmodule
```

例 12-4 是一位全加器的数据流描述代码，其中 T1、T2、T3 和 S1 为中间信号。注意，module 内的各个 assign 语句，是并行执行的，即各语句的执行与语句在 module 内出现的先后顺序无关。当 assign 语句右边表达式中的变量发生变化时，表达式的值会重新计算，并将结果赋值给左边的线网变量。如果赋值语句使用了时延，那么在等待时延结束后再将表达式的值赋给左边的线网变量。上例中每个 assign 语句都加了 2 个时间单位的时延，若右边表达式的值发生变化，assign 语句左边的变量会在 2 个时间单位后获得右边表达式的新值。例如：当信号 a 发生变化，2 个时间单位后 S1、T1、T3 也会跟着变化；类似的，S1 的变化又会导致 sum 的变化，T1、T3 的变化会引起 cout 的变化。

12.6　行为描述

行为描述是对设计的行为功能进行描述，是高层次抽象的电路描述。行为描述不关心电路使用到哪些基本逻辑单元（如逻辑门、厂商的基本逻辑单元 LUT 等），也不关心这些基本逻辑单元是如何连接的。Verilog HDL 中通常采用 initial 块语句或 always 块语句进行行为描述，并使用了大量类似 C 语言的高级语句，如 if else、case、for、while 等，可以用简洁的代码描述复杂的电路。下面介绍 initial 块语句和 always 块语句。

initial 块语句的格式如下：

```
initial
    begin
    …
    end
```

initial 块语句中包含一条语句或由 begin...end 所包括的多条语句。initial 块语句中被赋值的变量必须是 reg 类型。initial 块语句只执行一次，在仿真开始时（即 0 时刻）执行。如果有多个 initial 块语句出现在模块中，这些 initial 块语句并行执行。

always 块语句与 initial 块语句结构类似类似，不同之处在于 always 块语句可以包含敏感事件列表，其格式如下：

```
always @（事件表示 1 or 事件表示 2 or ... or 事件表示 n）
        begin
        …
        end
```

只要满足 always 块语句的敏感事件条件，always 块语句就执行；如果 always 块语句没有敏感事件列表，则一直反复执行。

【例 12-5】　一位全加器的行为描述。

```
module Fadder(a, b, cin, sum, cout ) ;
    input   a, b, cin ;
    output sum, cout ;
    reg sum, cout ;
      always@ ( a or b or cin )
        begin
            {cout, sum} = a + b + cin ;
        end
 endmodule
```

在例 12-5 中，采用 always 块对一位全加器进行了行为描述。always 块的敏感事件列表包括了加法器的所有输入信号；加法器的输出信号 sum 和 cout 被定义为 reg 类型的变量；设计中用"+"来表示加法，并未给出加法器的具体实现结构。{cout，sum}是把 cout 和 sum 进行了合并，sum 为低位，cout 为高位。一位全加器框图如图 12-4 所示。

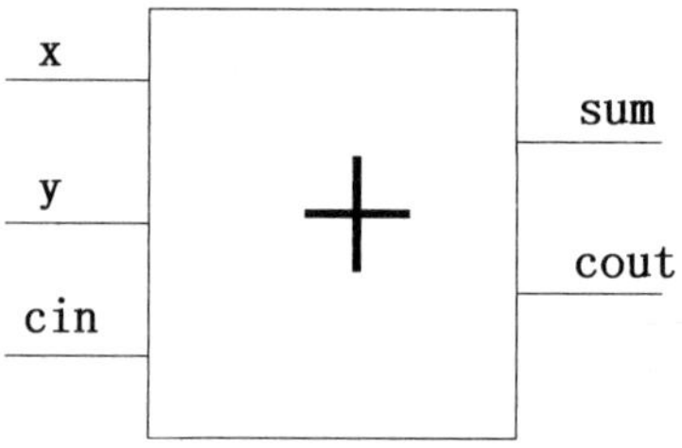

图 12-4　一位全加器框图

【例 12-6】　具有异步清零功能 D 触发器。

```
module D_ff(clk, clr, D, Q ) ;
   input   clk, clr, D ;
   output   Q ;
   reg        Q ;
      always @(posedge clk or negedge clr)
      begin
      if(! clr)
         Q<= 0 ;
      else
         Q<= D ;
      end
endmodule
```

例 12-6 中,采用 always 块对异步清零功能 D 触发器进行了行为描述。always @(posedge clk or negedge clr)语句用于检测边沿变化，if(! clr)用于实现清零功能。例 12-6 中的异步清零 D 触发器如图 12-5 所示。

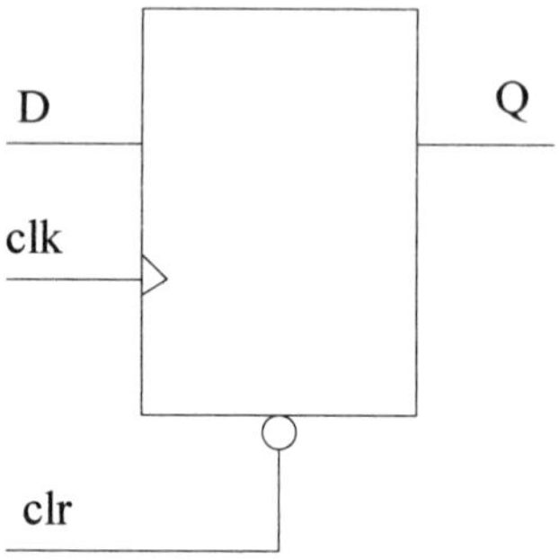

图 12-5　异步清零 D 触发器

12.7　编写仿真激励

为了仿真验证设计的正确性,我们需要编写仿真验证程序。仿真验证的过程如下：

1. 产生仿真激励。
2. 将仿真激励加到待验证模块的输入，并收集其输出响应。
3. 将输出响应与期望值进行比较。

本节介绍最常用的时钟、复位等仿真激励的编写方法。

【例 12-7】 仿真激励。

```
`timescale 1ns/1ps          // 时间尺度
    reg   en, clk, clr ;      //测试输入信号定义为 reg 型
    parameter DELAY= 100 ;
        always #(DELAY/2) clk = ~clk ; //产生时钟波形
        initial
          begin        //激励信号定义
            clk =0; clr=0; en=0 ;
            # DELAY clr= 1 ;
            # DELAY en= 1 ;
            # (DELAY*4) clr= 0 ;
          end
```

例 12-7 的仿真激励代码产生的波形如图 12-6 所示，其中 initial 块语句给 clk、clr、en 三个激励信号赋初值，并产生 clr 和 en 的波形；always 块语句产生周期为 100ns 的时钟波形。

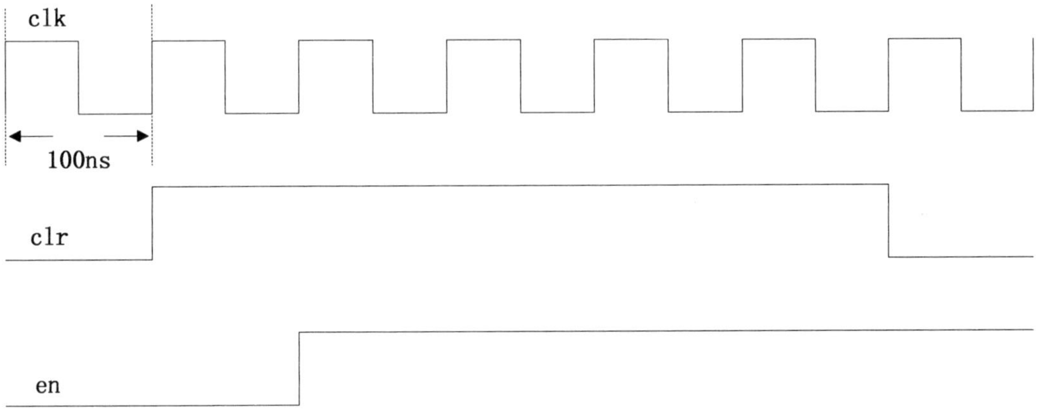

图 12-6　仿真激励波形

习　　题

1. 下列标识符哪些合法，哪些非法？

   CouNt, 5_03many, *@1, QQ360, \wait, Initial，repeat

2. 能否在 always 块语句中为线网类型（例如 wire 型线网）变量赋值？
3. Verilog HDL 允许使用没有显式说明的变量，这些变量属于哪种数据类型？
4. initial 块语句和 always 块语句的区别是什么？请用块语句产生一个周期为 20ns 的方波，初始值为 1；产生一个复位信号 Rst，0 到 40ns 为 1，之后保持为 0。

5. 采用行为描述方式设计 3-8 译码器。

6. 使用 always 块语句设计 J K 触发器。

7. 设计一个带异步复位和使能端的六十进制的 BCD 码计数器，并编写仿真激励对设计进行验证。

8. 设计一个八位串入/串出移位寄存器。

第 13 章　高层次综合（HLS）

本章导读

高层次综合（HLS）能够把基于高级语言（如 C 语言）的设计转换为 RTL 设计。高层次综合代表了 EDA 的发展趋势，是设计方法的新突破，正逐渐走向成熟并应用于商业。通过本章的学习，读者将了解什么是高层次综合（HLS）及高层次综合的目的，掌握如何实现高层次综合。通过 Xilinx Vivado® High-Level Synthesis (HLS) compiler 实践操作体验高层次综合。

13.1　高层次综合的概述

长期以来，数字电路的设计者们一直在努力寻求更加“自动化”的设计方法，在各种协议（例如：通讯协议、视频编解码协议）不断发展，算法复杂度不断提高的情况下，理解协议以及开发算法显得尤为重要，设计相应的硬件系统变得极为复杂，在短周期内完成复杂协议的硬件系统设计变得更加困难。这种现状使得电路设计层次越来越向高层次发展。高层次综合技术就是伴随着这种发展趋势而逐渐成熟的一种新的设计方法。这种技术能够把基于高级语言的设计转换为 RTL 设计，从而大大提高 RTL 代码的编写效率，缩短设计时间。

在大规模的电路或系统设计中，设计者很难完整的给出所有电路的低层次描述。通常，设计者给出的是 C 语言的算法级描述。但是，算法级描述不能够直接被用来做逻辑综合，因此，必须将它转化为能进行逻辑综合的 RTL 描述。将符合电路设计规范的算法级或行为级描述在一定的约束条件下转化为 RTL 描述的方法和过程被称为高层次综合（High-Level Synthesis，缩写 HLS），也称为行为级综合或者算法级综合。

一个设计的算法级描述，有很多种实现方案，不同的方法具有不同的面积、速度等性能指标。高层次综合可以搜索各种可能的实现方案，在满足一定的约束条件的情况下，将一个算法在资源、速度等方面进行优化，找到一个最佳或相对较佳的实现方案，有利于实现设计的最优化电路结构，使其满足预期的设计要求。

高层次综合使设计者能够在更高层次进行电路设计，更快速有效地在较高层次设计、验证和仿真，而较低层次的工作由工具来自动完成。这样可以降低设计的难度和减少设计、验证的时间，提高设计效率。因此，高层次综合在对设计周期有严格限制的应用（例如 EDA 竞赛）中有着独特的优势。高层次综合可以让数字电路系统设计工程师有更多的精力和更充分的时间去设计结构和开发算法，寻求最佳的系统方案。高层次综合日益引起研究机构和 EDA 厂商的重视，已经取得了长足的进步。但是，任何技术的发展都需要一个过程，HLS 技术虽然发展迅猛，但是目前对于性能要求更高的产品设计，基于 RTL 描述的设计方法仍然具有不可替代的优势。

高层次综合技术的发展经历了三个阶段：

第一阶段从 80 年代初到 90 年代初，关于 HLS 的研究主要集中在学术科研机构，他们完成了高层次综合的早期的许多研究工作，包括关于 HLS 的基本概念和技术。当时，集成电路设计自动化系统发展迅猛，但限于当时的技术水平和 IC 工业界提出的需求，多数研究努力都停留在较低的设计层次上。因此高层次综合技术在当时被认为是学院派的探索，主要限于在大学和一些基础性研究所中进行学术研究。

第二阶段从 90 年代初到 2000 年初，主要是几大 EDA 公司开始尝试推动商业化高层次综合技术，包括 Synopsys、Cadence 和 Mentor，均推出了商业工具，多以行为级的 HDL 为输入语言。但是由于当时 RTL 设计方法能够满足设计者对复杂度的需求，而 HLS 技术的成熟度又不够，再加上当时的设计主要都是面向控制的，而 HLS 对控制行为的综合 QoR（Quality of Result）较差，以及其他一些因素导致这些工具在商业上都不成功，最终退出了市场。

从 2000 年初到现在，是高层次综合技术发展的第三个阶段。在这个阶段，众多 EDA 公司和学术机构一起在推动 HLS 技术的发展和应用，HLS 技术开始走向成熟和商业应用。目前，新的高层次综合技术解决了导致前两代 HLS 技术商业化失败的三个主要问题：

（1）输入语言采用类 C 语言而非前两代的 HDL 语言，如 C、C++、SystemC 以及 SpecC、HandelC 等，使得系统模型得到复用，进行进一步的软硬件实现。

（2）实现对时序（timing）比较精确的评估和调度。

（3）现对验证环境的重复使用，通过 TLM 建模技术可以将系统验证环境复用于 RTL 级验证，降低验证的复杂度。

13.2 高层次综合实践

Xilinx Vivado® High-Level Synthesis (HLS) compiler 是 Xilinx 公司的开发的高层次综合工具，是其集成开发工具 Vivado 的一个组件。Vivado HLS 能够对 C/C++/SystemC 语言程序综合，并可实现优化。

用 Vivado HLS 进行高层次综合分为五个步骤：

（1）创建工程

（2）C 源代码验证

（3）高层次综合

（4）RTL 验证

（5）生成 IP 块

1. 创建工程

在 windows 环境下启动 Xilinx Vivado® High-Level Synthesis (HLS) compiler 后的界面如图 13-1 所示，创建一个名为“Test”的工程，如图 13-2 所示。

2. 验证 C 源代码

在 Source 栏中添加文件 Test.c 和 Test.h，在 Test Bench 栏中添加验证程序 Test_tb.c 文件，添加完成后的界面如图 13-3 所示。

在Project 菜单下点击“Run C Simulation ”编译、运行C程序代码，对设计进行C语言仿真。

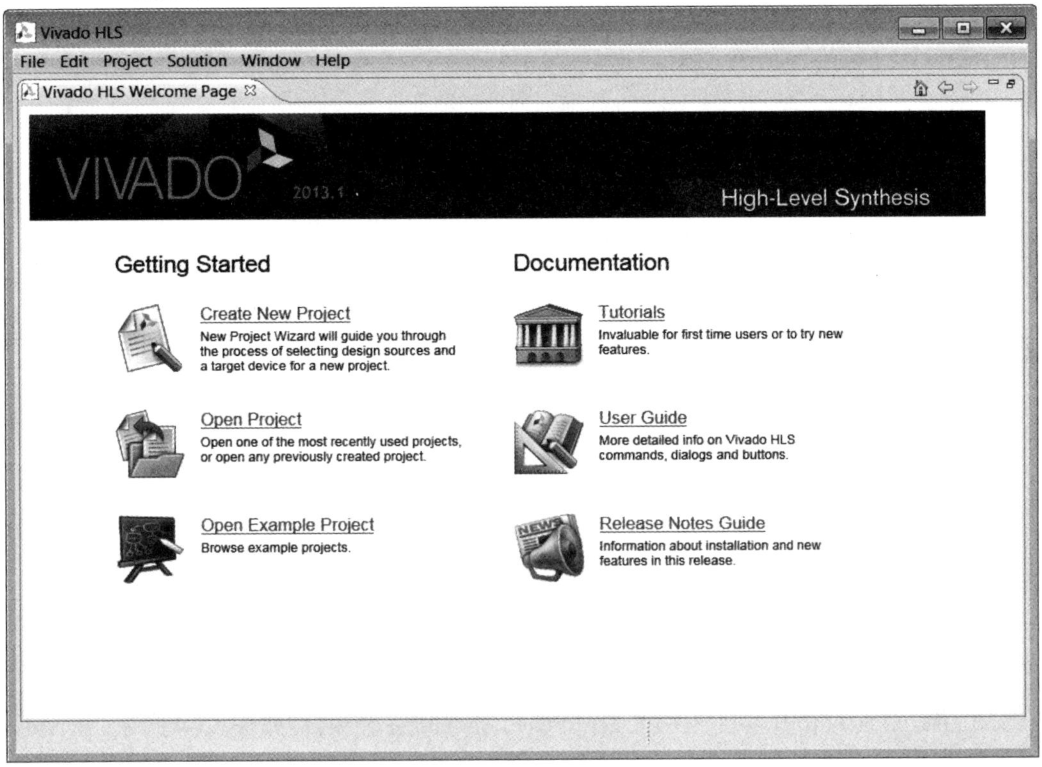

图 13-1　启动 vivado HLS

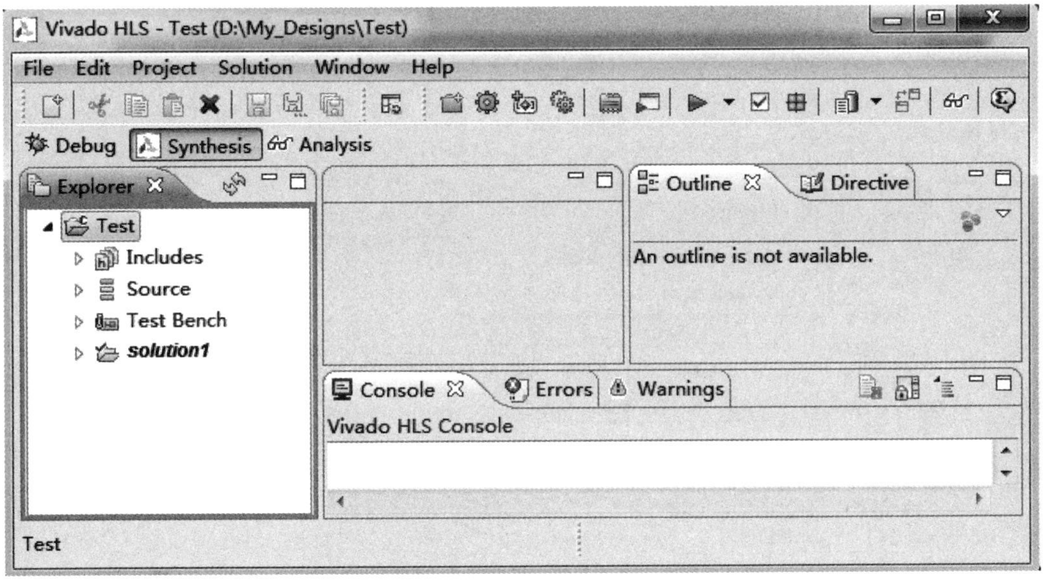

图 13-2　创建 Test 工程

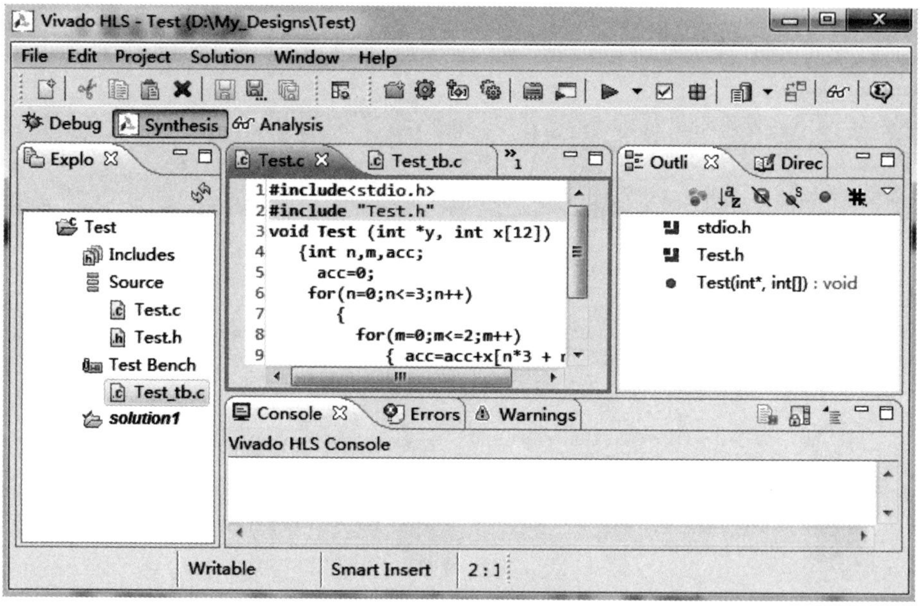

图 13-3　添加文件后的工程

3. 高层次综合

设计经过 C 语言仿真功能正确无误后，即可进行高层次综合。如图 13-4 所示，在 Solution 菜单下点击“Run C Synthesis”对设计进行高层次综合。高层次综合把基于 C 语言的高层次设计综合成 RTL 设计，生成对应的 Verilog、Vhdl 或 SystemC 文件，并且给出详细的综合报告。

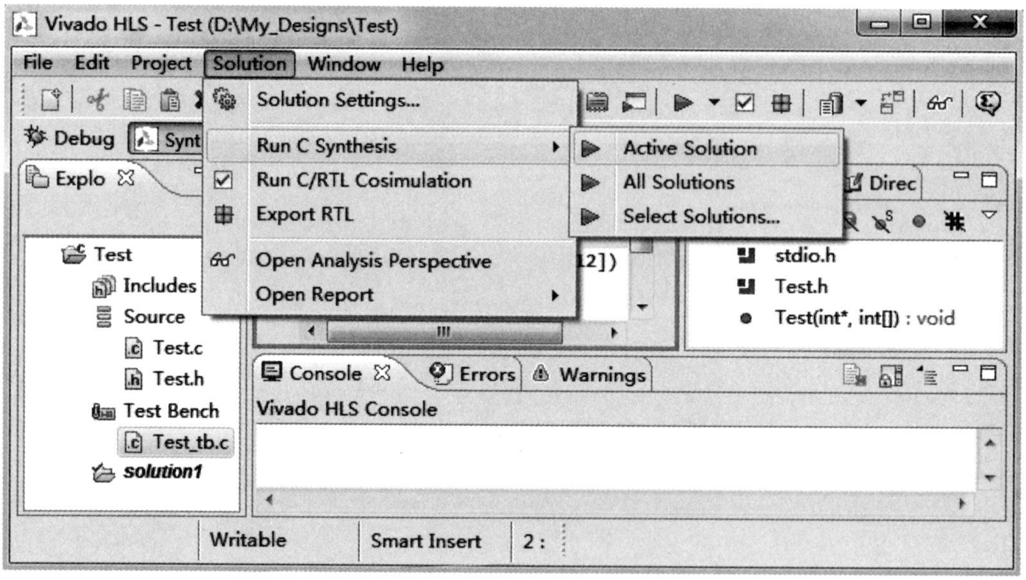

图 13-4　运行高层次综合

【例 13-1】　循环叠加 C 源程序。

```
void Test (int *y, int x[12])
    { int n, m, acc= 0 ;
     for(n=0; n<= 3; n++)
```

```
    {
      for(m= 0; m<= 2; m++)
        { acc= acc+x[n*3 + m] ;}
    }
  *y= acc ;
}
```

例 13-1 的循环叠加 C 源程序经过高层次综合后生成的 RTL 设计中的数据通路如图 13-5 所示，例 13-1 程序中数组 x 对应图 13-5 中的 x，为输入数据；程序中的指针 y 对应图 13-5 中的 y，为输出数据。在图 13-5 中，12 个输入数据 x[0]、x[1]…x[11]依次被送至加法器进行加法运算，每次加法运算的结果暂时保存在 acc_reg 寄存器中，用于和下一个输入数据进行累加。12 个输入数据的累加运算结束后，结果从 y 输出。从以上分析可以看出数据通路和例 13-1 的 C 源程序的对应关系。

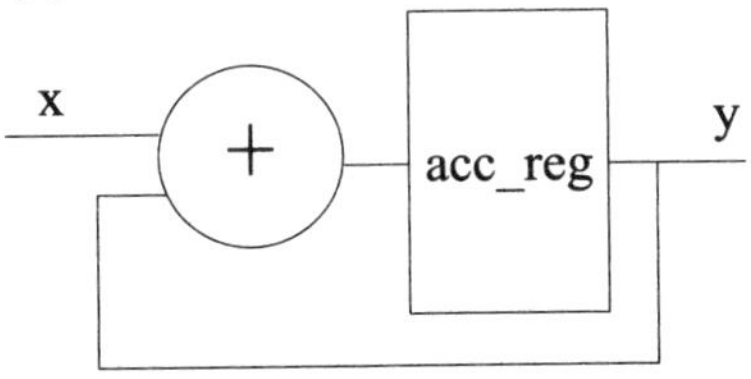

图 13-5　例 13-1 综合后 RTL 对应的数据通路

为了获得特定的 RTL 设计，通常需要在高层次综合时进行必要的优化，Vivado HLS 提供了“PIPELINE”、“LATENCY”、“UNROLL”等多种优化方法。下面通过例题仅对“PIPELINE”优化技术进行说明。图 13-6 是选择运行“PIPELINE”优化技术时的界面。

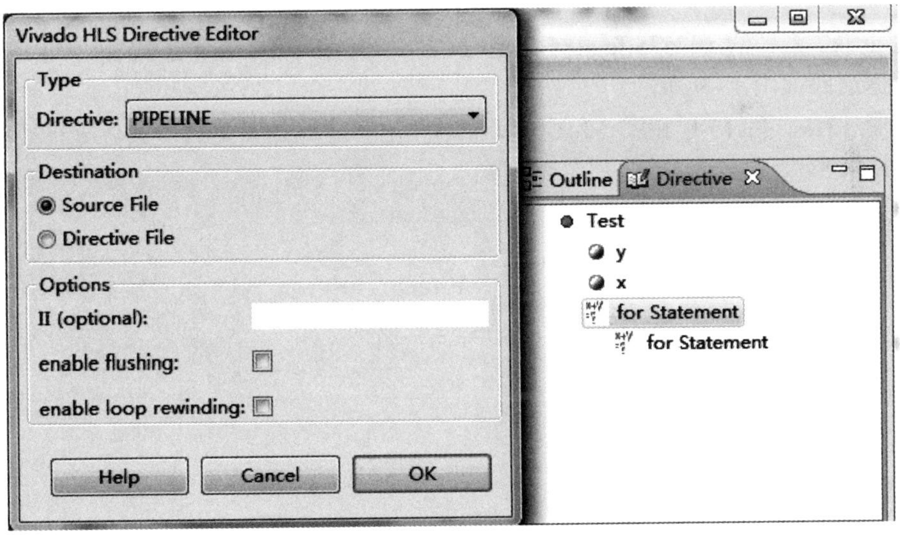

图 13-6　选择运行 PIPELINE 优化

在图 13-6 中点击“OK”后，会在 C 源程序的相应位置添加“PIPELINE”优化指令，如图 13-7 所示。

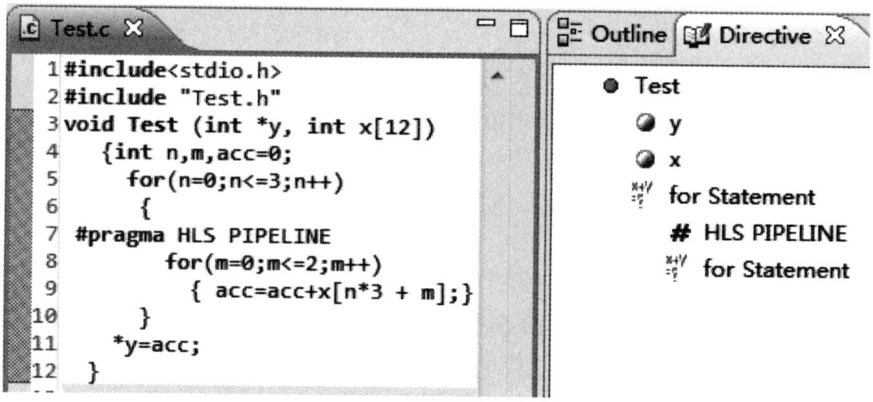

图 13-7　在 C 源程序中添加 **#pragma** HLS　PIPELINE 指令

选用 artix7 系列的 xc7a75tfgg484-2 型号芯片，例 13-1 的外层循环用“PIPELINE”优化后的数据通路如图 13-8 所示。

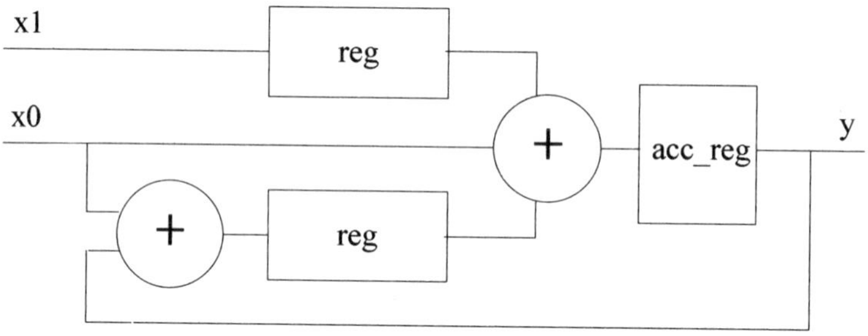

图 13-8　例 13-1 外层循环 PIPELINE 优化后的数据通路

选用 artix7 系列的 xc7a75tfgg484-2 型号芯片，例 13-1 的 Test 函数用“PIPELINE”优化后的数据通路如图 13-9 所示。

比较图 13-5、图 13-8 和图 13-9 可以看出优化后运算效率更高，具体分析要根据 RTL 验证的时序波形。

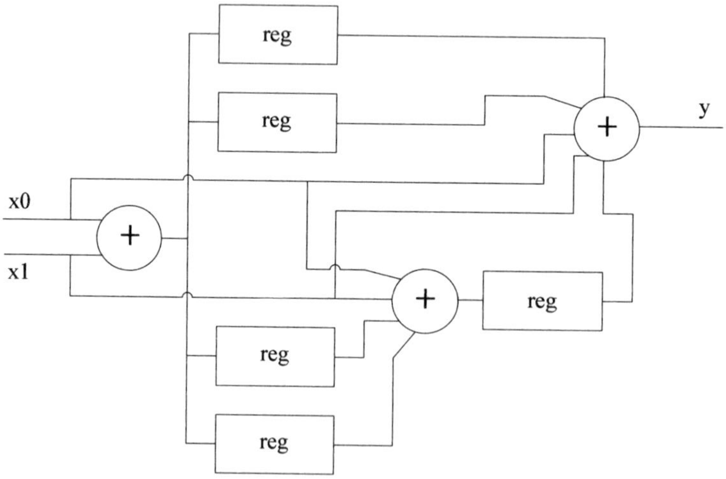

图 13-9　例 13-1 Test 函数用 PIPELINE 优化后的数据通路

4. RTL 验证

可以通过C test bench程序验证RTL程序，C test bench程序用来给RTL程序提供输入，RTL仿真的输出又反馈给C test bench程序以验证结果是否正确，并且可以观察RTL程序的时序波形。在Solution菜单下先点击“Run C Synthesis”综合C源程序，再点击“Run C/RTL Cosimulation”项，如图13-10所示，选择“XSim”、“Verilog”、“Dump Trace”这三项后，然后执行RTL联合仿真。联合仿真完成后在所建的工程下的solution1/sim/verilog路径下会生成Test.wcfg和 Test.wdb两个文件。

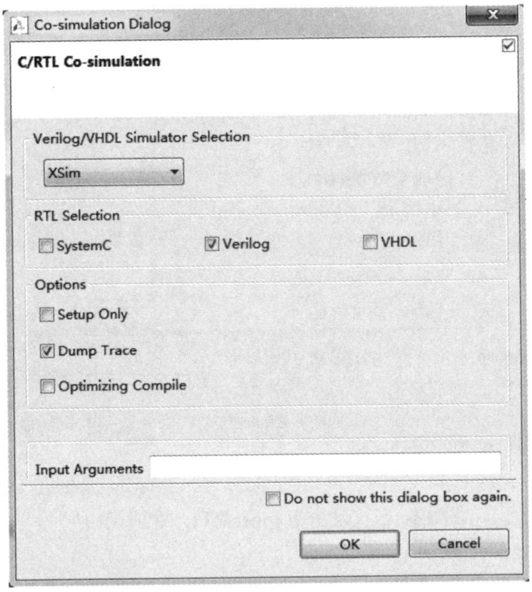

图 13-10　RTL 联合仿真的对话界面

启动 Vivado 软件（注意不是Vivado HLS软件），在Window 菜单下点击“Tcl Console”进入其命令窗口，输入下面的命令：

1. “cd　/XXX /solution1/sim/verilog　”（Test.wcfg和 Test.wdb两个文件的存储位置）
2. “current_fileset　”
3. “open_wave_database　Test.wdb　”
4. “open_wave_config　Test.wcfg　”

如图13-11所示可以观察到例13-1 C源程序对应的RTL验证的部分时序波形。

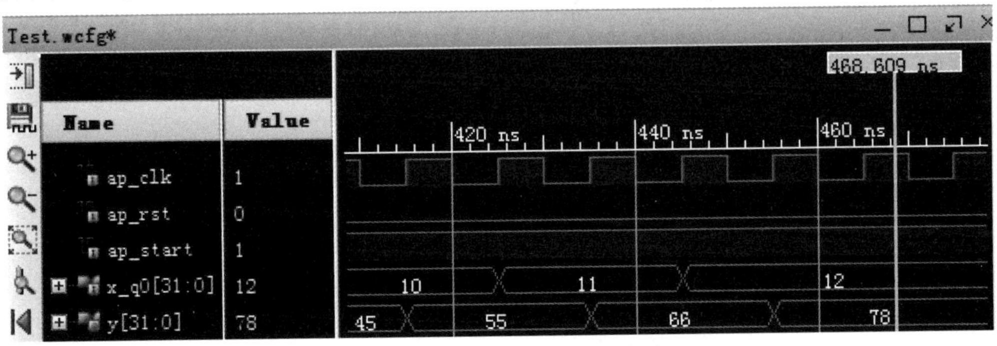

图 13-11　RTL 验证的部分时序波形

从图13-11所示还可以观察到每两个时钟周期输入一个数据，在两个周期中的第一个周期结束后得出相应的计算结果，给例13-1 中的数组x依次输入整数1、2、3…12，输出y的结果是十进制数78，从图13-11 RTL验证的时序波形可以看出结果是正确的。

5. 生成IP块

Vivado HLS 可以把设计生成 Xilinx 套件中的 IP 块， IP 块通过接口和其他模块建立连接，这样可以达到复用设计的目的。如图 13-12 所示在 Solution 菜单下点击“Export RTL”生成 IP 块。在工程目录下的 solution1/impl/ip 路径下生成名为“xilinx_com_hls_Test_1_0.zip”的 IP 块。

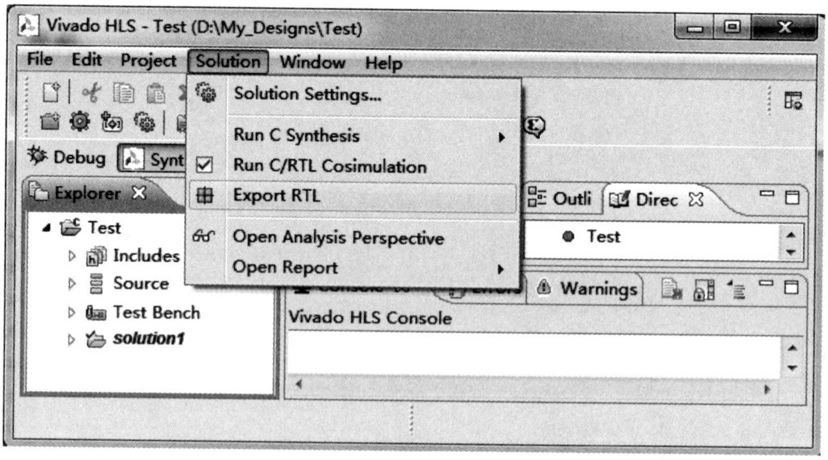

图 13-12 点击 Export RTL 生成 IP 块

习 题

1. 什么是高层次综合，高层次综合的目的是什么？

2. 用 C 语言编写一个 20 个随机数的冒泡排序程序，用 Vivado HLS 进行高层次综合并分别进行 PIPELINE、PORTS 优化，分析对应的 RTL 设计及 RTL 验证时序波形的变化。

3. 用 C 语言编写一个 30 个数的穷举搜索法程序，用 Vivado HLS 进行高层次综合并分别进行 PIPELINE、PORTS、LATENCY 优化，分析对应的 RTL 设计及 RTL 验证时序波形的变化。

4. 用 C 语言编写 6 分频器的设计程序，用 Vivado HLS 进行高层次综合并优化，得到对应的 RTL 设计和 RTL 验证时序波形。根据得到的高层次综合结果与例 8-24 的设计进行硬件资源及计算效率的对比。

附录 A　VHDL 与 Verilog HDL 的主要描述语句

<table>
<tr><th colspan="2">VHDL 主要描述语句</th><th colspan="3">Verilog 主要描述语句</th></tr>
<tr><td colspan="2">entity 实体名 is
　port（端口说明 ）
end entity ;</td><td colspan="3" rowspan="2">module 模块名（端口列表）
　输入/输出端口说明
　　…
endmodule</td></tr>
<tr><td colspan="2">architecture 构造体名 of 实体名
　　begin
　　…
end 构造体名;</td></tr>
<tr><td colspan="2">process (敏感量表)
　　begin
　　…
end process ;</td><td colspan="3">always @( )
　　begin
　　…
　　end</td></tr>
<tr><td colspan="2"></td><td colspan="3">initial
　　begin
　　　语句 1 ;
　　　…
　　　语句 n ;
　　end</td></tr>
<tr><td colspan="2">component 元件名
　　端口说明 ;
end component ;
实例名: 元件名 port map (端口映射) ;</td><td colspan="3">模块名 (. 端口 1 名 (连接信号 1 名), . 端口 2 名(连接信号 2 名), …) ;</td></tr>
<tr><td colspan="2">variable</td><td colspan="3">阻塞赋值(=)</td></tr>
<tr><td colspan="2" rowspan="3">signal</td><td colspan="3">非阻塞赋值(<=)</td></tr>
<tr><td colspan="3">wire</td></tr>
<tr><td colspan="3">reg</td></tr>
<tr><td colspan="2"></td><td colspan="3">assign [#delay] 线网变量名=表达式 ;</td></tr>
<tr><td>if(条件) then
　…
　else
　…
end if ;</td><td>if (条件 1) then
　…
　elseif (条件 2) then
　…
　elseif (条件 n) then
　…
　　else
　…</td><td>if (条件)
　…</td><td>if (条件)
　…
　else
　…</td><td>if(条件 1)
　…
else if(条件 2)
　…
else if (条件 n)
　…
　else
　…</td></tr>
</table>

<table>
<tr><td></td><td>endif;</td><td></td><td></td><td></td></tr>
</table>

（续表）

<table>
<tr><td colspan="3">VHDL 主要描述语句</td><td colspan="2">Verilog 主要描述语句</td></tr>
<tr><td colspan="3">case 条件表达式 is
when 条件 1 => 顺序语句;
…
when 条件 n => 顺序语句;
when others => 顺序语句;
end case;</td><td colspan="2">case (表达式)
分支表达式: 语句;
…
default : 语句;
endcase</td></tr>
<tr><td colspan="3">VHDL 主要描述语句</td><td colspan="2">Verilog 主要描述语句</td></tr>
<tr><td rowspan="2">for 循环变量 in 范围 loop
顺序语句;
end loop;</td><td rowspan="2">while(条 件) loop
顺序语句;
end loop;</td><td rowspan="2">loop
顺序语句
end loop;</td><td>repeat(表达式)
begin
语句;
end</td><td>while(表达式)
begin
语句;
end</td></tr>
<tr><td colspan="2">for(表达式 1; 表达式 2; 表达式 3)
begin
执行语句;
end</td></tr>
<tr><td colspan="3">function 函数名 (参数列表) 返回数据类型 is
begin
顺序语句;
…
end 函数名;</td><td colspan="2" rowspan="2">function [返回值的类型或范围] 函数名;
端口说明语句;
变量类型说明语句;
begin
语句;
…
end
endfunction
task 任务名;
端口及数据类型声明语句;
语句 1 ;
…
语句 n ;
endtask</td></tr>
<tr><td colspan="3">procedure 过程名 (参数列表) is
begin
顺序语句;
…
end 过程名;</td></tr>
</table>

VHDL 主要描述语句	Verilog 主要描述语句
with 表达式 select 目标信号 <= 赋值表达式 1 when 条件 1 , 赋值表达式 2 when 条件 2 , … 赋值表达式 n when 条件 n , 赋值表达式 n+1 when others ;	

（续表）

VHDL 主要描述语句	Verilog 主要描述语句
目标信号名 <= 赋值表达式 1 when 条件表达式 1 else 赋值表达式 2 when 条件表达式 2 else … 赋值表达式 n when 条件表达式 n else 赋值表达式 n+1 ;	
for 循环变量 in 不连续区间 generate 并发处理语句; end generate ; if 条件 generate 并发处理语句; end generate ;	
clk'event and clk= '1' ('0')	posedeg clk (negedge)
VHDL 主要描述语句	Verilog 主要描述语句
package 包名 is 类型声明; 子程序声明; end 包名; package body 包名 is 子程序描述; end 包名; library 库名; use 库名. 程序包名. all ;	`include "文件名"

附录B 《电子设计自动化技术》课程测试题

【试卷说明】

1．答题时间：限120分钟。

2．本试卷共分两卷：第一卷为基本专业术语；第二卷为应用卷。

3．第一卷（基本专业术语）为必做卷，每一位考生都必须完成。

4．第二卷（应用卷）为二选一，该卷分A篇和B篇，考生只需选择其中的一篇作答即可。其中A篇为基础知识与基本应用题；B篇为系统设计题。

第一卷　基本专业术语（20分）

（考生必做）

一、以下为基本专业术语的英文缩写，请写出其英文全称（2分×10）

1．VHDL

2．EDA

3．FPGA

4．CPLD

5．ASIC

6．IP

7．SOC

8．DSP

9．EEPROM

10．SRAM

第二卷 应用卷

本卷为二选一卷，该卷分 A 篇和 B 篇，A 篇为基础知识与基本应用题，B 篇为系统设计题，考生只需选择其中一篇作答即可。

考生选择：（请将选定作答篇的方框涂黑：■表示选定作答；□表示未选择）

□ A 篇 基础知识与基本应用篇（试卷的第 2、3、4 页）

□ B 篇 系统设计篇（试卷的第 5 页）

A 篇 基础知识与基本应用篇（80 分）

本篇共分四个大题（二大题至五大题），选择做本篇的考生不用再做 B 篇题目。

一、判断正误，如有错误，请指出并说明错因（3 分×5）

1．以下是 VHDL 应用中由设计者编写的标识符：

3and　　or_2_　　/USA$/

2．SIGNAL a: STD_LOGIC_VECTOR ;

3．CONSTANT rise_time: TIME <=10ns ;

4．
```
ENTITY example IS
PORT (a: IN    BIT ;
        b, c, d, e, f: OUT    BIT) ;
END example ;

ARCHITECTURE example OF example IS
BEGIN
b <= a ;
c <= '1' ;
d <= '0' ;
e <= 'Z' ;
f <= 'X' ;
END example ;
```

5．已知程序中的实体部分如下：
```
ENTITY test IS
PORT (a, b: IN    STD_LOGIC ;
            q: OUT    STD_LOGIC) ;
END test ;
```

在构造体的进程中，tep1 被定义为了 BIT 类型的变量，请对进程中的以下两条语句作判断：

```
tep1:= a OR b ;
    q:= a AND b ;
```

二、改错题（3 分×5）

1．
```
ENTITY mux IS ;
PORT (d0, sel: IN BIT ;
              q: OUT BIT ;
);
END mux ;
```

2．
```
ARCHITECTURE connect OF mux IS
VARIABLE tmp1: BIT ;
  BEGIN
  PROCESS (d0, sel)
    BEGIN
      tmp1:= d0 AND sel ;
      q <= tmp1 ;
  END PROCESS
END mux ;
```

3．以下程序（构造体）调用了一个已经设计好的 adder 元件，其中，该 adder 元件包含有两个 BIT 类型输入端口 a、b，还包括两个 BIT 类型的输出端口 s、c。程序如下：

```
ARCHITETURE   test_a   OF   test_a   IS
BEGIN
 COMPONENT adder
     PORT (a, b: IN ;   s, c: OUT) ;
 END adder;
SIGNAL a, b, c: BIT ;
    u1: adder PORT MAP (x, y, a, b) ;
    … ;
END test_a ;
```

4．
```
ARCHITECTURE test OF test IS
BEGIN
  WITH sel SELECT
    c<= '0'   WHEN '00' | '11' ;
        '1'   WHEN '01' | '10' ;
```

```
END test ;
```

5．PROCESS（in1, in2）

```
BEGIN
 WAIT FOR 10 ns ;
 output<= in1 OR in2 ;
END   PROCESS ;
```

三、简答与读程序（3 分×5）

1．请对顺序赋值语句和并行赋值语句作比较分析。

2．请对信号和变量作比较分析。

3．请简述 TOP_DOWN 的设计方法。

4．请简述 VHDL 的特点。

5．读程序，请用 D 触发器搭建该程序所描述的电路图：

```
ENTITY reg1 IS
    PORT ( d, clk: in BIT ; q: out BIT) ;
END reg1;
ARCHITECTURE reg1 OF reg1 IS
    SIGNAL a, b: BIT ;
BEGIN
    PROCESS (clk)
    BEGIN
        IF rising_edge(clk) THEN
            a <= d ;
            b <= a ;
        END IF ;
            q <= b ;
    END PROCESS ;
END reg1 ;
```

四、编程题（5 分+ 6 分+ 8 分×3）

1．设计一个三输入与非门。（5 分）

2．设计一个五输入表决器。（6 分）

3．编写一个全加器电路的 VHDL 程序：①写出全加器的逻辑表达式；②根据逻辑表达式编写完整的 VHDL 程序。

4．编写一个同步复位 D 触发器：①简述同步复位 D 触发器的基本原理；②编写完整的 VHDL 程序。

5．设计一个十二进制的 BCD 加 1 计数器：①简述该计数器基本原理；②编写完整的 VHDL 程序。

B篇　系统设计篇（80分）

本篇仅包括一个系统设计大题，选择做本篇的考生不用做A篇题目。

数字显示电子钟系统设计

设计说明：

- 数字显示电子钟的简化应用示意图如图1所示。
- 能够对min（分）、h（小时）进行计时，按24小时计时制。
- 本电子钟功能：本质上是对min（分）信号计数。
- 设计中预提供4MHz时钟，分频产生min（分）时钟和扫描控制时钟。
- 电子钟主要有三个组成部分：时基分频器、计时器、显示电路：

（1）时基分频器：对基本时钟进行分频得到min（分）时钟和扫描控制时钟。

（2）计时器：主要包括min计时器、h计时器。

（3）显示电路：用4位扫描数码显示（七段数码管）、扫描时钟可用250Hz。

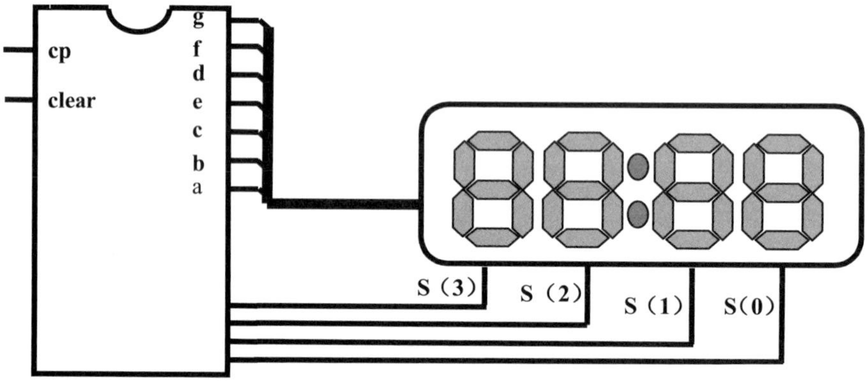

图1　数字显示电子钟的简化示意图

设计作答要求：

1．简述系统设计思想、系统设计方法。（5分）

2．根据你的设计习惯，完成该设计，你打算采用的基本步骤是什么？（5分）

3．画出该数字显示电子钟的示意框图（三大模块）。（5分）

4．解剖第3小题的示意框图各大模块，画出细化的设计模块图。（10分）

5．简述多位数的段码显示采用扫描电路设计方式的主要原因。（10分）

6．Active-HDL中主要有哪三种仿真方法？（5分）

7．设计编程（鉴于该题编程量较大，编写程序源代码时可以简写，但基本算法必须清楚）。（40分）

附录C　历 年 试 题

C.1　试卷（一）

一、名词解释（4 分×6 = 24 分）

1．EDA

2．FPGA

3．ASIC

4．IP

5．ISP

6．SOC

二、简答题（5 分×3 = 15 分）

7．什么是 TOP-DOWN 的设计方法？它包括哪些基本设计步骤？

8．VHDL 程序的基本构成格式包括哪些具体内容？

9．在 VHDL 程序编写过程中经常会涉及信号和变量，请将两者作比较。

三、判断改错题（4 分×2 = 8 分）

10．CASE comb IS

```
WHEN   '00' => q <= a ;
WHEN   '01' => q <= b ;
WHEN   '01' => q <= c ;
WHEN   '01' => q <= d ;
WHEN OTHERS => NULL ;
END CASE ;
```

11．ARCHITECTURE rtl OF test IS

```
        BEGIN
            IF   a = '0'   THEN
                q <= b ;
            END IF ;
        END rtl ;
```

四、程序分析题（6 分×2 = 12 分）

12．某 VHDL 程序有两个输入端口 clk、d 和一个输出端口 q。下面给出了该程序的构造体部分，请根据程序的描述画出对应的逻辑电路图（限选用 D 触发器元件）。

```
ARCHITECTURE reg_body OF reg IS
BEGIN
  PROCESS (clk)
    VARIABLE a, b: STD_LOGIC ;
  BEGIN
    IF rising_edge(clk) THEN
       a:= d ;
       b:= a ;
       q<= b ;
    END IF ;
  END PROCESS ;
END reg_body ;
```

13．下面给出了某程序的构造体部分，请画出信号 q 对应的仿真波形图，并分析得到该波形的原因。

```
ARCHITECTURE body_mux2 OF mux2 IS
SIGNAL count : INTEGER ;
BEGIN
PROCESS(a, b, sel)
BEGIN
count <= 0 ;
IF (sel = '1') then
          count <= count+ 1 ;
END IF ;
CASE count IS
        WHEN 0 => q <= a ;
        WHEN 1 => q <= b ;
        WHEN OTHERS => NULL ;
END CASE ;
END PROCESS ;
END body_mux2 ;
```

五、编程题（41 分）

14．设计一个四输入或非门。（7 分）

15．读图编程。下面给出了跑表的功能框图（图 1），请对其中的“控制电路”模块编写出实体部分的程序。（7 分）

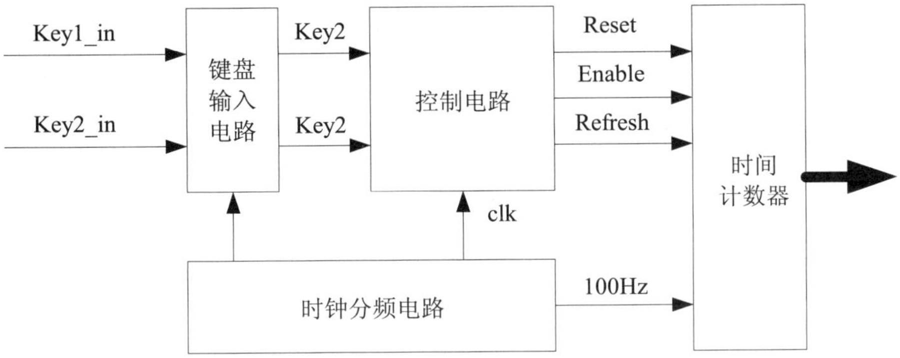

图 1 跑表功能框图

16．右图（图 2）是 LED 段码显示管的七个显示段分布示意图。如果将一个 BCD 数经过编码转换处理后可以在该段码显示管上显示出准确的十进制数。请设计该 LED 显示转换器的 VHDL 程序。（9 分）

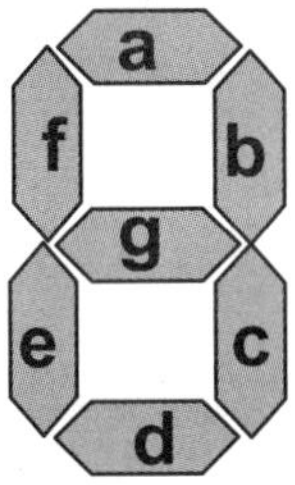

图 2 LED 段码显示管

17．设计一个非同步复位 D 触发器（9 分）：① 简述非同步复位 D 触发器的基本原理；② 编写完整的 VHDL 程序。

18．设计连波计数器。如图 3 所示，为三级 T 触发器所组成的 8（$=2^3$）分频电路，即所谓的连波计数器（Ripple Counter）。（9 分）

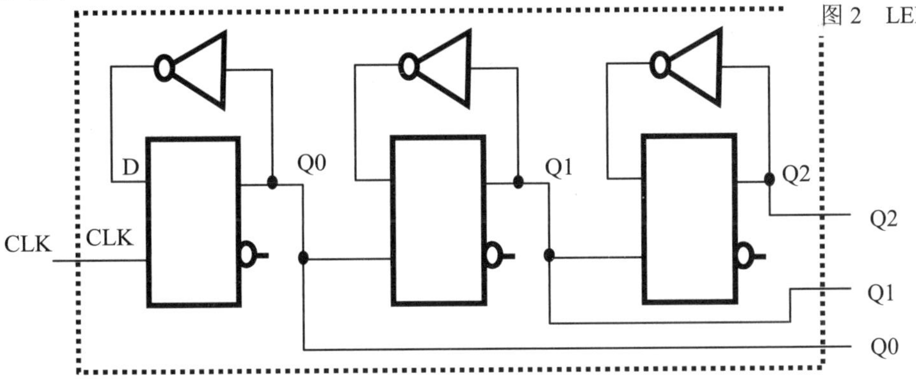

图 3 连波计数器

C.2　试卷（二）

一、名词解释（2 分×6 题）

要求给出以下缩写的完整英文。若仅给出中文解释的，只能酌情给分。

1．EDA

2．FPGA

3．ASIC

4．SOC

5．DSP

6．VHDL

二、填空题（每空 1 分，共 18 分）

7．VHDL 程序的 5 个组成部分分别为：__________、__________、__________、__________、__________。

8．VHDL 中操作符“&”的具体名称是：______________，它的基本功能是：____。

9．VHDL 描述行为的语句中有并行语句和顺序语句之分。只能当顺序语句使用的描述语句有很多，试列举出其中三种：__________、__________、__________。

10．Active-HDL 软件工具编程设计录入方法最基本的三种是：______________、______________、______________。

11．VHDL 的并行信号赋值语句，除了常见的一般信号赋值语句（如：C<=A and B;）外，还有两种形式，它们分别是：________________、________________。

12．VHDL 结构描述是实体构造的层次化、结构化的表现。试列举出其中两种描述结构的语句______________________、______________________。

13．常用的 EDA 逻辑综合工具有很多，请至少举出一种能综合 VHDL 语言的综合工具名称：____。

三、简答题（2 分×4 题）

14．简述 TOP-DOWN 设计方法及其基本步骤。

15．什么是 IP？IP 主要有哪几种？各有什么特点？

16．请从申明格式、赋值符号、赋值生效时间、作用范围等方面对信号和变量进行比较分析。

17．顺序语句和并行语句有什么区别？VHDL 编程中需要注意些什么？

四、判断改错题（1 分×6 题）

本大题分 6 个小题，每个小题均有一个（或一种）错误，请指出该错误，并指明错误原因或直接修改该错误。

18．已知 A 和 B 均为 STD_LOGIC 类型的信号，请判断下面的程序片断：

```
ARCHITECTURE test OF test IS
BEGIN
    IF (A = '1') THEN
        B <= '0' ;
    ELSE
        B <= '1' ;
    END IF ;
END test ;
```

19. 请判断下面给出的信号申明语句：

```
SIGNAL    A, B: STD_LOGIC <= '0' ;
```

20. 已知 start 为 STD_LOGIC 类型的信号，请判断下面的程序片断：

```
    PROCESS (start)
BEGIN
VARIABLE sum: INTEGER:= 0 ;
FOR i IN 1 TO 9 LOOP
    sum:= sum + i ;
END LOOP ;
END PROCESS ;
```

21. 已知 Q 为 STD_LOGIC 类型的信号，请判断下面的语句：

```
Q <= 'z' ;
```

22. 已知 A 和 B 均为 STD_LOGIC 类型的输入端口，请判断下面的程序片断：

```
ARCHITECTURE test OF test IS
BEGIN
    A <= B ;
END test ;
```

23. 已知 sel 是 STD_LOGIC_VECTOR(1 DOWNTO 0)类型信号，而 a、b、c、d、q 均为 STD_LOGIC 类型信号，请判断下面给出的 CASE 语句：

```
CASE sel IS
WHEN "00" => q <= a ;
WHEN "01" => q <= b ;
WHEN "10" => q <= c ;
WHEN "11" => q <= d ;
END CASE ;
```

五、编程题（共计 36 分）

24. **（本题 6 分）**请用 VHDL 设计一个三输入与非门。

25. **（本题 8 分）**请用 VHDL 设计一个对时钟上升沿敏感的带同步复位的十进制加 1 计数器。

26. **（本题 6 分）**图 1 给出了一个计数器级联电路的模块框图。请参考给出的模块框图编写该计数器级联电路的顶层 VHDL 程序的实体。

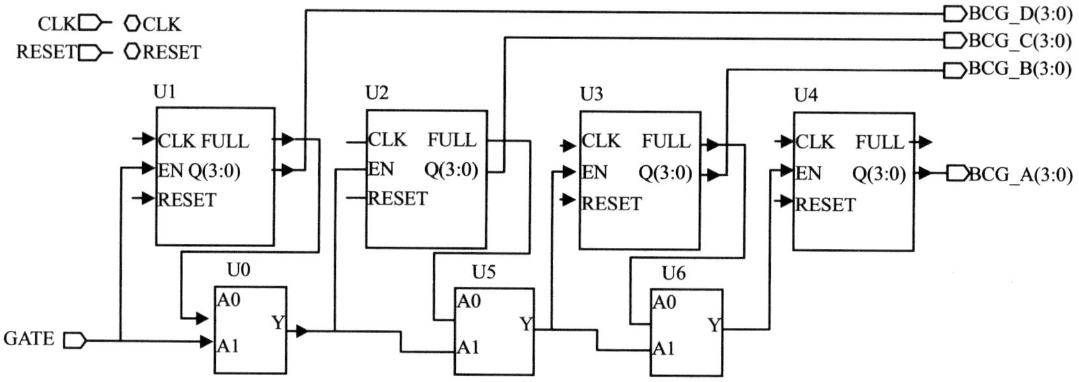

图 1　计数器级联电路的模块框图

27．（**本题 7 分**）请用 VHDL 设计一个二选一的选择器。要求该选择器的被选择对象和输出结果都是 4 位二进制码数据。

28．（**本题 9 分**）数字比较器的应用十分广泛，从算术的比较、排序，到一般逻辑电路的控制，比如报警器、重量控制、亮度控制、温度控制等。比较器是一个使用率非常高的电路。请用 VHDL 语言设计一个八位比较器，该比较器具有以下特征：

① 被比较信号 A、B 均为八位信号；

② 该比较器带异步复位端 reset；

③ 比较器输出信号有三个：AGTB、AEQB、ALTB。其中：

当 A 大于 B 时，AGTB=1，否则 AGTB=0；

当 A 等于 B 时，AEQB=1，否则 AEQB=0；

当 A 小于 B 时，ALTB=1，否则 ALTB=0。

C.3　试卷（三）

一、名词解释（2 分×6 题）

要求给出以下缩写的完整英文。若仅给出中文解释的，只能酌情给分。

1．EDA

2．IP

3．CPLD

4．ASIC

5．MCU

6．FSM

二、填空题（每空 1 分，共 18 分）

7．VHDL 用 Active-HDL 对 HDL 程序进行仿真时，常用的三种仿真方法是：________________、________________、________________。

8．VHDL 程序主要有三种描述方式：____________、____________、____________。

9．VHDL 程序中数值的载体称为对象。VHDL 中有四种对象，分别是：____________、____________、____________、____________。

10．VHDL 的并行信号赋值语句，除了常见的一般信号赋值语句（如：C<=A and B;）外，还有两种形式，它们分别是：____________、____________。

11．除了 Δ 延时外，VHDL 还支持两类性质的延时，它们分别是：_______________、_______________。

12．VHDL 结构描述是实体构造的层次化、结构化的表现。试列举出其中两种描述结构的语句________________________、________________________。

13．IP 核可以分为三种，即：软核、____________、____________。

三、简答题（2 分×4 题）

14．什么是逻辑综合？它在 EDA 技术中的意义？

15．简述 TOP-DOWN 设计方法及其基本步骤。

16．请从申明格式、赋值符号、赋值生效时间、作用范围等方面对信号和变量进行比较分析。

17．VHDL 程序的组成部分包含哪些内容？其中哪几部分是 VHDL 程序必不可少的？

四、判断改错题（1 分×6 题）

本大题分 6 个小题，每个小题均有一个（或一种）错误，请指出该错误，并指明错误原因或直接修改该错误。

18．已知 A 和 Q 均为 BIT 类型的信号，请判断下面的程序片断：

```
ARCHITECTURE test OF test IS
BEGIN
      CASE A IS
WHEN '0' => Q <= '1' ;
WHEN '1' => Q <= '0' ;
   END CASE ;
END test ;
```

19．已知 start 为 STD_LOGIC 类型的信号，sum 是 INTEGER 类型的信号，请判断下面的程序片断：

```
PROCESS (start)
BEGIN
FOR i IN 1 TO 9 LOOP
            sum:= sum + i ;
END LOOP ;
END PROCESS ;
```

20．已知 Q 为 STD_LOGIC 类型的输出端口，请判断下面的程序片断：

```
ARCHITECTURE test OF test IS
```

```
BEGIN
     SIGNAL   B : STD_LOGIC ;
       Q <= B ;
    END test ;
```

21. 已知 A 和 B 均为 STD_LOGIC 类型的信号，请判断下面的语句：

```
A <= '0' ;
B <= 'x' ;
```

22. 已知 A 为 INTEGER 类型的信号，B 为 STD_LOGIC 类型的信号，请判断下面的程序片断：

```
ARCHITECTURE test OF test IS
BEGIN
       B <= A ;
    END test ;
```

23. 已知 sel 是 STD_LOGIC_VECTOR(1 DOWNTO 0)类型信号，而 a、b、c、d、q 均为 STD_LOGIC 类型信号，请判断下面给出的 CASE 语句：

```
CASE sel IS
      WHEN "00" => q <= a ;
      WHEN "01" => q <= b ;
      WHEN "10" => q <= c ;
      WHEN "11" => q <= d ;
END CASE ;
```

五、编程题（共计 36 分）

24.（**本题 6 分**）请用 VHDL 设计一个三输入或非门。

25.（**本题 7 分**）请用 VHDL 设计一个二选一的选择器。要求该选择器的被选择对象和输出结果都是 4 位二进制码数据。

26.（**本题 6 分**）图 1 给出了一个电路的模块框图。请参考给出的模块框图编写该电路的顶层 VHDL 程序的实体。

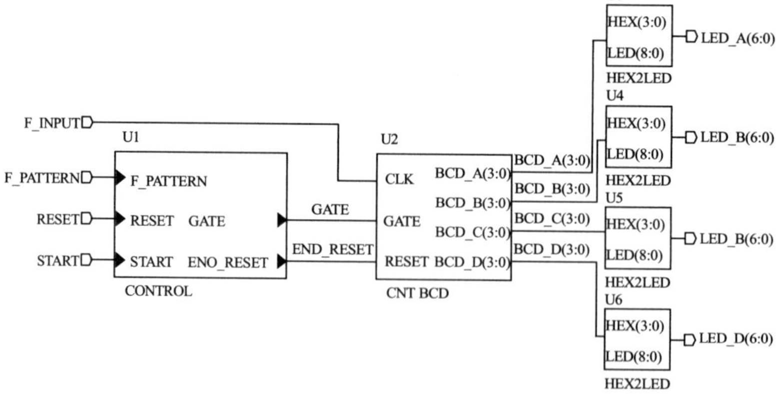

图 1　电路的模块框图

27.（**本题 8 分**）请用 VHDL 设计一个对时钟下降沿敏感的带异步复位的十进制加 1 计数器。

28.（**本题 9 分**）在工程设计实践中，扫描思想的应用较为广泛。扫描的应用不仅能减小总电流从而降低功耗，而且可以大大节省芯片的引脚数量。请参考图 2 给出的仿真波形（均为周期信号）编写扫描信号产生模块的 VHDL 程序，要求该扫描信号产生模块具有同步复位能力。

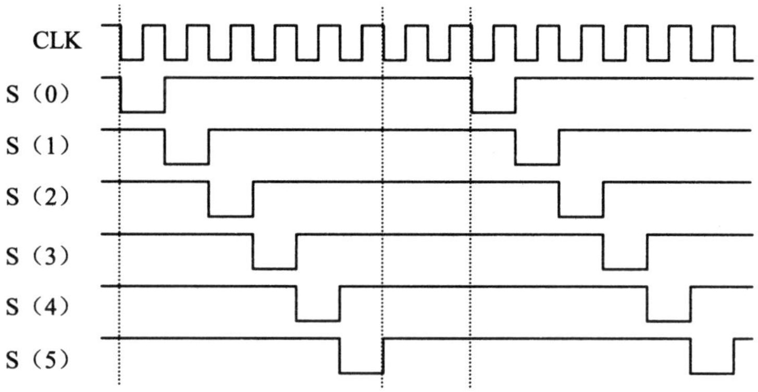

图 2　仿真波形

附录 D　全国 EDA 大赛试题集锦

一、VHDL 基础题

1.（1996 年笔试第七题）下述片段程序是用什么语言写成的？它大致描述的是什么电路？

```
entity  COUNTERS is
    port (CLK: in BIT ;
    COUNT: out BIT_VECTOR(2 downto 0)) ;
end COUNTERS ;
```

2.（2000 年笔试第九题）如下构造体代码是描述异步复位的 D 触发器，试改为同步复位形式。

```
architecture  rexample of dff_logic is
begin
  process(clk,reset)begin
     if reset='0' then
       q<= d ;
     elsif rising_edge(clk) then
       q<= d ;
      end if ;
   end  process ;
 end  rexample ;
```

3.（2000 年笔试第十一题）如下 VHDL 描述中存在多个错误，请指出并予修正。

```
library ieee ;                                          -- line 1
use ieee.std_logic_1164.all ;                           -- line 2
entity terminal_count is port(                          -- line 3
   clock, reset, enable in bit ;                        -- line 4
   data: in std_logic_vector(7 down to 0) ;             -- line 5
    equals, term_cnt; out std_logic) ;                  -- line 6
 end terminal_count ;                                   -- line 7
 architecture terminal_count of terminal_count is       -- line 8
    signal count; std_logic_vector(7 down to 0) ;       -- line 9
 begin                                                  -- line 10
 compare ; process                                      -- line 11
    begin                                               -- line 12
       if data=count then                               -- line 13
```

```
            equals='1'                                        -- line 14
        end if ;                                              -- line 15
    end process ;                                             -- line 16
                                                              -- line 17
counter;process(clk)                                          -- line18
      begin                                                   -- line 19
         if reset='1' then                                    -- line 20
            count<= " 111111111 " ;                           -- line 21
         elsif rising_edge(clock) then                        -- line 22
            count<=count + 1 ;                                -- line 23
         end if                                               -- line 24
      end process ;                                           -- line 25
                                                              -- line 26
      term_cnt<= 'Z' when enable='0' else                     -- line 27
                   '1' when count="1-------"else              -- line 28
                   '0' ;                                      -- line 29
end terminal_count;                                           -- line 30
```

4.（2000 年第十三题）三位计数器的 VHDL 描述如下，试对其建立测试向量（Test-Bench）。

```
library ieee ;
use ieee.std_logic_1164.all ;
package mycntpkg is
    component count port(clk, rst ; in std_logic ;
                          cnt: inout std_logic_vector(2 downto 0)) ;
      end component ;
  end mycntpkg ;
  library ieee ;
  use ieee.std_logic_1164.all ;
architecture archcount of count is
begin
counter: process(clk, rst)
   begin
         if rst='1' then
               cnt<= (others=> '0') ;
         elsif(clk'event and clk= '1')then
               cnt<= cnt + 1 ;
end process;
```

5.（2000 年第 17 题）设计一个符合如图 1 所示要求的 FIFO（字长为 8，位宽为 K Bit），试画出其逻辑框图，并采用 VHDL 语言描述之。（K=9）

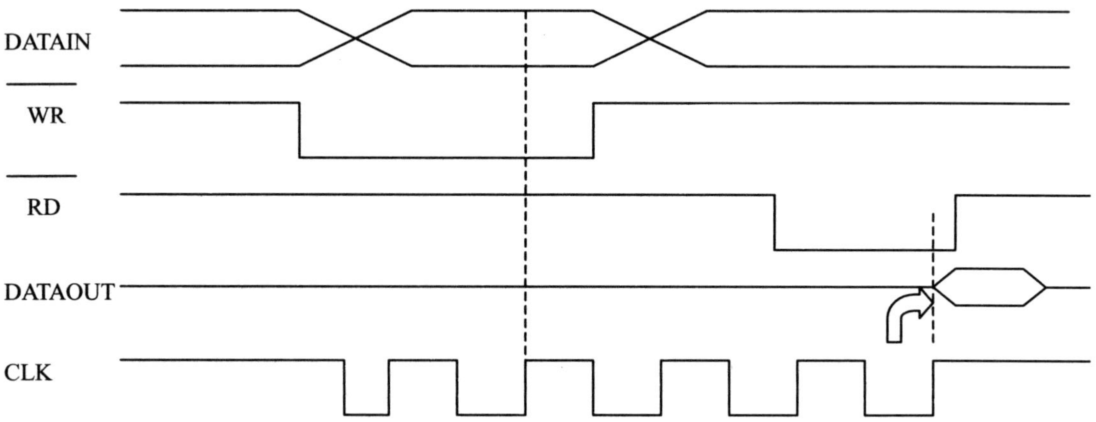

图 1　同步 FIFO 时序图

6.（2002 年笔试第 4 类题）试分别指出如下的 VHDL 是否可以综合？说明理由。

（1）
```
architechture beh2 of mux2 is
    begin
     with sel_0 select
        q<= a after 10ns when '0' ;
        b after 10ns when others ;
end beh2 ;
```
（2）
```
process(a,b)
begin
    c1 <= not a ;
    c2 <= a and b ;
end process ;
```
（3）
```
process
begin
wait on a ;
C <= not a ;
end process ;
```
（4）
```
process( clk ) begin
if( clk'event and clk = '1' ) then
    q<= d ;
        else
            q<= a ;
end process ;
```
7. 试分别画出如下 VHDL 程序所描述的一个电路模型：

（1）
```
Process
Begin
    If(CLK'event and CLK = '1') then
```

```
        X <= A and B ;
        Y <= X ;
        Z <= Y ;
    End if ;
End process ;
```

（2）Process ( )

```
    Variable X,Y: std_logic ;
Begin
    If(CLK'event and CLK = '1') then
        X := A and B ;
        Y := X ;
        Z <= Y ;
    End if ;
End process ;
```

（3）Process(CLK)

```
    Begin
        If(CLK'event and CLK= '1') then
            Z <= Y ;
            Y <= X ;
            X <= A and B ;
        End if
    End process ;
```

（4）Process(CLK)

```
Variable X,Y: std_logic ;
Begin
    If(CLK'event and CLK= '1') then
        Z <= Y ;
        Y := X ;
        X := A and B ;
    End if ;
End process ;
```

（5）Entity bitlink is

```
Port( A,B: in std_logic_vector(3 downto 0) ;
      EN: in std_logic ;
       Y: out std_logic_vector(7 downto 0)) ;

Architecture data of bitlink is
    Signal tmp: std_logic_vector(3 downto 0) ;
    Begin
```

```
    tmp <= B and (EN& EN& EN& EN) ;
      Y <= A & tmp ;
End data ;
```

二、IC 设计流程与 EDA 工具

8.（2002 年第 4 类题 3）集成电路设计方法学中自顶向下的设计方式的主流流程是：____，其中主要验证步骤有：____________________________________。

（a）在每个功能步骤中，常有哪几种验证方式可供选择？试比较其优缺点。

（b）何谓形式验证，试解释之。

三、FPGA 和 CPLD

9.（2000 年笔试第一题）试简略讨论 SRAM－FPGA、反熔丝 FPGA、EEPROM 的 CPLD 的结构特征，并指出：

（1）在相同规模的条件下，哪一种可能的资源利用率最高？为什么？

（2）在相同的逻辑实现条件下，哪一种逻辑实现时的电路时延可估算性最好？为什么？

（3）在相同的资源利用的条件下，FPGA 和 CPLD 哪一种复杂逻辑的实现灵活性好？为什么？

10.（2000 年笔试第五题）流水线技术在提高系统处理速度同时也会造成输出滞后，并且需要额外的寄存器资源。因此有人认为，如果用 FPGA 来实现电路逻辑，宜采用流水线方式，而如使用 CPLD 来实现电路逻辑，往往不必采用流水线方式，为什么？

11．在深亚微米集成电路技术成熟的条件下，有人说“FPGA 将会全面取代 ASIC”；有人说“不可能，两回事”；还有人说“两者的技术特性将融合，ASIC 中将有 FPGA 的构造，FPGA 中将有 ASIC 功能模块”。试以技术专家的角度，阐述你的观点。

四、复杂数字逻辑设计题

12.（1996 年第九题）电气装置的遥控器发射频率为 38kHz 的间歇红外波，需要一个脉冲调制信号，对于待发射的码序列中的“1”信号，脉冲调制信号的脉宽为 4 个时钟周期，占空比为 1 / 8；对于“0”信号，脉冲调制信号的脉宽为 2 个时钟周期，占空比为 1 / 4。

待发射的固定码序列存于移位寄存器中，以 Reset 信号启动一个电路模块，当 Reset=1 时，脉宽调制信号输出保持高电平；当 Reset 变为低电平时，电路模块按照移位寄存器最后一位的数码产生相应的脉宽调制信号，并发给移位寄存器一个时钟脉冲使之移位，继而产生脉宽调制信号序列。如图 2 所示。

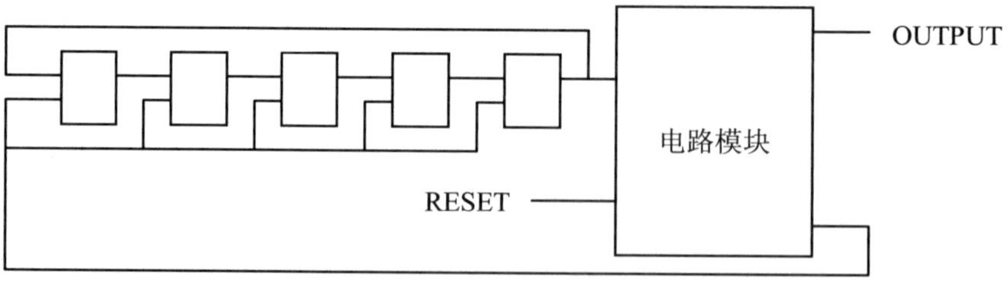

图 2　脉冲调制电路结构

用 VHDL 描述该电路。（20 分）

13.（1996 年上机第一题）设计 PCM30 基群帧同步电路，系统结构如图 3 所示。

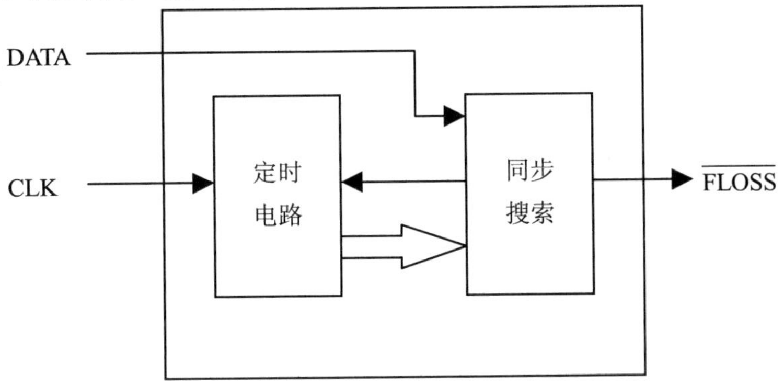

图 3　PCM30 基群帧同步电路系统结构

输入输出信号说明：

DATA　：输入串行码流，速率为 2.04Mb/s；

CLK　　：输入时钟，频率为 2.04MHz；

/FLOSS　：输出失步信号，低电平有效。

电路功能说明：

（1）输入码流 DATA，速率为 2.04Mb/S；每帧 256bit，其中前 8bit 为帧同步码；偶数帧的帧同步码为 10011011，奇数帧的帧同步码为 110XXXXX（X 为任意值）。

（2）系统初始状态为失步态，失步信号 FLOSS 输出低电平，电路在输入码流里逐比特搜寻同步码，当搜寻到第一个偶帧同步码后，电路转为逐帧搜寻，当连续三帧均正确地搜寻到同步码后，系统状态转为同步态，失步信号输出高电平；否则电路重新进入逐比特搜寻状态。

（3）系统处于同步态后，当连续四帧检出的同步码均错误，则系统转为失步态，失电路时序说明：

输入信号 DATA 与 CLK 的时序关系如图 4 所示。

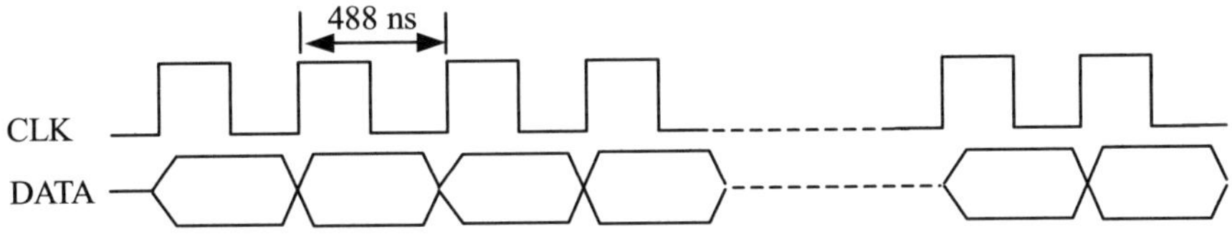

图 4　DATA 与 CLK 时序关系图

同步过程时序与 DATA 的帧结构如图 5 所示。

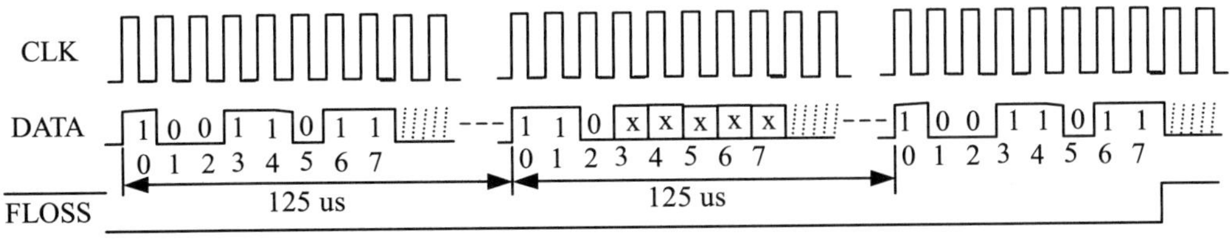

图 5　帧结构

14.（2000 年上机题）设计一加法器阵列，完成下列复数运算功能，其中 R 为数据的实部，I 为数据的虚部。

Ra'=（Ra+Rc）+（Rb+Rd）　　Ia'=（Ia+Ic）+（Ib+Id）
Rc'=（Ra+Rc）－（Rb+Rd）　　Ic'=（Ia+Ic）－（Ib+Id）
Rb'=（Ra–Rc）+（Ib–Id）　　Ib'=（Ia–Ic）－（Rb–Rd）
Rd'=（Ra–Rc）－（Ib–Id）　　Id'=（Ia–Ic）+（Rb–Rd）

功能框图如图 6 所示。

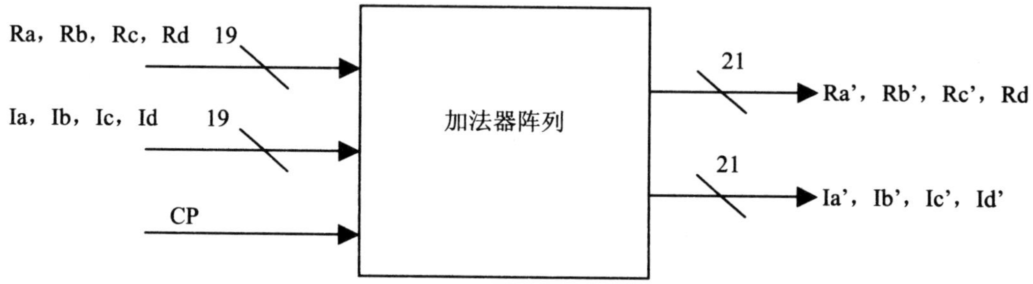

图 6　加法器阵列功能框图

输入信号：

（1）输入数实部 Ra，Rb，Rc，Rd，虚部 Ia，Ib，Ic，Id 的数据宽度均为 19 位；每次向加法器阵列只能送一个操作数，包括实数 R（19bit）、虚部 I（19bit）；操作数据 a、c、b、d 的顺序连续送入，在加法器阵列中要进行串并变换。

（2）CP 脉冲。

输出信号：

输出数实部 Ra'，Rb'，Rc'，Rd'，虚部 Ia'，Ib'，Ic'，Id'的数据宽度均为 21 位。

设计要求：

（1）加法器要求采用快速进位链（Look Ahead）。

（2）在加法器阵列中加入流水线结构（Pipeline），每一拍完成一个加法，输入连续送数，输出连续出结果。

（3）逻辑要求最简化。

（4）要求写出完整的实验报告。

附录 E　VHDL 与 Verilog HDL 的保留字

E.1　VHDL 保留字

下面列出了 VHDL 的保留字，注意这些保留字不可以用作 VHDL 程序的标志符(Identifier)。

ABS	ENTITY	NEXT	SEVERITY
ACCESS	EXIT	NOR	SHARED
AFTER		NOT	SIGNAL
ALIAS	FILE	NULL	SLA
ALL	FOR		SLL
AND	FUNCTION	OF	SRA
ARCHITECTURE		ON	SRL
ARRAY	GENERATE	OPEN	SUBTYPE
ASSERT	GENERIC	OR	
ATTRIBUTE	GUARDED	OTHERS	THEN
	IF	OUT	TO
BEGIN	IMPURE		TRANSPORT
BLOCK	IN	PACKAGE	TYPE
BODY	INERTIAL	PORT	
BUFFER	INOUT	PROCEDURE	UNAFFECTED
BUS	IS	PROCESS	UNITS
			UNTIL
CASE	LABEL	RANGE	USE
COMPONENT	LIBRARY	RECORD	
CONFIGURATION	LINKAGE	REGISTER	VARIABLE
CONSTANT	LITERAL	REJECT	
	LOOP	REM	WAIT
DISCONNECT		REPORT	WHEN
DOWNTO	MAP	RETURN	WHILE
	MOD	ROL	WITH
ELSE		ROR	
ELSIF	NAND		XNOR
END	NEW	SELECT	XOR

E.2 Verilog HDL 保留字

下面列出了 Verilog HDL 的保留字，注意这些保留字不可以用作 Verilog HDL 程序的标志符(Identifier)。

always	for	notif1	strong0
and	force		strong1
assign	forever	or	supply0
	fork	output	supply1
begin	function		
buf		parameter	table
bufif0	highz0	pmos	task
bufif1	highz1	posedge	time
		primitive	trantranif0
case	if	pull0	tranif1
casex	ifnone	pull1	tri
casez	initial	pullup	tri0
cmos	inout	pulldown	tri1
	input		triand
deassign	integer	rcmos	trior
default		real	trireg
defparam	join	realtime	
disable		reg	vectored
	large	release	
edge		repeat	wait
else	macrmodule	rnmos	wand
end	medium	rpmos	weak0
endcase	module	rtran	weak1
endmodule		rtranif0	while
endfunction	nand	rtranif1	wire
endprimitive	negedge		wor
endspecify	nmos	scalared	
endtable	nor	small	xnor
endtask	not	specify	xor
event	notif0	specparam	

附录 F　EDA 工具软件一览表

F.1　VHDL 编辑软件一览表

公司名称	产品名称	联系方式
Aldec	Active-HDL Active-VHDL	上海市静安区愚园路 168 号环球世界大厦 A 座 2406 室　电话：021-62484321 西安市高新技术产业开发区高新一路 25 号创新大厦 S403　电话：029-8313560
Cadence/Alta Group	Hardware Design System (HDS) Finite State Machine Editor	北京海淀区中关村科学院南路 2 号融科资讯中心 A 座 3 层 301～304　电话：010-82872200 成都市顺成大街 308 号冠城广场 31 层 D 单元 电话：028-86527996
Synopsys	HDL Compiler HDL Advisor	北京西城区南礼士路 66 号建威大厦 614～616 电话：010-68020002 上海市浦东银城东路 101 号汇丰大厦 32 楼 023 室 电话：021-68413666
Mentor Graphics	FPGA-Advantage Renoir	北京西城区南礼士路 66 号建威大厦 712～713 电话：010-68058081 上海市淮海中路 918 号久事复兴大厦 22 层 A 座 电话：021-64158818
Accolade Design Automation	Peak VHDL	
Beach Solutions	EASI-GEN Software and Document Generator	
CAST	Synthesizable Cores Simulation Models	
Chronology Corp.	Timing Designer	
Co-Design Automation	SYSTEMEX SYSTEMSIM	
HP Eesof	HP RF Board Designer Pro HP RFIC Designer Pro	
Interra	Nom	
KBS	FlowHDL BlockHDL	

（续表）

公司名称	产 品 名 称	联 系 方 式
LEDA S.A.	HELIOS	
OrCAD	OrCAD Capture OrCAD Express	
Summit Design	Visual HDL	
Symphony EDA	VHDL Simili	
SynaptiCAD Inc	TestBencher Pro	
Translogic	EASE/VHDL EALE/HDL	
VerBest	VeriBest Design Capture VerBest Graphical High Level Design	
Versity Design	SureLint	
Viewlogic Systems	ViewTrace	
Y Exporations, Inc.	YXI Explorations Tools Suite	

F.2 RTL 级综合工具软件一览表

公司名称	产品名称
Synopsys	FPGA Express
Aldec	Active-Synthesis
Axis Systems	Xcite-1000
Cadence/Alta Group	HDL Link and Synthesis Link of HDS Synthesizable Cores
Interra	Nom
Intusoft	Test Designer PROTON LVS LveS
Mentor Graphics	Leonardo
Neu W	Synthesizable Cores
OrCAD	OrCAD Express for Windows
Sandstrom Engineering	PreSynth,vhd
Synopsys	Design Compiler Physical Complier
Synplicity	HDL Analyst TurboCheck

（续表）

公司名称	产品名称
Systems Science	VERA
Tera systems, Inc.	TeraForm™
VeriBest	Verbest FPGA Synthesis
Viewlogic Systems	PathBlazer
Y Explorations, Inc.	YXI Explorations Tool Suites

F.3　FPGA 编程软件一览表

公司名称	产品名称
Xilinx	Alliance Series Software Foundation Series Software
Actel ration	ACTMap ACTGen
Aldec	Active-HDL FPGA Interfaces
Altera Corp.	MAX+plus II Quartus
GateField	Synopsys Design Kit
HP Eesof	HP DSP Synthesis PC Verilog+VHDL
Mentor Graphics	Leonardo FPGA-Advantage
Morphologic	Evolution
OrCAD	OrCAD Express for Windows OrCAD Capture
QuickLogic Corporation	Quick Works Quick Works-Lite Self Running Demo
Summit Design	Visual HDL Visual Testbench
Synario	Synario Programmable IC Designer
Synopsys	FPGA Express
Synplicity	CERTIFY HDL Analyst Synplify
VeriBest	VeriBest Graphical High Level Design
Viewlogic Systems	ViewPLD

附录 G 部分 FPGA 厂家名录

公司名称	网址	地址
Xilinx	http://www.xilinx.com	San Jose, California
Actel	http://www.actel.com/	Sunnyvale, California
Altera	http://www.altera.com/	San Jose, California
Atmel	http://www.atmel.com/	San Jose, California
Chip Express	http://www.chipexpressc.com	Delaware
Clear Logic	http://www.clear-logic.com	Santa Clara, California
Cypress	http://www.cypress.com/	San Jose, California
DynaChip	http://www.dyna.com/	Sunnyvale, California
Fast Analog Solutions Ltd	http://www.fas.co.uk/	Oldham, United Kingdom
Gatefield	http://www.gatefield.com/	Fremont, California
HammerCores	http://www.hammercores.com/	
Lattice	http://www.latticesemic.com/	Hillsboro, Oregon
Lucent Technologies	http://www.lucent.com/	Murray Hill, New Jersey
Orbit	http://www.orbitsemi.com/	Sunnyval, California
QuickLogic	http://www.quicklogic.com/	Sunnyvale, California
Vantis	http://www.vantis.com/	Sunnyvale, California
成都华微电子系统有限公司	http://www.csmsc.com/	四川省成都市

参 考 文 献

1．李平. 电子设计自动化快速入门教程. 北京：高等教育出版社，2003

2．James R. Armstrong, F. Gail Gray. VHDL 设计. 表示和综合（英文版·第二版）. 北京：机械工业出版社，2003

3．李广军，孟宪元. 可编程 ASIC 设计及应用. 成都：电子科技大学出版社，2000

4．侯伯亨，顾新. VHDL 硬件描述语言与数字逻辑电路设计. 西安：西安电子科技大学出版社，1999

5．王毅平，张振英. VHDL 编程与仿真. 北京：人民邮电出版社，2000

6．卢毅，赖杰. VHDL 与数字电路设计. 北京：科学出版社，2001

7．Aldec Inc., Active-HDL On-line Documentation

8. J.Bhasker 著，徐振林等译. Verilog HDL 硬件描述语言. 北京：机械工业出版社，2000

9．http://www.xilinx.com/direct/ise10_tutorials/ise10tut.pdf

10．http://www.xilinx.com/support/documentation/sw_manuals/xilinx2013_4/ug871-vivado-high-level-synthesis-tutorial.pdf